Encyclopedia for mineral identification

図説

鉱物肉眼鑑定事典

第2版

松原聰　著

秀和システム

まえがき

著者が高校生の頃、はじめて岐阜県蛭川村（今は中津川市蛭川）に行き、その後も何度もこの地を訪れた。当時は花崗岩を切り出すため、多くの採石場が開かれていた。石材に不向きな空洞や粗粒を多く含む部分（ペグマタイト）はほぼ捨て置かれていたので、採石場の人にことわってから、自由に鉱物採集ができた。大きな黒水晶、カリ長石、トパズは採石場の人が先に気づいて拾ってしまうので、われわれが採集できるのはこぶりの結晶であった。それでも、長さ10cm前後の黒水晶やカリ長石のバベノ式双晶などは採集できたし、稀に3～4cm以下のトパズも見つけることができた。このほか、チンワルド雲母の六角板状の結晶、小さいながら淡緑色の蛍石、青緑色をした緑柱石などわかりやすい鉱物だけに目がいってしまい、知らない鉱物を採集することはなかった。いま思うと、いろいろな興味ある（新鉱物を含め）鉱物があったのだが、それらについて「何だろう」という漠然たる考えはあったものの、それ以上には進まなかった。

昨今、鉱物に関する図鑑などは非常に多く出版され、きれいな結晶の写真が満載され、見ているだけで楽しくなるものもある。このような美術書的なものは、鉱物の魅力を知ってもらうために最適であるが、掲載されているような結晶は、一般の人が野外で容易に採集できるものではない（購入はできるかも）。図鑑の使命をどう考えるかにもよるが、高校生の頃からの経験上、自分が採集した鉱物が「何だろう」という疑問に多少とも答えてくれるのが図鑑ではないかと思う。趣味で鉱物を学ぶのであれば、基本は肉眼でどれだけ鉱物の種類を決められるかという鑑定能力を持つことであり、そのためには鉱物の成り立ちやさまざまな性質を理解する必要がある。

本書はこれらに役立つ知識を中心に、これまで出版されてきた図鑑類にはあまり書かれることのなかった情報を多く取り入れている。「知ることは楽しみであり、そのための努力もまた楽しみ」と思っていただければ幸いである。そして、第2版作成にあたっては日本から発見された新種の鉱物について紹介した。これも鉱物に興味を持つ人にとっておおいに参考になることと思う。

2021年　盛夏

松原　聰

図説

鉱物肉眼鑑定事典［第2版］

Encyclopedia for mineral identification

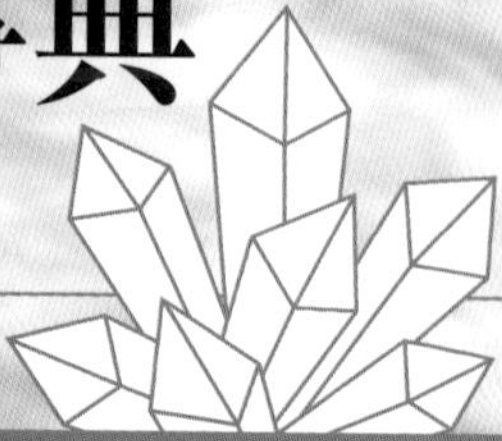

Contents

第Ⅰ章 肉眼鑑定を始めるにあたって

第Ⅱ章　鉱物の種類を調べる

第Ⅲ章 鉱物図鑑

第Ⅳ章　産状と鉱物集合のルール

第Ⅴ章　やさしい結晶学

第VI章　やさしい鉱物の化学

第VII章　日本で発見された新種の鉱物

◆本書を読むにあたってのポイント◆

◆鉱物と地球、人との関係について知ろう　➡ 第Ⅰ章

鉱物は人類が誕生するよりもはるか昔から、地球の主として存在していました。そもそも鉱物とは何からできているのでしょうか。鉱物と地球の関係、鉱物と人との関係などを理解しましょう。

◆鉱物の種類を調べよう　➡ 第Ⅱ章

鉱物の種類と名前のつけ方、肉眼鑑定の基本と実際、肉眼鑑定に必要な器具の使い方、肉眼鑑定に必要な鉱物の性質などを理解しましょう。

◆鉱物の成り立ちや性質を理解しよう　➡ 第Ⅲ章

113の代表的な鉱物を紹介します。鉱物の美しさはアートの領域ともいえますが、肉眼で鉱物の種類を決めることができるようになるには、鉱物の鑑定能力を持つことが必要です。そのためには鉱物の成り立ちやさまざまな性質を理解する必要があります。

◆鉱物集合体について知ろう　➡ 第Ⅳ章

さまざまな環境変化により、独特な鉱物が存在します。鉱物に関わる火成活動、ペグマタイト、熱水、火山噴気、堆積、析出、広域変成作用、接触変成作用、緑色岩化作用、大気などとの反応、鉱物の共生・共存について理解しましょう。

◆鉱物に関わる結晶について学ぼう　➡ 第Ⅴ章

鉱物は、自由な空間で成長すると、その鉱物独自の外形を持ちます。原子が規則正しく配列したものを結晶と呼んでいます。鉱物に関わる結晶の形と対称、原子配列、原子配列に特有な対称性などを理解しましょう。

◆鉱物の化学を学ぼう　➡ 第Ⅵ章

天然で存在する元素の多くは、鉱物から発見されてきました。鉱物と元素の関係について、原子と元素、電子の役割、鉱物をつくる主な元素、化学結合などの観点から理解しましょう。

◆日本で発見された新種の鉱物を知ろう　➡ 第Ⅶ章

複雑な地質体から構成される日本列島ではどんな新種の鉱物（新鉱物）が発見されたのか？　それらの産状と地質体との関係を理解しましょう。

本書の見方

本書の第Ⅲ章では、代表的な鉱物について、その特徴や性質、鉱物にまつわるエピソードや意外な事柄、鉱物の名前の由来などの興味深い内容を紹介しています。

◆鉱物の特徴を基礎データから知ろう

本書では、各鉱物について、次のような基礎データ（後述）を紹介しています。

❶鉱物名	❷英名	❸化学式	❹晶系	❺比重	❻劈開
❼光沢	❽硬度	❾磁性	❿結晶面	⓫条線	⓬色
⓭条痕色	⓮解説	⓯標本写真			

◆鉱物の分類法を知ろう

各鉱物の分類名は、冒頭に記載した各種のデータ欄のほか、各ページのインデックスからも検索できます。

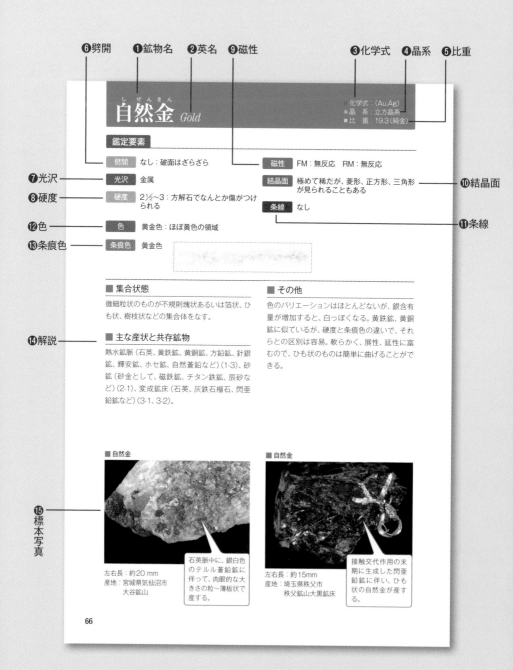

❻劈開　❶鉱物名　❷英名　❾磁性　❸化学式　❹晶系　❺比重

自然金（しぜんきん） *Gold*

■化学式：(Au,Ag)
■晶　系：立方晶系
■比　重：19.3（純金）

鑑定要素

❻ 劈開：なし：破面はざらざら

❾ 磁性：FM：無反応　RM：無反応

❼ 光沢：金属

❿ 結晶面：極めて稀だが、菱形、正方形、三角形が見られることもある

❽ 硬度：2½〜3：方解石でなんとか傷がつけられる

⓫ 条線：なし

⓬ 色：黄金色：ほぼ黄色の領域

⓭ 条痕色：黄金色

⓮ 解説

■ 集合状態

微細粒状のものが不規則塊状あるいは箔状、ひも状、樹枝状などの集合体をなす。

■ 主な産状と共存鉱物

熱水鉱脈（石英、黄鉄鉱、黄銅鉱、方鉛鉱、針銀鉱、輝安鉱、ホセ鉱、自然蒼鉛など）(1-3)、砂鉱（砂金として、磁鉄鉱、チタン鉄鉱、辰砂など）(2-1)、変成鉱床（石英、灰鉄石榴石、閃亜鉛鉱など）(3-1、3-2)。

■ その他

色のバリエーションはほとんどないが、銀含有量が増加すると、白っぽくなる。黄鉄鉱、黄銅鉱に似ているが、硬度と条痕色の違いで、それらとの区別は容易。軟らかく、展性、延性に富むので、ひも状のものは簡単に曲げることができる。

⓯ 標本写真

■ 自然金

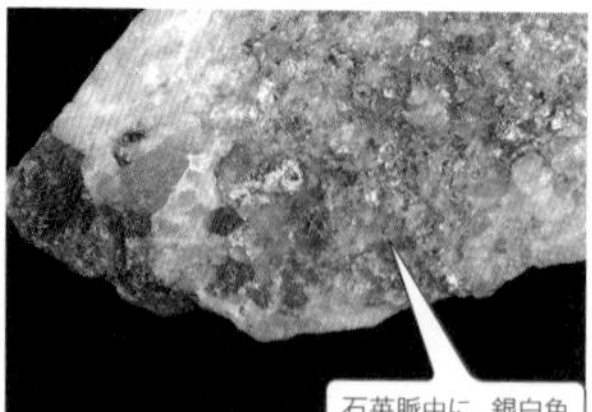

石英脈中に、銀白色のテルル蒼鉛鉱に伴って、肉眼的な大きさの粒〜薄板状で産する。

左右長：約20 mm
産地：宮城県気仙沼市
大谷鉱山

■ 自然金

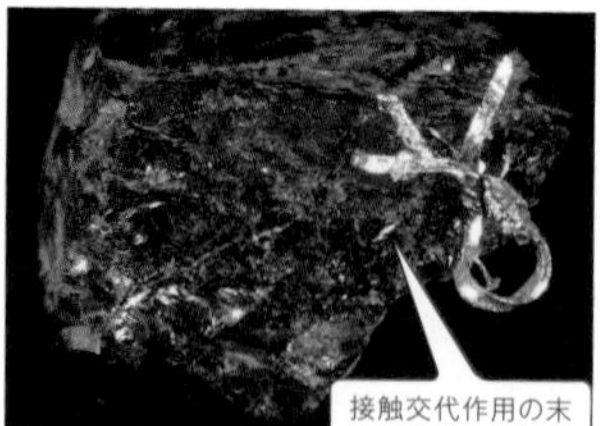

接触交代作用の末期に生成した閃亜鉛鉱に伴い、ひも状の自然金が産する。

左右長：約15mm
産地：埼玉県秩父市
秩父鉱山大黒鉱床

66

❶ 鉱物名　鉱物の和名。日本産鉱物種（2013年版）に掲載の和名に従う。

❷ 英名　国際鉱物学連合（IMA）によって学術的に承認されたものとしてデータベースに登録されているもの。

❸ 化学式　その鉱物の元素の種類と比を表す。また鉱物により固有の化学式を持っている。

❹ 晶系　鉱物の原子の並び方、そこから導かれる形態の対称性によって分類される。
➡第V章参照

❺ 比重　同じ体積の水の重さの何倍かを示す。密度は、1cm^3（立方センチメートル）あたりの重さ（グラム）で表され、単位g/cm^{3}を持つ。水の密度は約1g/cm^{3}であるため、比重は密度から単位を除いた数値とほぼ同じ。

❻ 劈開（へきかい）　結晶の特定方位でほぼ平面状に割れる性質。鉱物の種類を特定するのに役立つ。
➡第II章参照

❼ 光沢　金属や樹脂、絹糸光沢など、光を当てた際にどのように見えるか。数値化できないため、よく知られた物質にたとえている。
➡第II章参照

❽ 硬度　モース硬度による鉱物の硬さを数値で表したもの。客観的な硬さの判断基準となる。数値が大きいほど硬い。
➡第II章参照

❾ 磁性　鉱物に磁石を近づけると、磁石が引きつけられる場合に、その鉱物に強い磁性があるという。一般には、フェライト磁石がよく引きつけられる鉱物であるが、その種類は限られている。レアアース磁石にはかなり多くの鉱物が引きつけられる。
➡第II章参照

❿ 結晶面　結晶面が観察できれば晶系を推定でき、鑑定の手がかりとなる。
➡第II章参照

⓫ 条線　実際の結晶面から観察される平行な縞（しま）状の筋をいう。結晶成長に関わってできた微細な結晶面の繰り返し、あるいは双晶が繰り返すことでできたもの。
➡第II章参照

⓬ 色　色は塊の状態で見える色で、結晶粒の大きさなどで異なって見えることがある。
➡第II章参照

⓭ 条痕色（じょうこんしょく）　条痕色は粉末にしたときの色で、その鉱物特有の色を観察できる。
➡第II章参照

⓮ 解説　その鉱物の特徴や、どのようにできたかなど。（1-3）、（2-1）といった産状の分類については第IV章参照

⓯ 標本写真　鉱物の標本写真、およびその特徴を示す。識別のポイントやサイズなどが付記されている。

元素周期表

周期＼族	1	2	3	4	5	6	7	8
1	1 **H** 水素（気体）							
2	3 **Li** リチウム（固体）	4 **Be** ベリリウム（固体）						
3	11 **Na** ナトリウム（固体）	12 **Mg** マグネシウム（固体）						
4	19 **K** カリウム（固体）	20 **Ca** カルシウム（固体）	21 **Sc** スカンジウム（固体）	22 **Ti** チタン（固体）	23 **V** バナジウム（固体）	24 **Cr** クロム（固体）	25 **Mn** マンガン（固体）	26 **Fe** 鉄（固体）
5	37 **Rb** ルビジウム（固体）	38 **Sr** ストロンチウム（固体）	39 **Y** イットリウム（固体）	40 **Zr** ジルコニウム（固体）	41 **Nb** ニオブ（固体）	42 **Mo** モリブデン（固体）	43 **Tc** テクネチウム（固体）	44 **Ru** ルテニウム（固体）
6	55 **Cs** セシウム（固体）	56 **Ba** バリウム（固体）	ランタノイド系列	72 **Hf** ハフニウム（固体）	73 **Ta** タンタル（固体）	74 **W** タングステン（固体）	75 **Re** レニウム（固体）	76 **Os** オスミウム（固体）
7	87 **Fr** フランシウム（固体）	88 **Ra** ラジウム（固体）	アクチノイド系列	104 **Rf** ラザフォージウム	105 **Db** ドブニウム	106 **Sg** シーボーギウム	107 **Bh** ボーリウム	108 **Hs** ハッシウム

気体
液体
固体

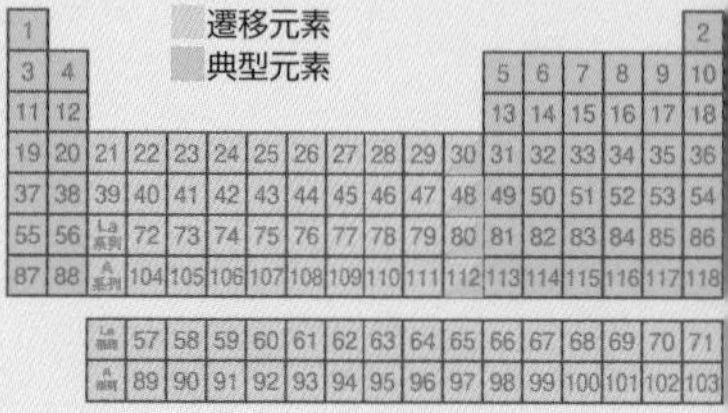

ランタノイド系列	57 **La** ランタン（固体）	58 **Ce** セリウム（固体）	59 **Pr** プラセオジム（固体）	60 **Nd** ネオジム（固体）	61 **Pm** プロメチウム（固体）
アクチノイド系列	89 **Ac** アクチニウム（固体）	90 **Th** トリウム（固体）	91 **Pa** プロトアクチニウム（固体）	92 **U** ウラン（固体）	93 **Np** ネプツニウム（固体）

- アルカリ金属
- アルカリ土類金属
- 希土類金属
- ランタノイド系列
- アクチノイド系列
- ニクトゲン
- カルコゲン
- ハロゲン
- 貴ガス

9	10	11	12	13	14	15	16	17	18
									2 He ヘリウム
				5 B ホウ素	6 C 炭素	7 N 窒素	8 O 酸素	9 F フッ素	10 Ne ネオン
				13 Al アルミニウム	14 Si ケイ素	15 P リン	16 S 硫黄	17 Cl 塩素	18 Ar アルゴン
27 Co コバルト	28 Ni ニッケル	29 Cu 銅	30 Zn 亜鉛	31 Ga ガリウム	32 Ge ゲルマニウム	33 As ヒ素	34 Se セレン	35 Br 臭素	36 Kr クリプトン
45 Rh ロジウム	46 Pd パラジウム	47 Ag 銀	48 Cd カドミウム	49 In インジウム	50 Sn スズ	51 Sb アンチモン	52 Te テルル	53 I ヨウ素	54 Xe キセノン
77 Ir イリジウム	78 Pt 白金	79 Au 金	80 Hg 水銀	81 Tl タリウム	82 Pb 鉛	83 Bi ビスマス	84 Po ポロニウム	85 At アスタチン	86 Rn ラドン
109 Mt マイトネリウム	110 Ds ダームスタチウム	111 Rg レントゲニウム	112 Cn コペルニシウム	113 Nh ニホニウム	114 Fl フレロビウム	115 Mc モスコビウム	116 Lv リバモリウム	117 Ts テネシン	118 Og オガネソン
62 Sm サマリウム	63 Eu ユウロピウム	64 Gd ガドリニウム	65 Tb テルビウム	66 Dy ジスプロシウム	67 Ho ホルミウム	68 Er エルビウム	69 Tm ツリウム	70 Yb イッテルビウム	71 Lu ルテチウム
94 Pu プルトニウム	95 Am アメリシウム	96 Cm キュリウム	97 Bk バークリウム	98 Cf カリホルニウム	99 Es アインスタイニウム	100 Fm フェルミウム	101 Md メンデレビウム	102 No ノーベリウム	103 Lr ローレンシウム

原子番号 — 2
元素記号 — He
元素名 — ヘリウム

レアメタル
（経済産業省関係団体：
鉱業審議会レアメタル総合
対策特別小委員会
指定元素）

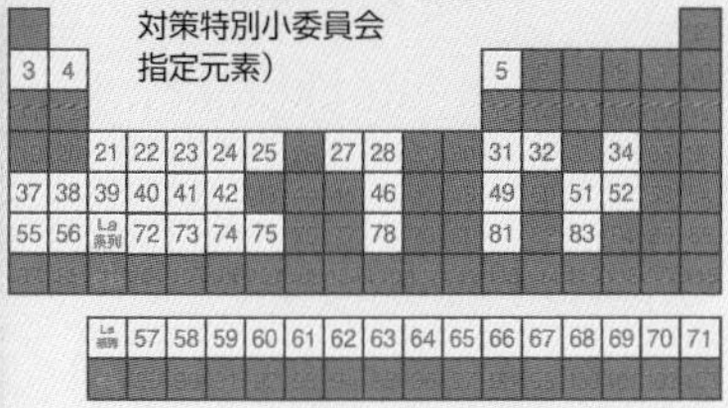

産状の概念図

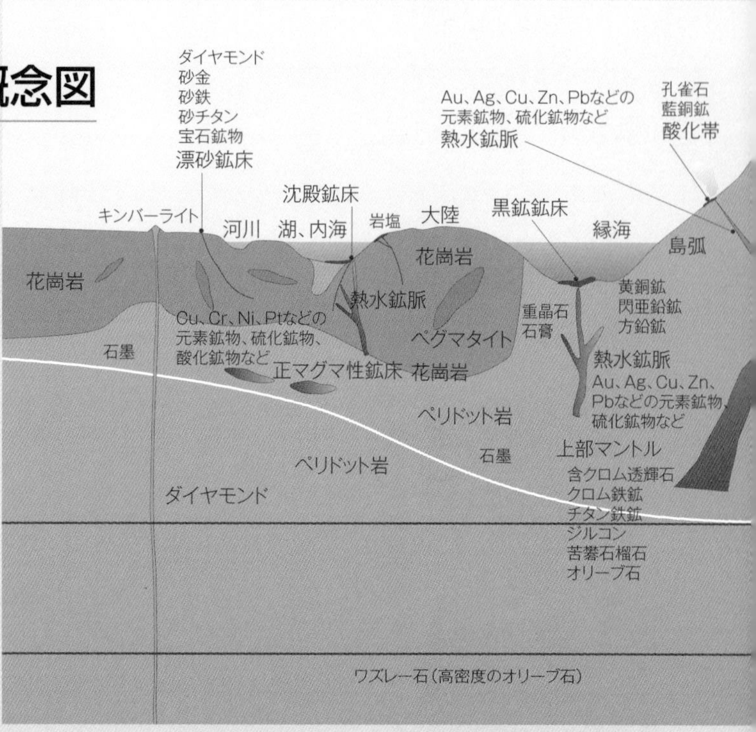

産状	特徴
火成岩	マグマが冷えて固まった岩石中に産するもの。地下深くでゆっくり固まった**深成岩**、地表付近で急冷して固まった**火山岩**に大きく分けられる。その両方に見られる鉱物。
深成岩	火成岩のうち、特に深成岩に見られる鉱物。
火山岩	火成岩のうち、特に火山岩に見られる鉱物。
熱水鉱脈	岩石の割れ目などを上昇した熱水が冷えて鉱物を形成した場所には、多くの金属鉱物や石英などが見られる。採掘に値するほど有益な鉱物が集中している場合には、**熱水鉱床**という。
ペグマタイト	深成岩が冷えて固まるときに、ふつうの造岩鉱物に入らない化学成分などと多量の揮発性成分が、岩石中に脈状、レンズ状をして固まったもの。花崗岩によく見られ、結晶粒の大きな石英、長石、雲母などに伴って緑柱石、電気石、トパズ、蛍石などの鉱物が産出することもある。美しい結晶、珍しい鉱物の宝庫。
堆積岩	外来の鉱物粒や岩片が集まってできた岩石。変質することなく残っている風化に強い鉱物をここに示した。
堆積物	まだ固結していない砂礫（されき）層中に見られる風化に強い鉱物をここに示した。ダイヤモンド、サファイア、スピネル、砂金、砂鉄（磁鉄鉱、チタン鉄鉱など）その他。

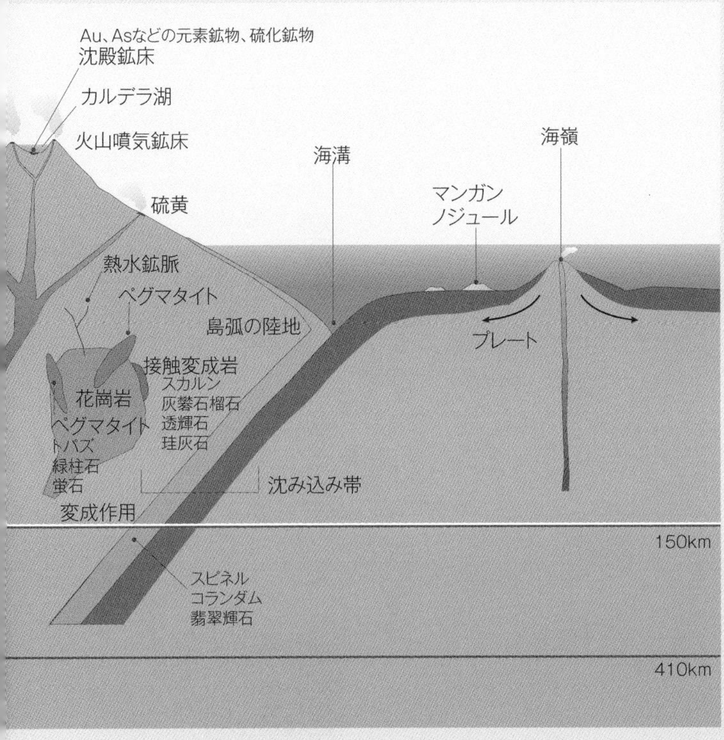

産状	特徴
蒸発岩	内海や湖などで水が蒸発し、塩類が沈殿して鉱物をつくる。岩塩層はこの好例である。
変成岩	すでにあった岩石などが、圧力や温度の上昇によって変成を受ける。別の鉱物がつくられ、鉱物の組織が変化することがある。このような岩石を変成岩という。広範囲にわたる変成作用の結果できたのが、広域変成岩で、主に片麻岩と結晶片岩がある。マグマとの接触部で変成されてできたものを接触変成岩という。元の岩石に多くの金属成分があると、変成岩中に鉱床が形成される。日本では層状含銅硫化鉄鉄鉱床（キースラーガー）（別子鉱山、日立鉱山など）、変成マンガン鉱床（大和鉱山、御斎所鉱山など）その他がある。また、蛇紋岩はペリドット岩に水が加わって変成してできたものなので、変成岩として表している。
スカルン	変成を受ける側の岩石が、石灰岩や苦灰岩など、カルシウムやマグネシウムに富む岩石の場合、変成してできたカルシウム、マグネシウムを主成分とするケイ酸塩鉱物をスカルン鉱物という。灰礬石榴石、ベスブ石、斧石、透輝石、珪灰石など。ここに、有益な金属鉱物が集中する場合があると、それをスカルン鉱床という。釜石鉱山、神岡鉱山など。
酸化帯	地下で形成された鉱物は、地表近くで雨水や空気にさらされると、化学変化を受けて分解し、別の鉱物に変わることがある。金属の酸化物、水酸化物、炭酸塩、硫酸塩、リン酸塩などの鉱物が見られる。

分類

現在、主に普及している分類法は、化学組成と結晶構造に基づいて分類されています。本書においても、化学組成による分類に基づいています。以下に掲げる各分類の特徴を理解しましょう。

分類	特徴	主な鉱物
元素鉱物	主成分（置換などにより含まれる微量成分ではなく、その鉱物の本質的な成分）が単一の元素である鉱物。	ダイヤモンド、石墨
硫化鉱物	硫黄と金属が結合した化合物、硫化物の鉱物。地殻中に多様な種が存在し、局部的に濃集して鉱床をなして、金属の資源となっている。	黄銅鉱、方鉛鉱
酸化鉱物	酸素（水酸化物イオン$(OH)^-$も含む）と陽イオンが結合した鉱物で、酸素酸塩（例えば、CO_3、SO_4、PO_4、SiO_4を含むものなど）以外のもの。	コランダム、スピネル
ハロゲン化鉱物	フッ素や塩素などのハロゲンが主成分として結合している鉱物。ハロゲンとOHの両方を含むもの（アタカマ石など）もここに分類される。	蛍石、岩塩
炭酸塩鉱物	三角形の中心に炭素（C）、3頂点に酸素（O）を配した炭酸イオン［$(CO_3)^{2-}$］からなる鉱物。	方解石、苦灰石、霰石
ホウ酸塩鉱物	ホウ酸イオンには、炭酸イオンと同様に三角形の3頂点に酸素（O）を配した$(BO_3)^{3-}$と、硫酸イオン、リン酸イオン、ケイ酸イオンなどのように四面体の4頂点に酸素（O）を配した$(BO_4)^{5-}$がある。	逸見石、ウレックス石（テレビ石）
硫酸塩鉱物	四面体配位の硫酸イオン［$(SO_4)^{2-}$］を主成分とする鉱物。	石膏、重晶石
リン酸塩鉱物	四面体配位のリン酸イオン［$(PO_4)^{3-}$］を主成分とする鉱物。リン（P）をヒ素（As）で置き換えたヒ酸塩鉱物、バナジウム（V）で置き換えたバナジン酸塩鉱物もここに分類される。	藍鉄鉱、燐灰石
ケイ酸塩鉱物	結晶構造の基本的要素としてケイ素（Si）を中心とした正四面体の、各頂点に酸素（O）を配したSiO_4四面体を持つことが特徴。	石榴石、普通輝石、白雲母
有機鉱物	主に炭素を主体にした有機化合物の分子などでできた鉱物。	尿酸石など

光沢

鉱物の表面が光を浴びたときの輝き方(つや)を**光沢**と呼びます。鉱物種によっては特有の光沢があるため、肉眼観察の助けとなることも少なくありません。

鉱物の光沢は、光の反射率、屈折率、透明度など表面の状態の特性に依存しますが、数値化することができず、金属光沢、ダイヤモンド(金剛)光沢などと、よく知られた物質や鉱物になぞらえて表現されることが多いです。そのほかの光沢には、ガラス光沢、樹脂光沢、脂肪光沢、真珠光沢、絹糸光沢、土状光沢などがあります。

光沢は、硬度や名前のように国際的な基準があるわけではなく、それぞれが独自に分類を行っています。下表はその一例です。詳しくは42ページを参照してください。

光沢	特徴	主な鉱物
金属光沢	不透明鉱物のなめらかな表面で、光を強く反射するもの。	黄銅鉱、磁鉄鉱
ダイヤモンド(金剛)光沢	透明や半透明で、光の屈折率が高いもの。	ダイヤモンド、閃亜鉛鉱
ガラス光沢	透明や半透明で、光の屈折率が中程度のもの。	石英、トパズ、緑柱石
樹脂光沢	プラスチックや漆などのようななめらかな光沢。	自然硫黄、オパル
脂肪光沢	ニスやグリースなど油を塗ったような光沢。	霞石
真珠光沢	光の干渉で虹色に見えるものや、劈開面で柔らかい反射が見られるもの。	白雲母
絹糸光沢	繊維のように一方向に筋が入ったような表面。	石綿
土状光沢	光をほとんど反射しないためつやに乏しいもの。	カオリン石

金属光沢
黄銅鉱

ダイヤモンド光沢
ダイヤモンド

樹脂光沢
オパル

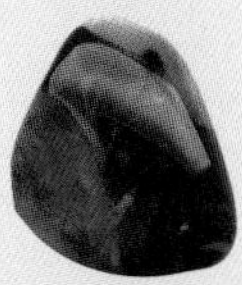

ガラス光沢
トパズ

真珠光沢
白雲母

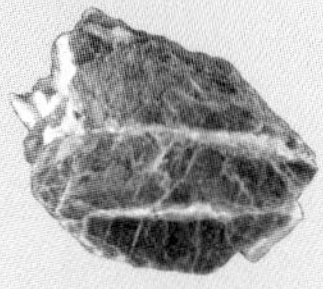

土状光沢
カオリン石

晶系の特徴

以下は晶系の主な特徴です。詳しくは本文43ページを参照してください。

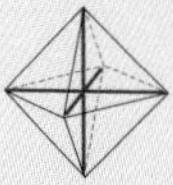	立方晶系	長さが等しい3本の結晶軸が、すべて90度で交差する。**等軸晶系**ともいわれる。 **自然金、ダイヤモンド、磁鉄鉱、岩塩など。**
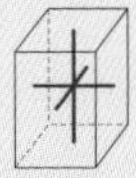	正方晶系	3本ある結晶軸のうち2本の長さが等しく、すべて90度で交差する。 **黄銅鉱、錫石、ジルコン、魚眼石など。**
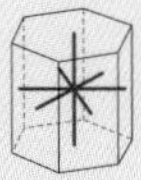	六方晶系の一例	結晶軸は4本あり、そのうちの同じ長さの3本が平面上に互いに120度で交差し、その交差点に残りの1本の結晶軸が垂直に交わる。 **輝水鉛鉱、銅藍、緑柱石、燐灰石など。**
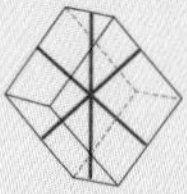	三方（菱面体）晶系	長さが等しい3本の結晶軸が、すべて90度以外の同一角度で交差する。「六方晶系」の一種として表すこともできる。 **辰砂、赤鉄鉱、方解石、石英など。**
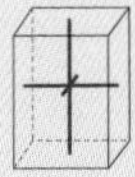	直方晶系	長さが異なる3本の結晶軸が、すべて90度で交差する。2014年に日本結晶学会が、「Orthorhombic」の訳語を「斜方晶系」から変更する決議をした。 **自然硫黄、霰石、重晶石、トパズなど。**
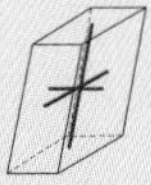	単斜晶系	長さが異なる3本の結晶軸が交差する3つの角度のうち、2つが90度のもので交差する。 **鶏冠石、藍銅鉱、石膏、白雲母など。**
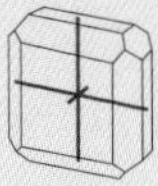	三斜晶系	長さが異なる3本の結晶軸が、すべて90度以外の異なる角度で交差する。 **トルコ石、藍晶石、薔薇輝石、灰長石など。**
	非晶質	規則性がなく、結晶構造を持たないもの。 **自然水銀、オパルなど。**

第 I 章

肉眼鑑定を始めるにあたって

1. 鉱物とは

鉱物は、地球や他の天体でつくられた固体物質で、ほぼ原子が規則正しく配列した結晶となっています。原子の種類は、元素記号で表されますが、この記号を文字にたとえると、鉱物は単語に相当します。

例えば、ケイ素は元素記号Si、酸素は元素記号Oで表され、それらの比率が1：2であれば、SiOO（実際には同種の複数元素はその数を添字の数字で示し、SiO_2とします）という単語ができます。この単語に相当する鉱物には、石英（quartz）、鱗珪石（りんけいせき）（tridymite）、方珪石（cristobalite）があります。「はし」に「橋」「端」「箸」の違いがあるようなものです。石英、鱗珪石、方珪石の違いは、SiとOの配列の違い、つまり原子配列（結晶構造）が異なるためで、別種の鉱物として扱います。

地球でできたものでも、結晶質でない場合があります。マグマが地表近くで急冷されてできた火山岩中に含まれる火山ガラス、ほとんどSiO_2なのに結晶化することなく固化したオパル、液体で出てくる自然水銀などがその例です。気体や液体は鉱物ではありませんが、温度あるいは圧力が変化することで、同じ成分のものが結晶化する（鉱物になる）物質もあります。身近なものとして、水が気温の低い場所では、氷、霜柱、雪などになり、これらは結晶質ですから鉱物扱いになります。

自然水銀でも、1気圧約マイナス39℃以下では結晶化します。しかし、私達がふつうに暮らせる温度圧力環境下で固体であることが鉱物の必要条件なのです。

▲鉱物で最も なじみ深い水晶。産地：福島県郡山市鬼ヶ城（おにがじょう）

2. 鉱物と地球の関係

鉱物は単語に相当する、と前節で述べましたが、単語がある規則に従って集合すると、文章になります。同様に、鉱物が集合したものが岩石（石）ですから、岩石は文章に相当することになります。地球はおよそ46億年前に太陽系の微惑星の集合と衝突によってでき、最初は熔けた状態であったのが、かなり初期の段階で地殻、マントル、核の階層が形成されたと考えられています。つまり、それらを構成する鉱物の誕生であったのです。このような初期の鉱物の大部分は、その後の地球変動によって熔融や分解、再結晶を繰り返しながら、姿を変え、現在の状態に至っているのです。

地球は、液体（熔融体）と考えられている外核とマントルの一部を除いた部分が固体（鉱物）から構成されていて、それは地球体積の約84%を占めています。

地球の表層を被う地殻は、大陸下では厚く、大洋下では薄い岩石層で、ある程度は岩石の情報を得ることができます。直接、地下の深いところから岩石を採取することはとても困難であり、地表の岩石でもくまなく採取することは現実的ではありません。地殻がどのような鉱物からできているかを完璧に知ることは不可能といってよいでしょう。

そのため、いろいろな岩石の化学分析値や分布情報を処理して、地殻の構成元素存在量の推定値が出されています。研究者によって数値的な違いはありますが、上位8種類（O、Si、Al、Fe、Ca、Na、K、Mg）は皆同じです。その一例を示します（図Ⅰ.1）。これと、主な造岩鉱物の元素重量%（表Ⅰ.1）とを比較してみましょう。

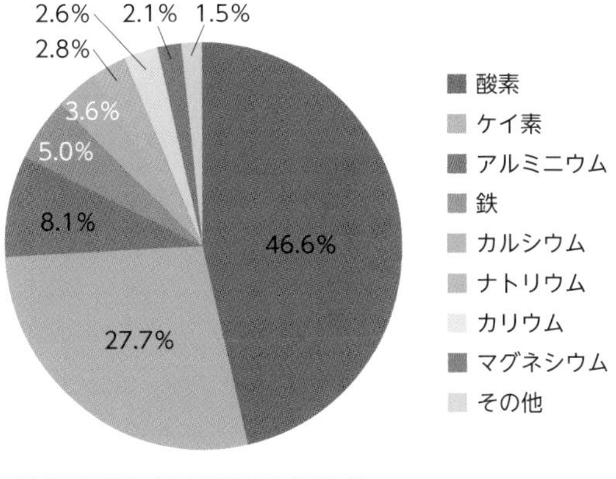

▲地殻の元素存在量（重量%）（図Ⅰ.1）

オリーブ石	$(Mg_{1.5}Fe_{0.5})SiO_4$
頑火輝石	$(Mg_{1.76}Fe_{0.24})Si_2O_6$
透輝石	$Ca(Mg_{0.9}Fe_{0.1})Si_2O_6$
普通輝石	$(Ca_{0.7}Mg_{0.8}Fe_{0.4}Al_{0.1})(Si_{1.9}Al_{0.1})O_6$
普通角閃石	$Ca_2Mg_2Fe_2Al(Si_7Al)O_{22}(OH)_2$*
黒雲母	$KMg_{1.5}Fe_{1.5}(Si_3Al)O_{10}(OH)_2$*
灰長石	$CaAl_2Si_2O_8$
白雲母	$KAl_2(Si_3Al)O_{10}(OH)_2$*
カリ長石	$KAlSi_3O_8$
霞石	$Na_3KAl_4Si_4O_{16}$
曹長石	$NaAlSi_3O_8$
石英	SiO_2

*：Hは0.5%以下なので無視

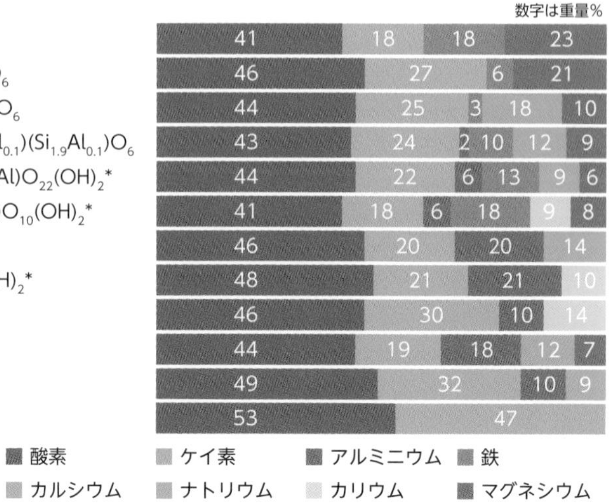

▲造岩鉱物の元素重量%（表Ⅰ.1）

オリーブ石は上部マントルの主成分鉱物なので、これを除いた他の鉱物を単純に平均化すると、O、Si、Al、Feの量はほぼ図Ⅰ.1の値に近いことがわかります。

その他の元素は、造岩鉱物の構成比を考慮しないと、バラツキが大きくなることがわかります。研究者によって異なる値が出るのは、主に構成比の考え方の違いだと思われます。

上部マントルから深い場所は、さらに直接的な試料が極端に少なくなります。マントルの深いところで発生したマグマが途中の岩石を熔(と)かさないで地表まで上がってくるような地質現象が起こったときだけ、試料を手にすることができます。したがって、地下の環境に相当する条件下での鉱物合成実験、地震波や重力の探査などによる物性の状態などを考慮して、地球の内部構造（構成鉱物）を推定しているのです。

さまざまな岩石（鉱物組合せ）が形成され、取り残されたままのもの、熔けて消滅するもの、新たにつくり直されるもの、他の岩石との衝突・変形・合体など、地球の変動によって複雑な集合体が時代の変遷を通して形成されてきました。

岩石が文章だとすると、このような文章の組合せは、物語に相当します。地球の岩石達による物語を地質と考えることができます。表Ⅰ.2は、元素（文字）、鉱物（単語）、岩石（文章）、地質（物語）の関係を簡略的に表した例です。

元素	鉱物	岩石	地質
文字	単語	文章	物語
Si, O ＋Na, Ca, Al ＋K ＋Mg, Fe, H, F	SiO_2　石英 $(Na,Ca)(Al,Si)_4O_8$　斜長石 $KAlSi_4O_8$　カリ長石 $K(Mg,Fe)_3AlSi_3O_{10}(OH,F)_2$　黒雲母 $Ca_2(Mg,Fe)_4Al(AlSi_7O_{22})(OH)_2$ 普通角閃石	花崗岩 石英閃緑岩	花崗岩マグマ の上昇 （熱水） ↓
	石英、長石、粘土鉱物など 石英、粘土鉱物など 方解石など	砂岩 泥岩 石灰岩	接触変成（交代） 作用による新たな 鉱物の出現
	$CaSiO_3$ 珪灰石 $Ca_3(Fe,Al)_2Si_3O_{12}$ 灰鉄石榴石 $Ca(Mg,Fe)Si_2O_6$ 透輝石 $Ca_2FeAl_2Si_3O_{12}(OH)$ 緑簾石 $Fe^{2+}Fe^{3+}{}_2O_4$ 磁鉄鉱 $Fe^{3+}{}_2O_3$ 赤鉄鉱		スカルン鉱物・ スカルン鉱床の生成

▲元素－鉱物－岩石－地質の関係（表Ⅰ.2）

▲安山岩

安山岩は、斑晶の普通輝石（A）や斜長石（P）などと、細かい結晶の集まりである石基で構成されている。産地：神奈川県真鶴町

3. 鉱物と人との関係

人類が誕生するよりもはるか昔から、鉱物は地球の主として存在していました。鉱物を石器という便利な道具として使い始め、その後は金属を取り出す知恵を身につけ、文明の発達と互いに関係しながら、さまざまな用途に鉱物が使われることになります。やがて、鉱物の研究が実用的な面だけでなく、元素の発見につながり、地球を調べる重要な材料だと気づくこととなります。このような歴史的なことは、『図説 鉱物の博物学』（秀和システム）で紹介してありますので、そちらをお読みください。また、その形や色など、鉱物そのものを楽しむ心を持つ人々も現れてきました。経済的ゆとりが多少はないといけませんが、精神的やすらぎ（癒やし）を鉱物に求めることもあるかもしれません。

鉱物に好奇心をそそられる原因はさまざまでしょうが、「これはいったいどういう鉱物なのだろう」という疑問や、「名前と正体を知りたい」という素朴な気持ちは共通なのでないかと思います。それと同時に、集めて身近に置いておきたいというコレクション欲も湧いてくるかもしれません。

鉱物は、同じ種類であっても、まったく見かけが異なる場合が非常に多くあります。種類（鉱物種）は生物のいろいろなグループに比べて少ないのですが、外観のバリエーションが豊富なので、コレクションのしがいがあるアイテムだと思います。

地表近くにもたらされた鉱物は、やがて雨水、地下水、空気などによって次第に劣化する場合もあります。そうなる前に少なくとも雨水のかからない室内に置いてあげるのがよいでしょう。

鉱物は何億年、何千万年、何百万年も前につくられた地球の断片でありタイムカプセルです。何でもないような鉱物にも、人類よりはるかに長い時間を経た歴史が閉じ込められているのだと考えれば、大事にしたくなる気が起きてもおかしくありません。人生の楽しみの1つにぜひ鉱物を加えてみましょう。

▲鉱物は地球のタイムカプセル

第 II 章

鉱物の種類を調べる

1. 鉱物の種類と名前のつけ方

生物と同じように、鉱物にも名前をつけておく方が便利です。そのためには、種（種類）をどのように決めるかという方法（定義）を確立しておく必要があります。鉱物学の世界では国際鉱物学連合という組織があって、その中の各種委員会のうち、「新鉱物・命名・分類委員会」が上記のような活動をしています。

鉱物の種の認定は化学組成と原子配列が基本となっています。したがって、化学組成が同じでも原子配列が異なれば別種（例えば、ダイヤモンドと石墨）になり、原子配列が同じ（パターン）でも化学組成が異なれば別種（例えば、苦土オリーブ石と鉄オリーブ石）になります。前者を**多形関係**、後者を**同形関係**と呼びます。

多形関係の概念は比較的わかりやすいのですが、同形関係はどの程度の化学組成の違いでもって区別するのかをきちんと定義しておかないと混乱を生じます。

まず、苦土オリーブ石と鉄オリーブ石で考えてみましょう。苦土オリーブ石の化学組成はMg_2SiO_4、鉄オリーブ石の化学組成は$Fe^{2+}_2SiO_4$です。このうち、MgとFe^{2+}は原子配列のパターンを変えることなくほぼ自由に入れ代わることができます。このような関係にあるものを**連続固溶体**と呼びます。水とアルコールがいろいろな割合で混じり合うことができるのと同じ考え方です。

そこで、MgとFe^{2+}のどちらが多いか、つまり半分のところで種の境界をつくることで種を定義することになりました（50%ルール）。Mg_2SiO_4と$Fe^{2+}_2SiO_4$は、それぞれ端成分（end member）と呼びます。もし**端成分**が3つ以上あっても、その中のどれが一番多いかで、それの端成分の種名をつけることになります。

例えば、一般的に出てくるカルシウムの単斜輝石は、透輝石（$CaMgSi_2O_6$）と灰鉄輝石（$CaFe^{2+}Si_2O_6$）ですが（図Ⅱ.1）、ときにはヨハンセン輝石（$CaMn^{2+}Si_2O_6$）も加わります（図Ⅱ.2）。さらに、Mg、Fe^{2+}、Mn^{2+}以外にもZnが入ってきて（図Ⅱ.3）、Zn>Mg、Fe^{2+}、Mn^{2+}（この3種類の多さの順位は無関係）のような化学組成になると、別種の扱いになりピートダン輝石（petedunnite、端成分の化学組成は$CaZnSi_2O_6$と書きますが、実際には$Ca(Zn,Mn^{2+},Fe^{2+},Mg)Si_2O_6$）と表されます。

方解石（$CaCO_3$）と菱苦土石（$MgCO_3$）は同形関係にありますが、連続固溶体をつくりません。Mgを少し含む方解石やCaを少し含む菱苦土石は存在しますが、その間は不連続です（図Ⅱ.4）。ちょうど中間あたりの化学組成に相当する苦灰石（$CaMg(CO_3)_2$）があります。しかし、結晶学的な対称性が異なるため50%ルールは適用されず、独立した種として扱います。

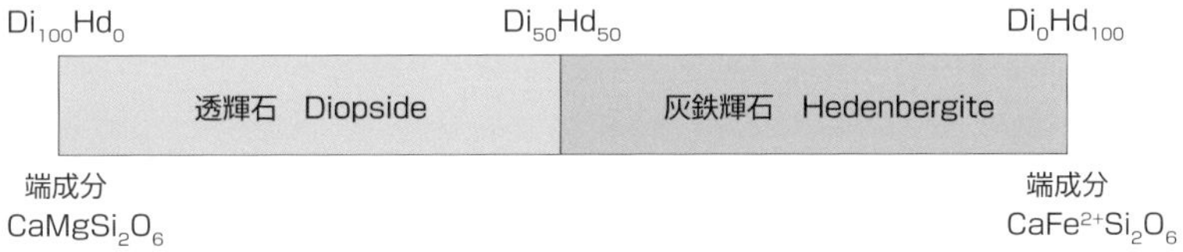

▲連続固溶体における50%ルール（図Ⅱ.1）

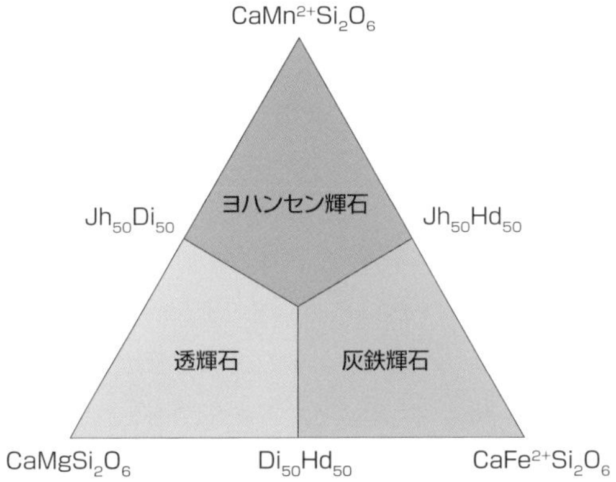

▲図Ⅱ.2

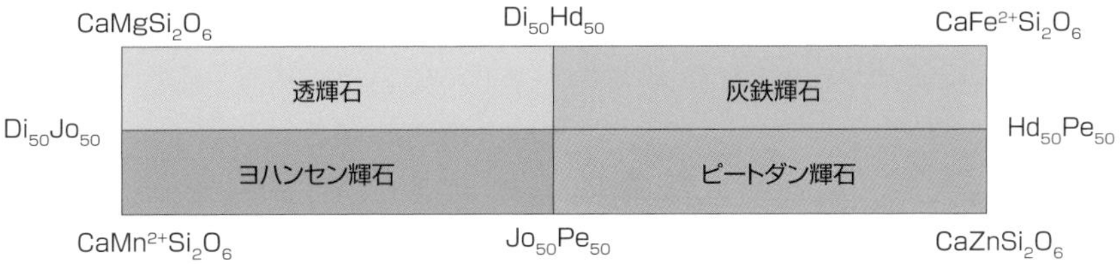

▲図Ⅱ.3

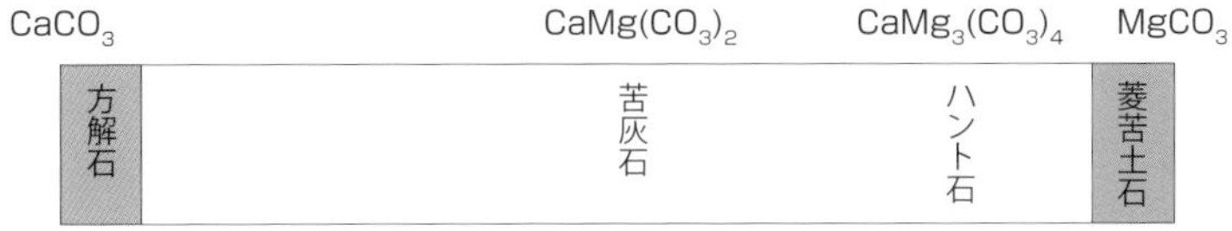

▲図Ⅱ.4

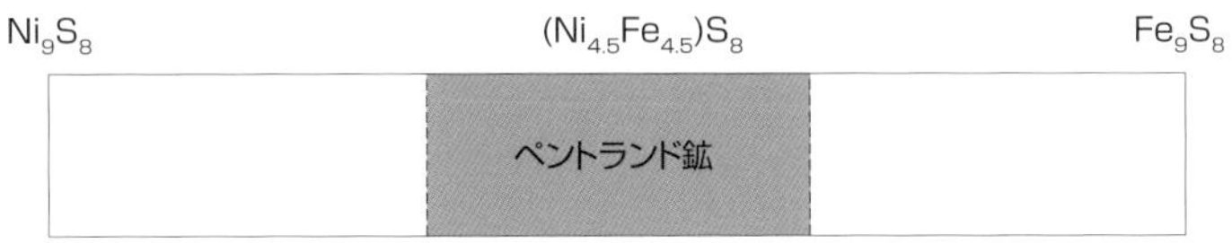

▲図Ⅱ.5

苦灰石と菱苦土石の間には、例えば、ハント石（huntite、$CaMg_3(CO_3)_4$、稀な鉱物で日本では長崎県からのみ産出）がありますが、原子配列が菱苦土石と異なるため独立種となるのです。

端成分が存在しない固溶体も存在します。例えば、ペントランド鉱の化学組成は$(Fe,Ni)_9S_8$と表され、$Fe>Ni$、あるいは$Fe<Ni$の両方が存在します（図Ⅱ.5）。しかし、このような狭い領域のものを2つに分ける必要もないことから、1種として扱います。※

以上のように、種の独立性が確保されたものに種名をつけることになります。「新鉱物・命名・分類委員会」（前身は新鉱物・鉱物名委員会）の制度が始まる前の鉱物名は、どのような由来かわからないもの、研究者の好みでつけられたものでした。消え去ったものも多いのですが、いくつかは定着して現在の正式種名になっています。

1959年以降は、種と種名の認定を委員会で行い、そこで承認されたものだけが正式種（名）となっています。委員会のホームページ上でそれらの鉱物が公表されていて、2021年5月現在約5,700種が掲載されています。

種名は、産出地（行政地名、鉱山名など）、人名（研究者、採集者など）が多く、正式には欧米文字で表記します（ギリシャ文字、キリル文字、アラビア文字、漢字などは使えません）。このような点からすると、慣習的に正式名称を英名としていますが、学名とする方がよいかもしれません。

例えば、東京都白丸鉱山から産出した$Ba_2Mn^{3+}(VO_4)_2(OH)$にはtokyoiteが正式種名としてつけられました。委員会では各国国内で使う種名（日本では和名）には何らの規制を設けていませんので、各国で自由に表記でき、和名は「東京石」としています。

なお、和名の困った点は、語尾に「石」をつけるか「鉱」をつけるかです。かつては、鉱石になるような鉱物に鉱をつける習慣がありました。**鉱石**とは基本的に役に立つ鉱物の集合体です。黄銅鉱とか方鉛鉱などはわかりやすのですが、窯業（ようぎょう）原料として役立つのに、長石とされているものもあり、矛盾に満ちていました。そこで、最近では薄片程度の厚み（約30ミクロン）にしたとき、透明（～石）か不透明（～鉱）かで決めることになっています。古い種名が定着しているものは、やむを得ずそのまま使っています。

※なお、新鉱物の幌満鉱（ほろまんこう）の化学組成は$Fe_6Ni_3S_8$でペントランド鉱の固溶体上にのるが、結晶構造が異なる。

例えば、同じような化学組成で同じような用途がある孔雀石と藍銅鉱がどうして石と鉱になっているのか。おそらく、語尾の前に金属元素を表す漢字が来ると鉱にしたくなったのではないかと思われます。

さらにやっかいな問題が「石」にあります。「いし」と読むか「せき」と読むかです。音ならすべて音、訓ならすべて訓——日本語の基本はそのように読むのですが、「重箱読み」「湯桶読み」という例外も少なからずあります。

一般社会では石や石材の名前（学術用語ではない）を「～いし」と読ませることが多いので、正式鉱物種名は原則的に「せき」を用いることにしています。これも、昔から定着しているものには例外があります（例えば、蛍石は「けいせき」とか「ほたるせき」とは読まない）。

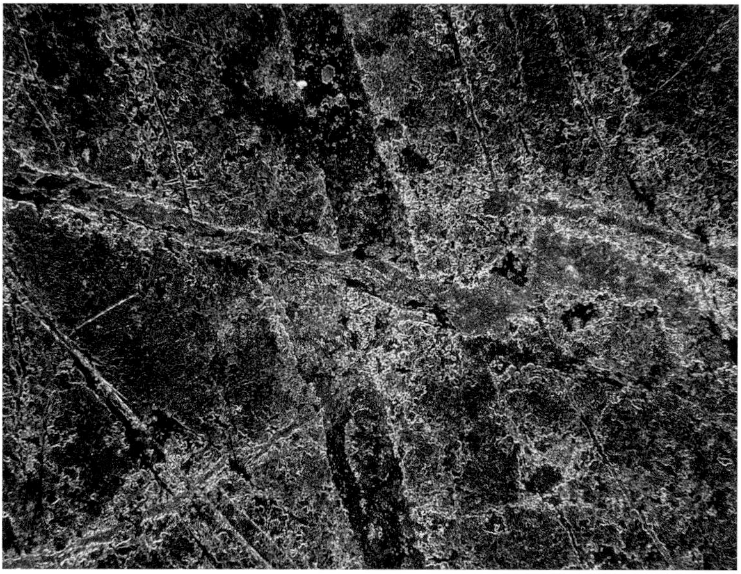

▲東京石

ブラウン鉱などの塊状鉱石を切る東京石（褐赤色）の脈。産地：東京都奥多摩町白丸鉱山

2. 肉眼鑑定の基本

鉱物の種類を決めるには、化学組成とそれらの原子配列がわからなければなりません。しかし、それには高額な装置と測定に習熟した専門家が必要になります。一般の人に手が届くようなものではありません。

ただ、そのような高度の実験をしなくても、ある程度の大きさの結晶（結晶面に囲まれた自形をとるもので、以下本書では単に結晶と呼ぶ）や塊があると、簡単な観察や実験で鉱物種名や似た仲間のグループ名、シリーズ名を決められる場合があります。

このような実験に使う器具は一般の人が容易に入手できる安価なもの（3,000円未満）を基本に考えます。

蛍光や放射性を観察するための器具は数万円くらいまで、拡大して観察するための実体顕微鏡（図Ⅱ.6）は10万円前後かそれ以上のものが望ましいと思います。

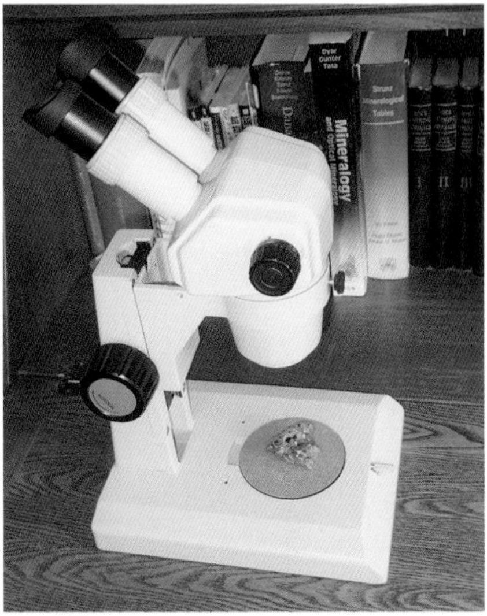

▲実体顕微鏡（図Ⅱ.6）

○目的とする鉱物の大きさと形

大きければそれに越したことはありませんが、小さくとも指でつまめて、固定できるくらいのサイズ以上が望まれます。

塊状であればいろいろな実験ができますが、結晶の場合には、傷をつけたくないので、基本的には観察だけです。面倒なのは、1種類の鉱物のように見えているのに、実際は2種類かそれ以上の鉱物の混じりだった場合です。このようなものの肉眼鑑定はほぼ不可能です。逆に、明らかに2種の鉱物が共存している場合、どちらかがわかると、もう一方の鉱物の可能性がしぼられてくることがあります。

○肉眼鑑定に必要な器具や機器

肉眼鑑定に必要な鉱物の性質と器具との関係を下表に示します。

ルーペ/実体顕微鏡	簡便な器具	測定機器	薬品
劈開（割れ口）	条痕色（条痕板）	蛍光（紫外線ライト）	反応（希塩酸）
色	硬度（モース硬度計）	放射能（線量計）	
光沢	磁性（磁石）		
結晶面			
条線			
集合状態			

▲鉱物の性質と器具の関係（表Ⅱ.1）

ルーペ

10〜20倍の拡大率を持つものが望ましいです。100円ショップのものから、LEDライトを組み込んで暗いところでも見やすくしたタイプ、色収差（像の色ズレ）を排除した高級なレンズを使った1万円以上もするタイプまで、さまざまなものがあります。

実体顕微鏡を持たないなら、多少高価でも視野の広いもの（明るいもの）がおすすめです（図Ⅱ.7）。

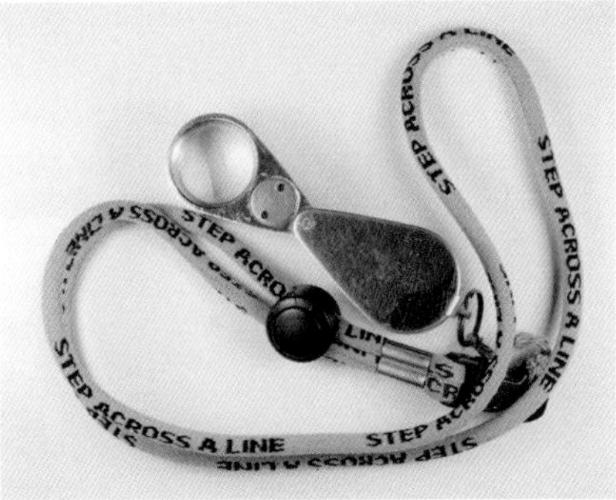

▲ルーペ（図Ⅱ.7）

実体顕微鏡

接眼レンズが左右についていて観察物が立体的に見える顕微鏡のことです。撮影用にもう1本鏡筒がついているタイプ、対物レンズが倍率切り替え式やズーム式になっているタイプなど、いろいろな機種が販売されています（図Ⅱ.6）。予算に応じて検討してみましょう。ルーペではとても見ることができないようなミクロの世界を体験できます。

なお、照明装置もあった方がよいかと思います（最初からついているタイプもある）。安価なLEDライトなどを購入して、簡単な工作で照明装置にすることもできます。

条痕板（じょうこんばん）

鉱物の色はさまざまな要因で、同じ鉱物でも違った色に見えることがよくあります。しかし、鉱物を粉末にしたときには、そういったの変化が消えるため、鑑定の重要な要素となります。

ただし、多くの鉱物の条痕色は白色あるいはそれに近い非常に淡い色で、色が明瞭なものは限られています。特に、緑～青～紫系統は非常に種類が少ないです。

専用の磁器製条痕板（図Ⅱ.8）が販売されていますが、特に必要はありません。小さな鉱物を条痕板にこすりつけるのは、けっこう難しい場合があります。茶碗の糸底（釉薬（ゆうやく）がかかっていない部分）でも代用できます。

また、特に硬い鉱物でなければ、工具鋼でできたミニマイナスドライバ（図Ⅱ.9、100円ショップで売っているものでよい）や石英の尖（とが）った方で少し削るようにして粉を取り、そのままで、あるいは白い紙の上に置いて観察します。

◀条痕板（図Ⅱ.8）

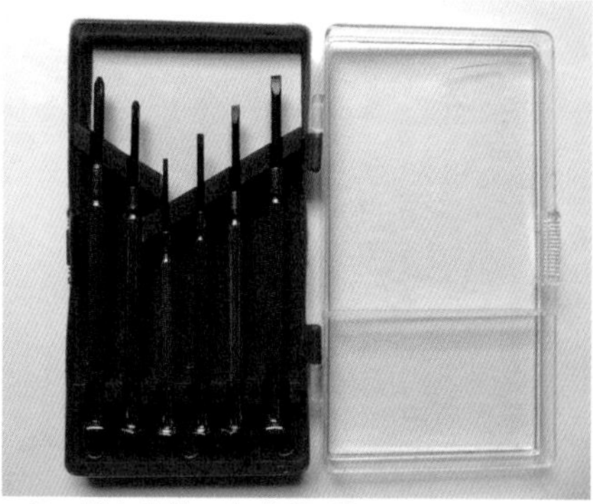

▲ミニドライバセット（図Ⅱ.9）

モース硬度計

相対的に傷つけ合うときの引っかき硬度（モース硬度）がわかる硬度計のことで、標準鉱物がセットされたものが販売されています（図Ⅱ.10、硬度10のダイヤモンドはガラス切りが入っている場合が多い）。

しかし、簡単に手に入る代用品でも見当はつけられます（表Ⅱ.2）。なお、代用品としてのナイフやガラスは、実際の細かい作業には不向きでけがの危険性も高いので、おすすめできません。

▲モース硬度計（図Ⅱ.10）

硬度	標準鉱物	身近にある代用品とその硬度	
1	滑石	~1½	鉛筆の芯（H）（滑石と石膏のほぼ中間）
2	石膏	~2½	爪（石膏より少し硬く、アルミニウムより軟らかい）
		2½< <3	アルミニウム（1円硬貨）（爪より硬く、方解石より少し軟らかい）
3	方解石	3< <3½	青銅（10円硬貨）（方解石より少し硬い）
4	蛍石		
5	燐灰石	~5	ステンレス釘（素材によるが、ほぼ燐灰石と同じ）
6	正長石	~6 <6½	工具鋼（ドライバの先端など）（素材によるが、ほぼ正長石と同じか、それより少し硬い）
7	石英		
8	黄玉（トパズ）		
9	鋼玉（コランダム）		
10	金剛石（ダイヤモンド）	10	ダイヤモンドガラス切り

▲モース硬度と身近な代用品（表Ⅱ.2）

磁石

昔から使われてきたふつうの磁石（フェライト磁石）は、限られた強磁性鉱物にしか引きつけられませんが、ネオジム磁石などの強力なレアアース磁石（希土類磁石）は、かなり多くの鉱物（主に鉄を主成分か副成分として含むもの。ただし、黄鉄鉱のような硫化鉱物の多くは除く）に引きつけられます。

例えば、石榴石（ざくろいし）の仲間である鉄礬石榴石（てつばんざくろいし）や灰鉄石榴石（かいてつざくろいし）はけっこう明瞭に引きつけられますが、端成分に近い灰礬石榴石（かいばんざくろいし）はほとんど反応がありません。鉄電気石も引きつけられますが、苦土電気石はほぼ無反応です。

いずれの磁石も、数個入って100円で売っている小さなものを使います。そのうちの1つをひも（例えば5～6号の太さの釣り糸）に固定し、つるして実験します（図Ⅱ.11）。

なお、磁石に無反応な鉱物でも、内部に磁鉄鉱などの強磁性包有物があると引きつけられてしまうことがありますので、この点の見極めも必要となります。

▲磁石（図Ⅱ.11）

紫外線ライト

紫外線によって蛍光、燐光を観測する器具です。**ミネラライト**と呼ばれることもあります。市販のものには、短波長（254nm）と長波長（365nm）（ブラックライト）のそれぞれ単独のものと、両方がそなわっているものがあります。

短波長単独のものや短波長と長波長両方が使えるタイプは、出力（ワット数）にもよりますが数万円前後、長波長だけのものは、かなり安価（数千円以下）で手に入ります。

▲紫外線ライト（図Ⅱ.12）

さらに長波長（375nm）の、LEDを使ったものもありますが、これもとても安価で購入できます（図Ⅱ.12）。なお、短波長単独あるいは短波長と長波長の両方が使えるタイプには、コンセントから電力を供給するもの（室内専用）と、野外でも使える電池式があります。長波長の安価なものは電池式が一般的です。

それぞれの波長により、同じ鉱物でも蛍光色の違いや強弱、蛍光の有無があります。さらに、同じ鉱物でも産地により（微量成分の違いなどの影響だと考えられている）蛍光の違いや有無があります。

蛍光は、明るい場所ではあまりはっきり見えませんので、暗いところで観察します。蛍光は鉱物種特定の決め手になることもありますが、わからないこともよくあります。

しかし、そのことよりも、暗がりに光る独特な蛍光色を鑑賞するという楽しみ方がまさるかもしれません。

蛍光は紫外線を切るとすぐに消えますが、切ったあともしばらく光を放つ場合があります。この光を**燐光**（りんこう）といいます。蛍光も燐光も、その一般的発生メカニズムはいろいろな本に解説されていますが、個々の鉱物において、蛍光や燐光があったりなかったりする詳しい原因を追求するのは、難しい問題です。

線量計

放射線量を測定する機器で、放射線を発する能力（放射能）のあるウランやトリウムを含む鉱物が判定できます（図Ⅱ.13）。

少し前までは、線量計はかなり高価な測定機器でした。本当は悲しいことですが、原子炉事故のあと、大量に生産されてかなり安価なものが手に入るようになりました。

小さな鉱物が持つ放射線量はわずかなものですから、少量なら問題になりません。ただし、閃ウラン鉱などの強い放射能を持つ鉱物が多量（kgオーダー）になると被爆の危険がありますので、絶対に集めてはいけません。少量の標本でも心配なら、鉛板で囲った箱に入れておくこと、ふだんは身体から遠ざけておくこと、標本を長い時間観察しないこと、などを心がけましょう。

▲線量計（図Ⅱ.13）

希塩酸

少量でも危険性があるので、なるべくなら使いたくないのですが、希塩酸は鉱物との反応を見るためには便利な薬品です。ふつうは、濃塩酸1に対し、水4くらいの割合で薄めたものを使います。

最初にビーカーなどに水を入れておき、その中に濃塩酸を少しずつ入れて攪拌（かくはん）しながら薄めていきます。希塩酸ができたら、密閉度の高い容器に入れて保存しておきます。

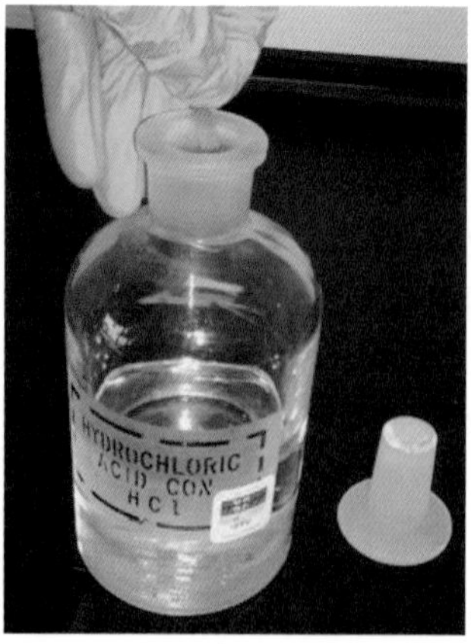

◀濃塩酸

3. 鉱物の性質を具体的に調べる

■ 肉眼、ルーペ、実体顕微鏡で観察する

劈開

割れ口（劈開）がほぼ平面状になる場合、それを**劈開がある**、その面を**劈開面**といいます。原子の結合の弱い方向に垂直な面に沿って割れた結果が劈開となるのです。鉱物の原子配列と劈開は密接に関係しています。

劈開の性質には、非常に顕著な「完全」から「明瞭」「良好」「弱い」「なし」などの表現が慣習的に使われてきました。しかし、定量的に表現されているわけではないので、その差は判然としない場合もあります。

そこで本書の肉眼鑑定に使う劈開の基準としては、「完全」から「良好」くらいまでの「ある」と、それ以外の「ない」の2つに大別します。

では、まずこの性質があるかどうかを観察してみましょう。塊、つまり破片であれば観察しやすいです。結晶の場合にも、どこか一部に割れたところがあれば観察できます。また、劈開のある透明な結晶の場合には、ある方向から見ると内部に平面状（横から見れば線状）の反射面が現れていることがあります（図Ⅱ.14）。

▲外から劈開が見える藍晶石（愛媛県新居浜市鹿森ダム上流）（図Ⅱ.14）

▲貝殻状断口、石英（茨城県城里町高取鉱山）（図Ⅱ.15）

割れ口が平面ではない場合は、特に**断口**という表現を使います（図Ⅱ.15）。また、劈開がないはずなのに、平面状の割れ口が現れることがあります。これを**裂開**と呼び、繰り返し双晶や不純物が特定方位に集まることで起きると考えられています。

例えば、コランダムでは、基本的に劈開はありませんが、平面状の割れ口が生じることがあります。一般的に、平面状の割れ口を見ただけでは、劈開と裂開を区別するのは難しいものです。

色

色は、その鉱物の反射光と透過光のかねあいで決まりますが、主に主成分として含まれる原子の性質や結合状態、必須ではない微量原子の影響、あるべき位置に原子が欠けている、などによって生じます。

いずれも原子を構成する電子の動きが大きく関わります（詳しくは『図説 鉱物の博物学』を参照）。その他、超微細な不純物（色を持つ別鉱物など）の混入によって、本来無色である鉱物が色づいて見えることもあります。

以上のような理由で、同じ種類の鉱物でも、異なった色に見えるのがふつうです。もちろん、色の変化がほとんどない種類もありますが、こういった鉱物は鑑定がしやすいかというと、そうとは限りません。

例えば、銅を主成分とする炭酸塩、硫酸塩、リン酸塩、ヒ酸塩、ケイ酸塩鉱物はどれも似たような緑～緑青～藍色系統をしています。色では区別できず、結晶形、集合状態、硬度のチェック、薬品テストなどが必要になります。

物理的には、紫色（光の波長が短い。ほぼ380nm）から赤色（光の波長が長い。ほぼ760nm）が可視光の範囲です。

赤紫色に見えるのは、途中の橙色から青色の波長が鉱物の電子運動のエネルギー源として吸収されてしまうからです。図（例えば線状）にすると、左右両端が現れる光の波長ということになります。

離れて何となくわかりにくいので、これを輪のようにしてしまったのが、例えば色の輪の図です（図Ⅱ.16）。

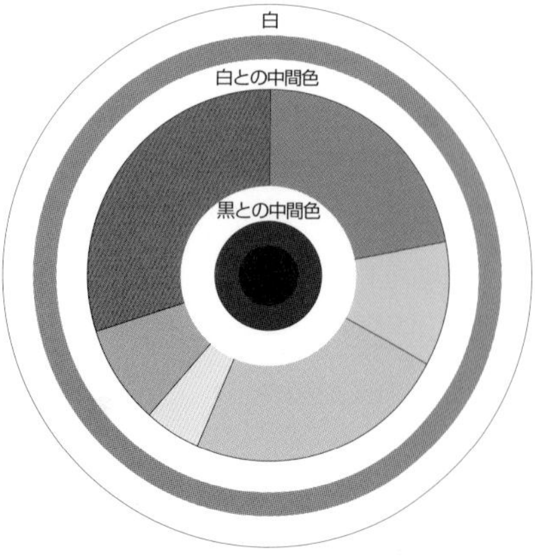

▲色の輪（図Ⅱ.16）

赤と紫の中間のような赤紫色というのは、直線的な波長表現で見ればありえないのですが、輪にすることで納得できます。

実際の色を表すために、昔から多くの工夫がなされてきました。現在の国際的な基準として、「CIE L*a*b*」といった表記があります。L*は白黒（濃度）、a*は＋側が赤色方向、－側が緑方向、b*は＋側が黄方向、－側が青方向となります。L*、a*、b*を、球の互いに直交する直径の3軸にして、数値で色を表現することができます（図Ⅱ.17）。

しかし、数値で色を示されても、ふつうは頭に入ってきません。また、3次元的な表記もわかりにくいところがあります。

2次元で表すのは厳密には難しいのですが、図Ⅱ.16の色の輪では、中心に近い方を黒色、色の輪との間を中間の暗い色（例えば、橙色と黒色の間は褐色）というイメージで、色の輪の最も外側は白色（無色）、その中間は淡い色（例えば、赤色と白色の間はピンク色）というイメージでとらえましょう。

濃い灰色は黒色のすぐ外側、淡い灰色は白色のすぐ内側に置きます。およそ円の中心から外に向かってが明度を、色の輪の部分が色相を表します。本書の第Ⅲ章（図鑑部分）では、鉱物の色をなるべく実物で示し、稀に見られる色は言葉（「色の輪」のどのあたりか）で示すことにします。

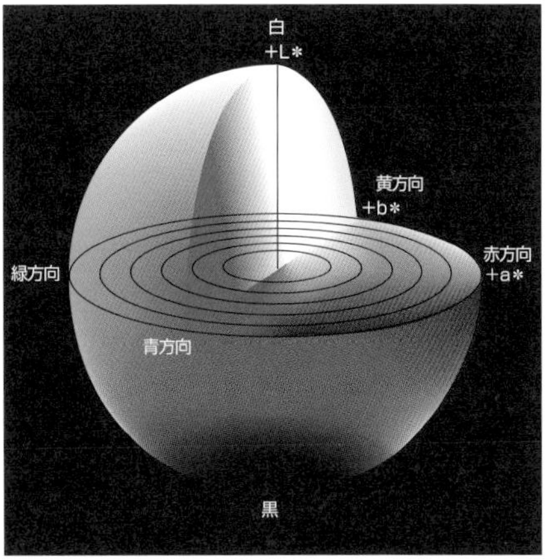

▲色空間（図Ⅱ.17）

光沢

光沢とは、その鉱物の持つ輝き方を、代表的な物質や鉱物の名前でもって表現したものです。屈折率、反射率、透明度、劈開面とそれ以外の場所、表面の微細な凹凸状態などによって異なります。

しかし、数値的に表すことができませんので、ややあいまいなところがあります。1つの鉱物が異なった光沢を持つ場合は、劈開面とそうでない部分の違いが顕著であることが主な原因です。

例えば、半透明の閃亜鉛鉱（鉄の含有量が少ないもの）は、劈開面上では金属光沢ですが、そうでないところでは樹脂光沢といった感じになります。また、絹糸光沢とか土状光沢など、単独結晶ではなく、集合状態での光沢を表すこともあります。

例えば赤鉄鉱は、大きな結晶は金属光沢でも、粉末状集合体になれば金属光沢を失い、土状光沢となります。

主な光沢は表Ⅱ.3のとおりですが、いずれもおおまかな特徴で表現されています。

主な光沢の種類	特徴	代表的鉱物
金属光沢	不透明で、反射率の高い鉱物。空気中に長く放置されたものでは、金属光沢を失う場合がある。	自然金、黄銅鉱、黄鉄鉱、チタン鉄鉱
ダイヤモンド光沢	透明〜半透明で、屈折率がかなり高い鉱物。ギラギラとした輝きが強い。ダイヤモンドの旧和名の金剛石から、金剛光沢とも。	ダイヤモンド、辰砂、閃亜鉛鉱、錫石
ガラス光沢	透明〜半透明で、屈折率が中程度の鉱物。炭酸塩、硫酸塩、リン酸塩、ケイ酸塩鉱物などの多くがこの光沢。	コランダム、方解石、燐灰石、石英
樹脂光沢	透明〜半透明で、琥珀やプラスチックのようななめらかな光沢。屈折率は高いものから低いものまである。	琥珀、自然硫黄、オパル、閃亜鉛鉱
脂肪光沢	グリースのような脂ぎった光沢。樹脂光沢と明瞭な区別はつけにくい。鉱物によっては両方が併記されている。	鶏冠石、霞石、オパル
真珠光沢	光の干渉で虹色の柔らかな輝きのあるもの。また、屈折率が中程度以下の透明〜半透明鉱物の劈開面上での輝き。	滑石、白雲母、魚眼石、束沸石
絹糸光沢	針状結晶が繊維状に集合した場合に見られる光沢。これは鉱物単独の光沢ではない。	珪線石、透閃石、蛇紋石、モルデン沸石
土状光沢	粉末状の集合体で、光をほとんど反射しないもの。これは鉱物単独の光沢ではない。	赤鉄鉱、カオリン石、クリプトメレン鉱

▲光沢（表Ⅱ.3）

結晶面

結晶面の全体がよくわかるような鉱物はたいへん稀ですが、一部の結晶面が見えている場合はしばしばあります。そこで、一部の結晶面の様子を観察して、その形や組合せから晶系（結晶系といわれることも多い）を推定できないか、というのがここでの課題です。晶系の説明は別項でしますが、基本となるその特徴を簡単に紹介しましょう。

晶系は、現在では原子配列に基づいて説明されることが当たり前になっています。しかし、歴史的に見ると、外形から結晶が研究されてきましたので、肉眼鑑定がテーマの本書としては、こちらから入った方がわかりやすいかもしれません。

結晶は3次元の物体ですから、その形を説明するために、まず結晶の中心を原点とした互いに交わらない3本の座標軸（x-y-z軸）を考えます（図Ⅱ.18）。

次に、結晶をよく見ると、ある方向に対して平行な結晶面の一群がたいてい存在しています。言い換えれば、互いに接する結晶面がつくる稜（りょう）の方向が平行である、ということです。

例えば、水晶には伸びの方向（尖っている方向）に平行な6つの結晶面があります。このような結晶面を「同じ晶帯に属する」といい、晶帯の方向を**晶帯軸**（しょうたいじく）とします。

ここで、座標軸を結晶軸と見なし（a-b-c軸）、主要な晶帯軸を1本の結晶軸と一致させていることが多いのです（水晶のこの場合の晶帯軸はc軸にする）（図Ⅱ.19）。

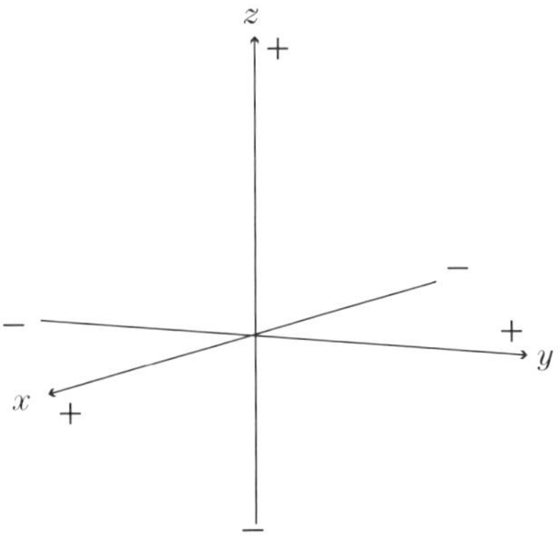

▲座標軸（図Ⅱ.18）

▲水晶（岐阜県中津川市蛭川（なかつがわ・ひるかわ））のc軸（図Ⅱ.19）

結晶面は結晶軸のどれか1本しか交わらない（緑色の面）、2本と交わる（赤色の面）、3本と交わる（青色の面）、の3通りしかありません（図Ⅱ.20a,b）。

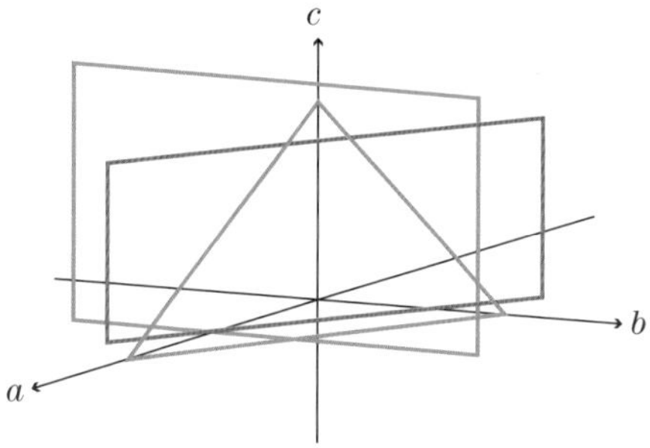

▲結晶面の3タイプ（図Ⅱ.20a）

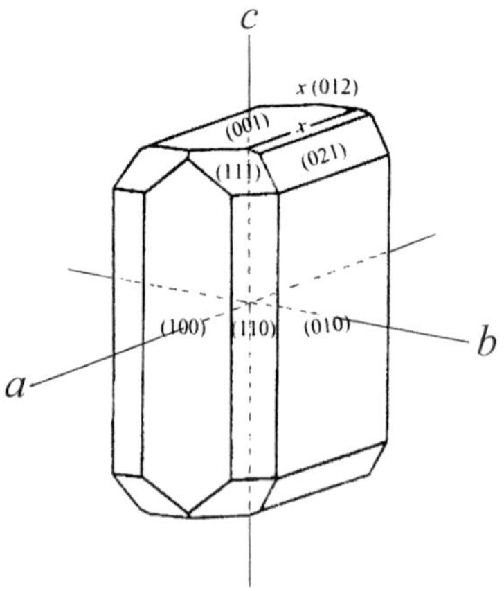

▲白鉛鉱の例（図Ⅱ.20b）

多くの結晶面観察や数学的な研究によって、この結晶軸をどうやって設定したら、すべての結晶の形が分類できるかが明らかにされました。

それをまとめたのが、図Ⅱ.21aと表Ⅱ.4で、基本的な「等軸晶系」「正方晶系」「六方晶系」「三方晶系」「斜方晶系」「単斜晶系」「三斜晶系」の7晶系があります。

なお、結晶軸は3本としましたが、「六方晶系」や「三方晶系」では4本設定することもでき、また、三方晶系を菱面体晶系として表すときには、別の軸のとり方ができます（図Ⅱ.21b）。ところで、「等軸晶系」と「斜方晶系」は別の表現が推奨されています。つまり、「立方晶系」と「直方晶系」です。これらは、原子配列からわかる結晶の最小単位である「単位格子」（英語ではunit cellなので「単位胞」も使われる）の形からきています。

これ以降、「立方晶系」と「直方晶系」を用いることにします。

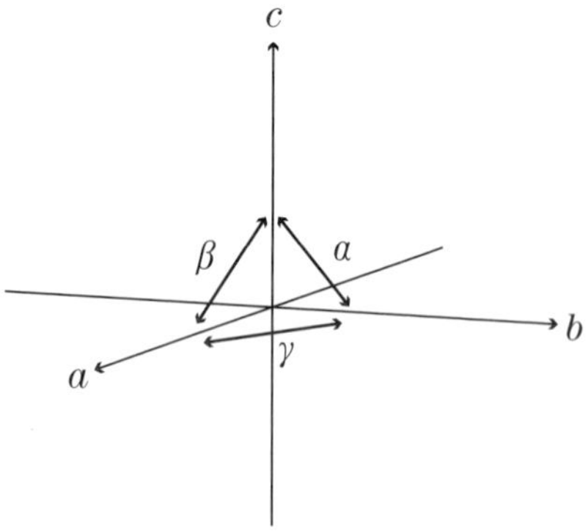

▲一般（図Ⅱ.21a）

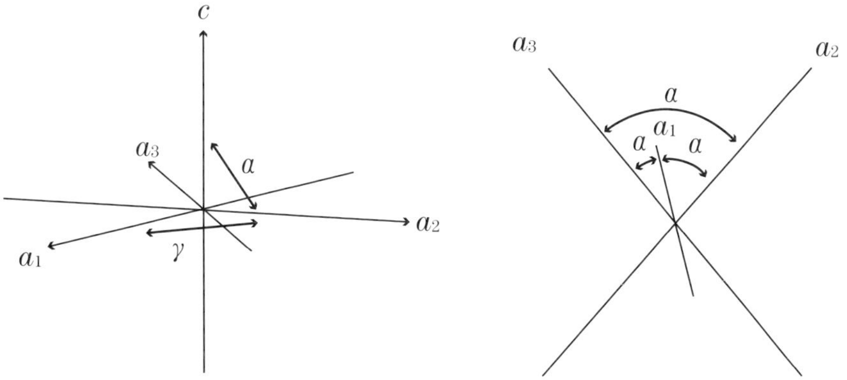

▲左：六方・三方、右：三方（菱面体）（図Ⅱ.21b）

晶系	軸長	軸角
立方晶系	$a = b = c$	$\alpha = \beta = \gamma = 90°$
正方晶系	$a = b \neq c$	$\alpha = \beta = \gamma = 90°$
六方晶系・ 三方晶系	$a = b \neq c$ $a_1 = a_2 = a_3 \neq c$	$\alpha = \beta = 90°$, $\gamma = 120°$ a_1^$c = a_2$^$c = a_3$^$c = \alpha = 90°$, $\gamma = 120°$
三方（菱面体）晶系	$a_1 = a_2 = a_3$	a_1^$a_2 = a_2$^$a_3 = a_3$^$a_1 = \alpha \neq 90°$
直方晶系	$a \neq b \neq c$	$\alpha = \beta = \gamma = 90°$
単斜晶系	$a \neq b \neq c$	$\alpha = \gamma = 90° \neq \beta$
三斜晶系	$a \neq b \neq c$	$\alpha \neq \beta \neq \gamma \neq 90°$

▲各晶系の軸長と軸角（表Ⅱ.4）

結晶には、それぞれの結晶系に特徴的な対称の要素が存在していますので、単独の結晶面や結晶面の組合せパターンには、それが反映されていることがあります。そのような結晶面が運よく観察できれば晶系を推定でき、鑑定の手がかりとなります（表Ⅱ.5）。結晶面の一部が欠けていることもあり、成長の条件で変形していることもありますので、この表の形は、あくまでも目安として利用してください。

角の数	結晶面の形	面の種類	鉱物の例
3	正三角形	立方晶系の正八面体面、正四面体面	方鉛鉱、磁鉄鉱、閃亜鉛鉱
		正方晶系の一部の面が、ほぼ正三角形に見える	黄銅鉱、ルソン銅鉱
		六方および三方晶系のc軸と直交する面	ベニト石、辰砂
		直方および単斜晶系だが、結晶軸の関係が立方晶系に極めて近いものの錐面	輝コバルト鉱、硫砒鉄鉱
	二等辺三角形	立方晶系の一部の錐面	蛍石、石榴石
		正方晶系の錐面	灰重石、錫石
		六方および三方晶系の錐面	緑鉛鉱、石英
		直方・単斜晶系の一部の錐面	自然硫黄、硫砒鉄鉱
	その他	単斜・三斜晶系の一部の錐面	正長石、薔薇輝石
4	正方形	立方晶系の正六面体面	蛍石、方鉛鉱
		正方晶系のc軸と直交する面	鋭錐石、ベスブ石
	長方形	立方・正方・六方・三方・直方晶系の柱面および錐面	黄鉄鉱、緑柱石、石英、重晶石、硫砒銅鉱
	正菱形	立方・三方晶系の主要面	磁鉄鉱、方解石、石榴石
		正方晶系の錐面、直方晶系のc軸と直交する面	ジルコン、重晶石
		単斜晶系の錐面	普通角閃石
	二辺の長さが異なる菱形	単斜晶系の柱面およびb軸と直交する面	石膏、藍鉄鉱、正長石
		三斜晶系の一軸だけに交わる面	薔薇輝石、逸見石
	台形	立方・正方・六方・三方・直方・単斜晶系の錐面および柱面	四面銅鉱、鋭錐石、緑鉛鉱、明礬石、自然硫黄、石黄、オリーブ石、緑簾石
	その他	立方晶系の偏菱二十四面体面	石榴石、方沸石
		正方・三方・直方・単斜・三斜晶系の錐面および柱面	ブラウン鉱、石英、電気石、スコロド石、透輝石、灰長石
5	さまざまな形	立方晶系の五角十二面体面	黄鉄鉱
		正方・三方・直方・単斜・三斜晶系の錐面、柱面など	灰重石・方解石、硫砒鉄鉱、普通輝石、チタン石、微斜長石
6	正六角形	六方晶系のc軸と直交する面	輝水鉛鉱、燐灰石、緑柱石
	ほぼ正六角形	三方晶系のc軸と直交する面	コランダム、方解石、チタン鉄鉱、明礬石
		立方晶系の六面体面と接する八面体面	蛍石、黄鉄鉱、赤銅鉱
	その他	正方・六方・三方・直方・単斜・三斜晶系の柱面および錐面	ルチル、緑柱石、石英、金雲母、正長石、曹長石、湯河原沸石
7	さまざまな形	三方晶系の錐面	電気石
		直方・単斜・三斜晶系の柱面および底面	異極鉱、普通輝石、灰長石
8	さまざまな形	立方晶系の八面体面と接する六面体面	方鉛鉱、黄鉄鉱、蛍石
		正方・六方・三方・直方・単斜・三斜晶系の錐面および柱面	黄銅鉱、燐灰石、方解石、硫砒銅鉱、藍鉄鉱、斧石

▲結晶面の形（表Ⅱ.5）

条線

理論的な結晶面は平面ですが、実際の結晶面には、いろいろな凹凸や縞状の筋が観察されるのがふつうです。平行な縞状の筋を**条線**といい、結晶成長に関わってできた微細な結晶面の繰り返し、あるいは双晶が繰り返すことでできたものです。そのため、この条線のあり方は結晶の対称性を示すことになります。例えば、黄鉄鉱の結晶はよく立方体（理想的には正方形面からなる六面体だが、実際の結晶では不均等な成長によって、正方形ではなく長方形になっていることがある）になりますが、その結晶面には、1方向に伸びる条線が見えることがよくあります（図Ⅱ.22）。

▲黄鉄鉱（新潟県新発田市飯豊鉱山）条線（図Ⅱ.22）

条線の方向は、隣り合う面では互いに直交しています。条線があることにより、黄鉄鉱の理想的正方形面でも、真上から見たときには、180度回転したときにだけ同じ形になります。蛍石もよく立方体の結晶をしますが、これの理想的正方形面には条線がありません（図Ⅱ.23）。つまり、真上から見たときには、90度ずつ回転して同じ形になります。第Ⅴ章（やさしい結晶学）でも解説しますが、360度回転する間に、180度回転したときにだけ同じ形になるものは「2回回転軸がある」、90度ずつ回転して同じ形になるものは「4回回転軸がある」といいます。立方晶系の同じような結晶面でも、このように対称の要素が異なっています。また、その条線の方向によって鉱物が区別できる場合があります。結晶の一部しか見えない無色透明な水晶とトパズの場合、その柱面が観察できれば、伸びの方向（*c*軸方向）に垂直な条線なら水晶（図Ⅱ.24）、伸びと平行な条線なら（硬度などを調べなくても）トパズ（図Ⅱ.25）と鑑定できます。

▲蛍石（中国湖南省）の六面体面（図Ⅱ.23）

▲水晶（福島県郡山市鬼ヶ城）条線（図Ⅱ.24）

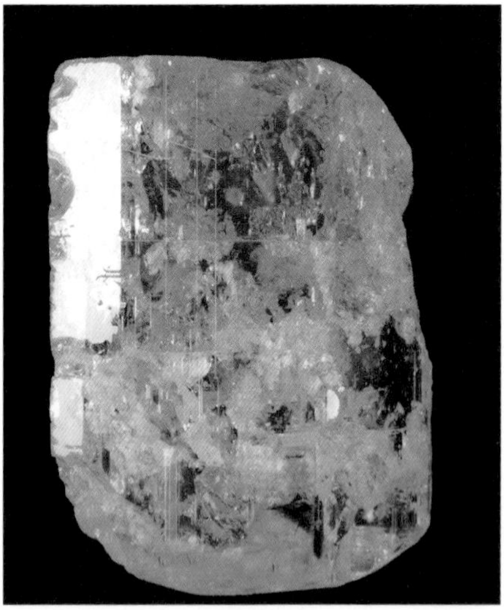

▲トパズ（ブラジル）条線（図Ⅱ.25）

集合状態

同じ種類の鉱物の集まり方を**集合状態**といい、異なる鉱物との組合せで集合したときは、共生あるいは共存関係として、別に扱います。

鉱物によっては、独特な集合状態をつくる場合があり、特に小さい結晶では鑑定の目安になることもあります。

よく見られるものとして、球状（図Ⅱ.26）、放射状（図Ⅱ.27）、ぶどう状（図Ⅱ.28）、花弁状（図Ⅱ.29）、鍾乳石（しょうにゅうせき）状（図Ⅱ.30）、樹枝状（図Ⅱ.31）、皮殻状（図Ⅱ.32）、箔状（図Ⅱ.33）、土状（図Ⅱ.34）があります。

▲球状（珪蒼鉛石、埼玉県秩父市中津川）（図Ⅱ.26）

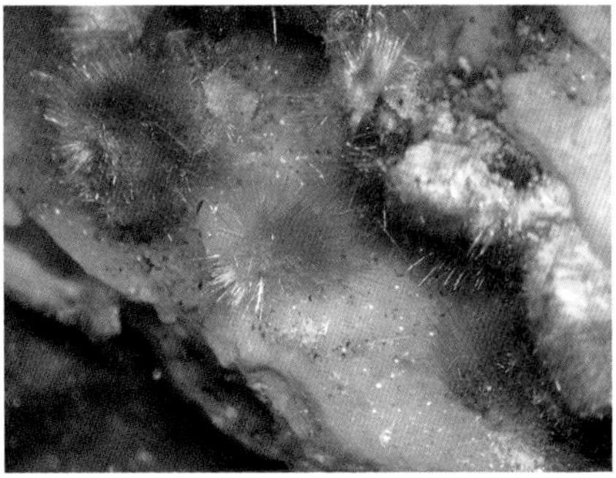

▲放射状（炭酸青針銅鉱、静岡県下田市河津鉱山）（図Ⅱ.27）

▲ぶどう状（ぶどう石、オーストラリア）（図Ⅱ.28）

▲花弁状（赤鉄鉱、北海道斜里町知床硫黄山）（図Ⅱ.29）

▲鍾乳石状（胆礬、兵庫県朝来市生野鉱山）
（図Ⅱ.30）

▲樹枝状（リチオフォル鉱、栃木県足利市馬坂）
（図Ⅱ.31）

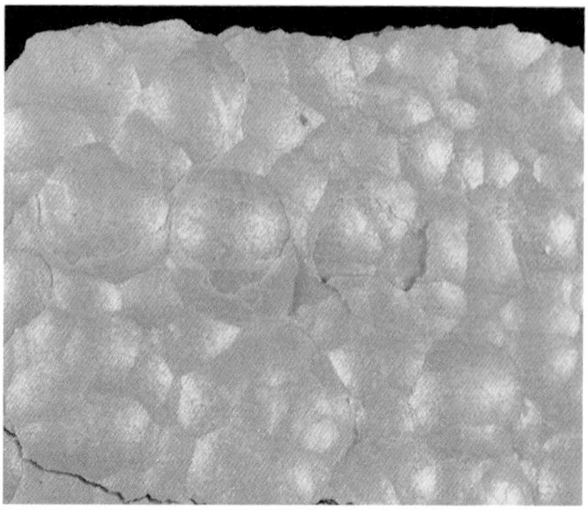

▲皮殻状（石黄、青森県むつ市恐山）（図Ⅱ.32）

▲箔状（自然銀、静岡県伊豆市湯ヶ島鉱山）
（図Ⅱ.33）

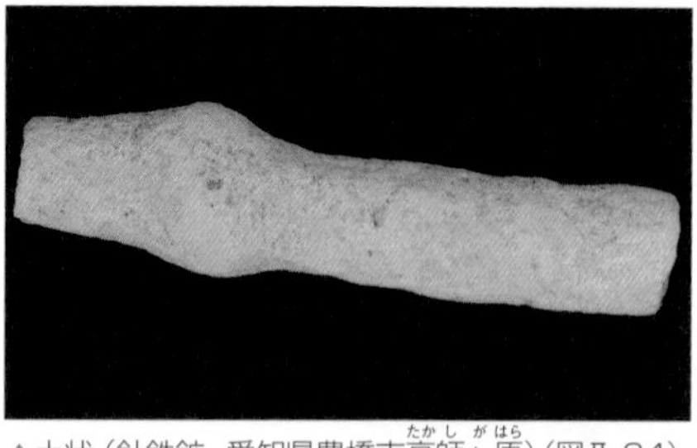

▲土状（針鉄鉱、愛知県豊橋市高師ヶ原）（図Ⅱ.34）

しかし、その境目に明確な違いがあるわけでもありませんから、厳密に考える必要はありません。例えば、針状（あるいは非常に薄い板柱状）の結晶が中心から周囲に向かっていくつも伸びている状態は、**放射状**といいますが、それがどんどん密集し、隙間がなくなって丸くなれば**球状**になります。さらにその球がいくつも集まれば**ぶどう状**になるのです。岩石や鉱物の表面を被う集合体でも、厚みがよく認識できるなら**皮殻状**といいますし、非常に薄くなれば**箔状**とします。さらにその皮殻の断面を見たとき、針状結晶がほぼ平行に並んでいたり、放射状（厳密には付着する側を起点に伸びているので半球の断面を見ていることが多い）の集合をした半球が横に連なっていたりします。

また、皮殻の断面が地層のようになっていて、非常に細かい粒が何回かの中断を経て連続的に集積したことをうかがわせるものもあります。表Ⅱ.6に主な集合状態とそのようになりやすい代表的鉱物をまとめました。

球状、放射状、ぶどう状	自然硫黄	自然砒	紅砒ニッケル鉱	ゲルスドルフ鉱	針ニッケル鉱	石黄
	ルチル	針鉄鉱	クリプトメレン鉱	方解石	菱マンガン鉱	菱亜鉛鉱
	霰石	藍銅鉱	孔雀石	水亜鉛銅鉱	アルチニ石	水苦土石
	ブロシャン銅鉱	青鉛鉱	コバルト華	ニッケル華	藍鉄鉱	斜開銅鉱
	コニカルコ石	銀星石	ダトー石	異極鉱	緑簾石	ベスブ石
	電気石	頑火輝石	灰鉄輝石	リチア雲母	緑泥石	ぶどう石
	石英	束沸石	ソーダ沸石	トムソン沸石	十字沸石	エリオン沸石
花弁状	赤鉄鉱	重晶石	石膏	明礬石		
樹枝状	自然金	自然銅	針銀鉱	赤銅鉱	リチオフォル鉱	
皮殻状、箔状	自然金	自然銀	自然銅	自然砒	銅藍	紅銀鉱
	石黄	赤銅鉱	テルル石	針鉄鉱	軟マンガン鉱	アタカマ石
	白鉛鉱	藍銅鉱	孔雀石	硫酸鉛鉱	重晶石	青鉛鉱
	燐灰ウラン石	スコロド石	斜開銅鉱	緑鉛鉱	異極鉱	
土状	石墨	硫カドミウム鉱	輝水鉛鉱	黒銅鉱	赤鉄鉱	ギブス石
	針鉄鉱	クリプトメレン鉱	鉄明礬石	藍鉄鉱	カオリン石	海緑石
	緑泥石	モンモリロン石				

▲集合形態（表Ⅱ.6）

■ 簡単な器具を使って調べる

条痕（条痕色）

鉱物の粉の色を見るため、磁器製条痕板や陶器の糸底を利用します（図Ⅱ.35）。白っぽいものは、黒の碁石、硯などにこすってみましょう。しかし、工具鋼や石英の尖った方で少し削って、白い紙か黒い紙の上で見るのもよいかと思います。

▲茶碗の糸底（図Ⅱ.35）

なお、条痕は粉の粒度によって異なることがあります。例えば、孔雀石は、塊のときは鮮やかな緑色をしていますが、これを粉にしていくと、次第に色が薄くなり、極めて細かい状態になると、わずかに緑色を帯びた白色になります。条痕板にこすった色を見ても、あたる場所で粒の大きさが異なり、色の濃度が違っているのがわかります（図Ⅱ.36）。

▲孔雀石（コンゴ）の条痕（図Ⅱ.36）

やはり条痕を厳密な色として示す難しさがあります。また、注意したいのは、条痕板より硬い鉱物（おおむね石英より硬いもの）は、基本的にこすっても鉱物の粉は出ない（条痕板の粉が出る）ので、条痕を見ることはできません。

条痕を４種類に大別して考えてみましょう。

1：濃灰～濃褐～黒色
2：赤～橙～淡褐～黄色
3：緑～青～紫色
4：白～灰～淡色（帯赤、帯黄、帯緑色など）

表Ⅱ.7に、以上の４種類に該当する主な鉱物を硬度で分けて示しました。

なお、条痕は圧倒的に白色（あるいは無色）が多く、硬度$7\frac{1}{2}$以上の鉱物の条痕で、明瞭な色がついているものはありません。

条痕色	硬度1～3前後	硬度3前後～5前後	硬度5前後～7前後	7½以上
濃灰～濃褐～黒色	石墨、輝水鉛鉱、針銀鉱、脆銀鉱、銅藍、毛鉱、雑銀鉱、車骨鉱、輝安鉱、輝蒼鉛鉱、ブーランジェ鉱、自然テルル、方鉛鉱、硫砒銅鉱、斑銅鉱、デュルレ鉱、針ニッケル鉱	自然砒、閃マンガン鉱、磁硫鉄鉱、黄銅鉱、ペントランド鉱、黄錫鉱、ルソン銅鉱、キューバ鉱、四面銅鉱、鉄重石、クリプトメレン鉱、砒鉄鉱、ラムスデル鉱	クロム鉄鉱、磁鉄鉱、ヤコブス鉱、チタン鉄鉱、閃ウラン鉱、フェルグソン石、輝コバルト鉱、硫砒鉄鉱、白鉄鉱、ゲルスドルフ鉱、黄鉄鉱、鉄コルンブ石、緑マンガン鉱、ブラウン鉱、珪灰鉄鉱	
赤～橙～淡褐～黄色	鶏冠石、石黄、辰砂、淡紅銀鉱、濃紅銀鉱、鉄明礬石、ミアジル鉱、紅鉛鉱、自然銅、自然金	硫カドミウム鉱、モットラム石、赤銅鉱、閃亜鉛鉱、ウルツ鉱、菱鉄鉱、紅亜鉛鉱、カコクセン石、マンガン重石、針鉄鉱	赤鉄鉱、ハウスマン鉱、パイロファン石、紅簾石	
緑～青～紫色	藍鉄鉱、青鉛鉱、逸見石、手稲石、アタカマ石	孔雀石、藍銅鉱、ブロシャン銅鉱、紫石	ラズライト、長島石	
白～灰～淡色	滑石、葉蠟石、自然硫黄、水亜鉛銅鉱、石膏、岩塩、自然蒼鉛、カオリン石、角銀鉱、自然銀、氷晶石、緑泥石、雲母、水滑石、蛇紋石、胆礬、水鉛鉛鉱、燐灰ウラン石、硫酸鉛鉱、方解石、ドーソン石	珪孔雀石、アダム石、水苦土石、霰石、ストロンチアン石、天青石、重晶石、銀星石、硬石膏、白鉛鉱、明礬石、緑鉛鉱、スコロド石、蛍石、菱亜鉛鉱、菱マンガン鉱、菱苦土石、苦灰石、異極鉱、灰重石、珪灰石、ゼノタイム、魚眼石、燐灰石、チタン石、ダトー石、バストネス石、沸石	トルコ石、灰チタン石、モナズ石、板チタン石、鋭錐石、ゲーレン石、角閃石、褐簾石、オパル、柱石、霞石、長石、テフロ石、ローソン石、イネス石、パンペリー石、輝石、薔薇輝石、ルチル、錫石、斧石、ぶどう石、自然オスミウム、苦土オリーブ石、緑簾石、ベスブ石、石英、大隅石、石榴石、電気石、菫青石、十字石、珪線石、紅柱石、藍晶石	スピネル、トパズ、金緑石、コランダム、モアッサン石、ダイヤモンド

▲硬度と条痕（表Ⅱ.7）

不透明な硫化鉱物では、基本的に条痕は濃灰～濃褐～黒色です。灰色の輝水鉛鉱（きすいえんこう）、赤色の濃紅銀鉱（のうこうぎんこう）などの例外もあります。

濃紅銀鉱は産出直後には半透明ですが、次第に不透明になっていきます。新鮮なとき（割った直後）としばらく置いたときとで、変質が速く進むものでは、条痕も変化します。例えば、藍鉄鉱（らんてっこう）は、新鮮時にほぼ無色ですが、すぐに青くなっていきます。また、自然砒も新鮮時は錫白色（すずはくしょく）ですが、次第に黒変していきます。表Ⅱ.7では、通常見る条痕が示してあります。

硬度

硬度計を使ったり、その代用品を使ったりして、目的の硬度の幅を決めます。劈開が極めて明瞭なものは、こすり合うと、傷がつく前に剝がれてしまうこともあります。また、劈開面と、それと直交する方向とでは、硬度に違いが現れることもあります。結晶の方位によって硬度が大きく異なる鉱物は藍晶石（らんしょうせき）です。その様子を図Ⅱ.37に示します。まず***a***軸にしか交わらない方向の面上で、***c***軸に平行な方向では4～5（図上の緑矢印方向）、***b***軸に平行な方向では6～7（図上の赤矢印方向）、次に***c***軸にしか交わらない方向の面上では$5\frac{1}{2}$～$6\frac{1}{2}$、さらに***b***軸にしか交わらない方向の面上では7～$7\frac{1}{2}$と、ずいぶん差があるものです。これは例外的で、大部分は±1くらいの範囲に収まっています。

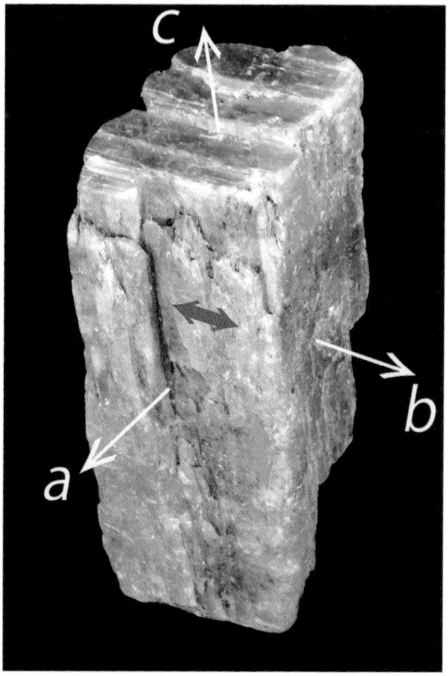

▲藍晶石（オーストラリア）の結晶軸と硬度（図Ⅱ.37）

硬度は、基本的に原子配列（原子の結合状態）によっておよそ決まります。つまり、一定の体積あたりにたくさん原子が入っている場合は硬く、その反対は軟らかいということです。充填密度の大きさを単位体積という考え方で数値化してみます。単位格子体積をその中に入っている原子（原子の種類は問わない）の総数で割った数値（これを単位体積とし、その数値が小さければ小さいほど密に入っていることを示す）とモース硬度の関係を見ると、そのことがわかります。

もちろん平均値的なものですから、きれいな直線上に並んでいるわけではありません。また例外もかなりあります。ケイ酸塩鉱物では、ネソ、ソロ、イノケイ酸塩はほぼ理論どおりになりますが、フィロケイ酸塩は密度の高い割には硬度が低く（層方向の強度と層間の強度の差があまりにも大きいことが全体の硬度を下げる原因かもしれない）、シクロ、テクトケイ酸塩では密度が低い割には硬度が高く測定される傾向にあります。

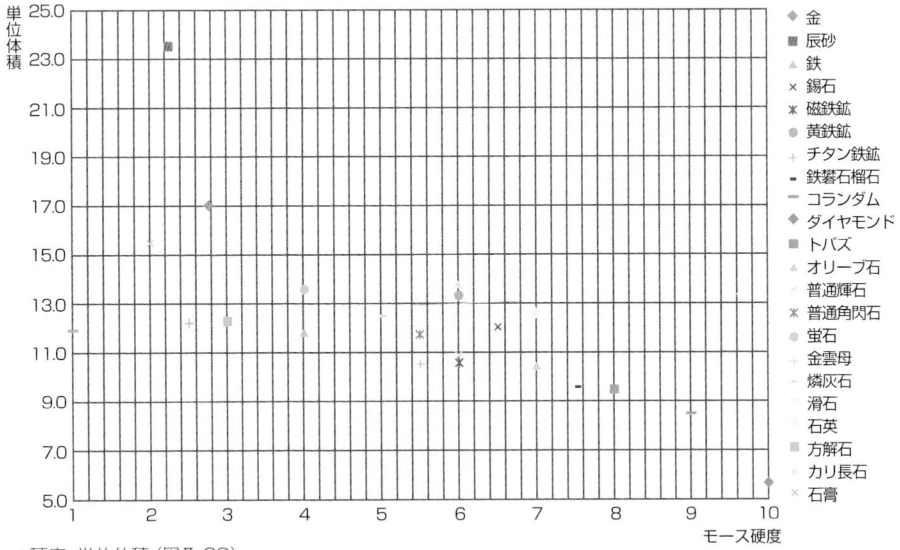

▲硬度-単位体積（図Ⅱ.38）

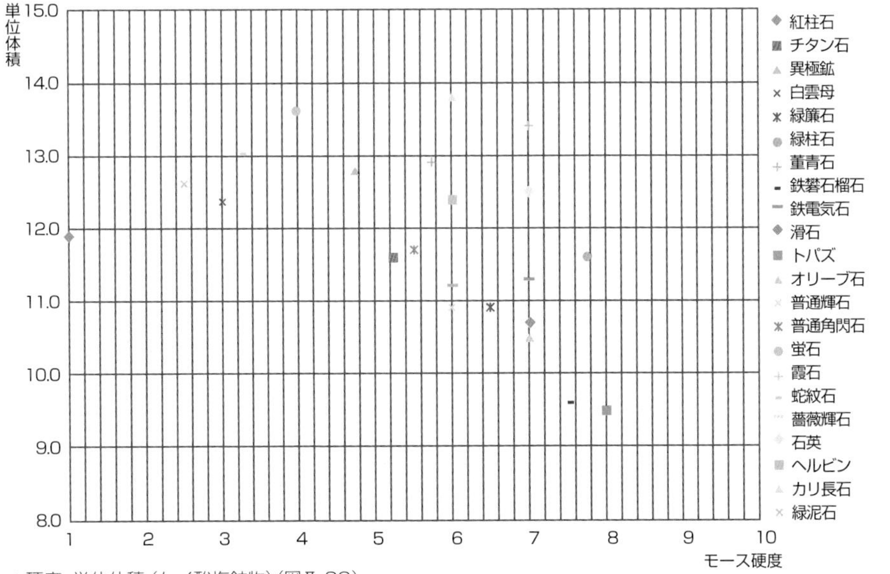

▲硬度-単位体積（ケイ酸塩鉱物）（図Ⅱ.39）

元素鉱物や硫化鉱物の硬度の低いものは数値がばらける傾向があります。特に石墨（せきぼく）は、高密度でありながら、フィロケイ酸塩と同じような層構造をしているので、硬度が非常に低く測定されます。なお、モース硬度の数値は物理量ではありませんので、実測される物理量的硬度（ビッカース硬度など）の数値と順序は矛盾しませんが、間隔の違いはあります。

モース硬度の1から10までの標準鉱物と一部の鉱物について、それらの硬度-単位体積の関係を示したのが図Ⅱ.38です。

また、ケイ酸塩鉱物の一部（硬度4の蛍石は参考までに入れてある）について、同様な図を示しました（図Ⅱ.39）。

トパズから蛍石を結ぶおおまかな線より、左下にあるのがフィロケイ酸塩（滑石、緑泥石、白雲母、蛇紋石）で、右上にあるのがシクロケイ酸塩（菫青石、鉄電気石、緑柱石）とテクトケイ酸塩（霞石、カリ長石、ヘルビン、石英）です。線上の近くにあるのがネソケイ酸塩（紅柱石、チタン石、鉄礬石榴石、トパズ、オリーブ石）、ソロケイ酸塩（異極鉱、緑簾石）、イノケイ酸塩（普通輝石、普通角閃石、薔薇輝石）です。

薔薇輝石中にヘルビンの小さな結晶が集まって草緑色の塊をつくっている。ヘルビンはベリリウムや硫黄を主成分とする珍しいケイ酸塩鉱物。滋賀県彦根市大堀鉱山産。左右長約70 mm。

▲ヘルビン

磁性

鉱物に磁石を近づけると、磁石が引きつけられる場合に、その鉱物に強い磁性があるといいます。一般には、ふつうの磁石（フェライト磁石、FM）がよく引きつけられる鉱物で、非常に限られた種類しかありません。表Ⅱ.8にそのような主な鉱物を示しました。また、表Ⅱ.9には、レアアース磁石（RM）で反応する主な鉱物を示しましたが、当然、レアアース磁石は表Ⅱ.8に出てくる鉱物にも強力に反応します。

なお、鉄が多少なりとも含まれることによって色がついている鉱物でも、レアアース磁石に反応しないふつうの鉱物として、ルチル、鋭錐石、板チタン石、紅柱石、藍晶石、菫青石があります。また、鉄を含む硫化物の多く（黄鉄鉱、白鉄鉱、黄銅鉱、斑銅鉱、硫砒鉄鉱など）には反応がありません。

なお、いろいろな産地の普通輝石の分離結晶を調べると、けっこう強く反応しますが、結晶内部に磁鉄鉱を含むことが原因です。薄片をつくって偏光顕微鏡で観察すると、そのことがよくわかります。その他、多くの岩石中に磁鉄鉱が多少なりとも含まれています（蛇紋岩、玄武岩、安山岩、花崗岩など）。

それらの岩石に入っている鉱物の磁性を調べるには、分離して細片にし、磁鉄鉱が入っていないことを確認する必要がありますが、現実的には極めて困難です。さらに、磁鉄鉱だけでなく、他の磁性鉱物が周囲にあるときも、注意を要します。

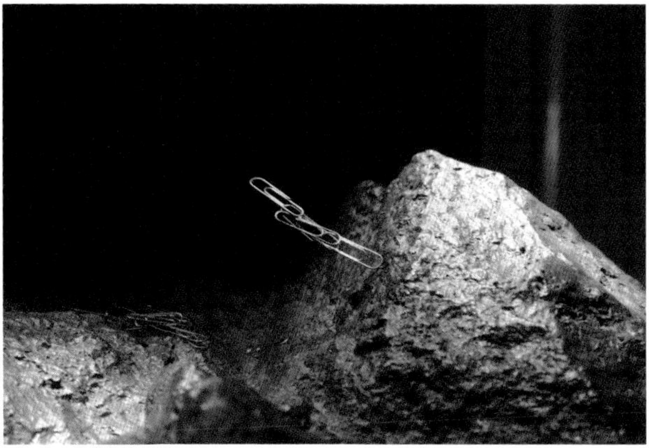

▲磁性

●フェライト磁石がよく引きつけられる主な鉱物

元素鉱物	自然鉄 Fe	自然ニッケル Ni	アワルワ鉱 Ni_3Fe	ワイラウ鉱 CoFe	自然方鉄白金 Pt_3Fe
硫化鉱物	磁硫鉄鉱* $Fe_{1-x}S(Fe_7S_8)$	スマイス鉱 Fe_9S_{11}	グリグ鉱 $Fe^{2+}Fe^{3+}_2S_4$	キューバ鉱 $CuFe_2S_3$	
酸化鉱物	磁鉄鉱 $Fe^{2+}Fe^{3+}_2O_4$	磁苦土鉱 $MgFe^{3+}_2O_4$	ヤコブス鉱 $Mn^{2+}Fe^{3+}_2O_4$	磐城鉱 $Mn^{2+}(Fe^{3+},Mn^{3+})_2O_4$	磁赤鉄鉱 Fe_2O_3

*特に鉄の含有量が最も少ない単斜晶系のもの

●フェライト磁石が弱く引きつけられる主な鉱物

酸化鉱物	赤鉄鉱 Fe_2O_3	クロム鉄鉱 $Fe^{2+}Cr^{3+}_2O_4$	チタン鉄鉱 $Fe^{2+}TiO_3$	ハウスマン鉱 $Mn^{2+}Mn^{3+}_2O_4$
ケイ酸塩鉱物	灰鉄石榴石 $Ca_3Fe^{3+}_2Si_3O_{12}$	鉄礬石榴石 $Fe^{2+}_3Al_2Si_3O_{12}$	ブラウン鉱 $Mn^{2+}Mn^{3+}_6SiO_{12}$	グリーナ石 $(Fe^{2+},Mn^{2+}, Fe^{3+})_{6-x}Si_4O_{10}(OH)_8$

▲磁石が引きつけられる鉱物（表Ⅱ.8）

●レアアース磁石との反応

1 明瞭	神岡鉱	菱鉄鉱	菱マンガン鉱	スコロド石	鉄重石	満礬石榴石
	斧石*1-1	珪灰鉄鉱*1-2	褐簾石	緑簾石*1-3	鉄電気石*1-4	灰鉄輝石*1-5
	エジリン輝石	パイロクスマンガン石	バビントン石	ヘイスチングス閃石	イネス石	デーナ石
2 弱	閃亜鉛鉱*2-1	ビクスビ鉱	鉄コルンブ石	チタン石*2-2	モナズ石	ベスブ石
	パンペリー石	薔薇輝石*2-3	南部石	普通角閃石	黒雲母*2-4	スチルプノメレン石
3 微弱	藍鉄鉱	灰礬石榴石*3-1	海緑石			

*1-1　弱あり。おそらくFe^{2+}の一部がMgやMn^{2+}に置換（宮崎県オシガハエ産は明瞭、大分県尾平鉱山産は弱、静岡県入島産は微弱）
*1-2　弱あり。おそらくFe^{2+}の一部がMn^{2+}に置換（中国産）
*1-3　弱あり。Fe^{3+}がやや少なく黄緑色のもの（長野県下本入産など）
*1-4　弱あり。苦土電気石との中間に近いもの（福島県手代木産など）
*1-5　弱あり。おそらくFe^{2+}の一部がMgやMn^{2+}に置換（岐阜県柿野鉱山産など）
*2-1　Feを含む黒褐色種で、Feの少ない黄色種（いわゆる鼈甲〈べっこう〉亜鉛）は無反応
*2-2　ふつうは無反応。おそらく少量のFeを含む黒褐色種（カナダ産）
*2-3　明瞭なものもあり。おそらく少量のFeを含む
*2-4　金雲母成分に近づくにしたがって、微弱から無反応となる
*3-1　純粋な灰礬石榴石は無反応

▲レアアース磁石が反応する主な鉱物（表Ⅱ.9）

■ 測定器具を使って調べる

蛍光

一般には、紫外線を鉱物に照射した場合に見られる蛍光を調べます。紫外線の短波長（254nm）あるいは長波長（365nmまたは375nm）で、どのような蛍光色が発生したかを調べます。基本的には蛍光は弱い光なので、暗がりで観察します。

表Ⅱ.10に蛍光鉱物の例を示しました。同じ種類の鉱物でも、産地により、つまり微量成分など（蛍光を活性化させる要素で、**アクティベータ**といわれる）の違いにより、蛍光の有無、強弱、色調の変化などがありますので、あくまでも参考程度にしましょう。さらに、紫外線ライトの出力によっても蛍光の有無や強弱などが変わります。

かなり以前、南オーストラリアで採集した珪亜鉛鉱を紫外線ライトで照射しましたが、蛍光はまったく観察できませんでした。また、灰重石と灰水鉛石はタングステンとモリブデンの化学組成上の違いで、原子配列はまったく同じ型式をしています。灰重石は青白く、灰水鉛石は黄色く蛍光を発することで区別できるとされています。しかし、岩手県赤金鉱山の黄色味の強い蛍光をしたものを調べてみましたが、ほぼ灰重石の化学組成になりました。ふつうの分析では検出できないくらいの微量成分の影響かもしれません。以上の例のように、蛍光の有無や色調だけで鉱物鑑定をすることは簡単ではありません。

蛍石は名前からすると、すべて蛍光がありそうですが、紫外線で強く発光するものはあまりありません。中国のおみやげ屋で購入した、紫外線で強力に発光する蛍石が国立科学博物館に持ち込まれたことがありました。調べてみると、表面に蛍光塗料が被覆されていました。割ってみるとわかりますが、内部はほとんど蛍光のないふつうの蛍石なのです。こういった偽物にも注意をしましょう。

燐光は、紫外線を照射し、消してから少なくとも1～2秒くらい光っていないと、観察できたとはいえないでしょう。群馬県沼田市産の珪亜鉛鉱は、数秒ほど燐光があって、納得できるものでした。

ダイヤモンドにも蛍光や燐光を放つものがしばしばあります。アメリカ・ワシントンD.C.にある国立自然史博物館（スミソニアン博物館群の1つ）には、なんと赤い燐光が90秒も続くダイヤモンドが展示されています。これが歴史的にも有名な、ホウ素を含む青色のダイヤモンド（ホープダイヤモンド）です。

鉱物名	化学式	短波長	長波長
ルビー	Al_2O_3	鮮紅	あまり変わらず
蛍石	CaF_2	青など	あまり変わらず
岩塩	NaCl	赤など	弱い
方解石	$CaCO_3$	赤など	弱い
白鉛鉱	$PbCO_3$	弱い	淡い黄
重晶石	$BaSO_4$	青白など	弱い
石膏	$CaSO_4 \cdot 2H_2O$	青白など	あまり変わらず
燐灰石	$Ca_5(PO_4)_3F$	黄など	弱い
燐灰ウラン石	$Ca(UO_2)_2(PO_4)_2 \cdot 10\text{-}12H_2O$	黄緑	弱い
アダム石	$Zn_2(AsO_4)(OH)$	緑	弱い
灰重石	$CaWO_4$	青白	無
灰水鉛石	$CaMoO_4$	黄	無
珪亜鉛鉱	Zn_2SiO_4	緑	弱い
ジルコン	$ZrSiO_4$	黄橙など	弱い
マラヤ石	$CaSnSiO_4$	黄緑	ほとんど無
ベニト石	$BaTiSi_3O_9$	青	無
玉滴石（オパルの一種）	$SiO_2 \cdot nH_2O$	緑	弱い
ハックマン石（方ソーダ石）	$Na_4Al_3Si_3O_{12}Cl$	橙赤	あまり変わらず
ヴェルナー石（曹柱石）	$(Na,Ca_{0.5})_4Al_3Si_9O_{24}Cl$	弱い	黄

▲蛍光鉱物（表Ⅱ.10）

放射能

主にウランやトリウムを含む鉱物で観察されます。ウラン、トリウムの含有量が少ない場合や、線量計の感度によっては、検出できないこともあります。

花崗岩の中には、ジルコン、モナズ石、トール石、閃ウラン鉱などが微量ながら含まれています。一般には、ジルコンやモナズ石中のウラン・トリウム量はわずかです。トール石や閃ウラン鉱は、ウラン・トリウムが主成分ですが、岩石全体から見れば、超微量しか含まれていません。

例えば、茨城県筑波地域の花崗岩中には、1t（トン）あたり、数g（グラム）のウラン、十数gのトリウムが含まれています。1tといっても、花崗岩なら、厚さ約37cmで1m四方程度の小さなものです。ウラン、トリウムは、このような鉱物に含まれているのです。

簡易的な線量計では、花崗岩全体はもちろん、ジルコンやモナズ石の小塊そのものの放射線量を測ることも難しいと思います。小塊でも放射能がある鉱物を産出するのは、日本では主に花崗岩ペグマタイトからです。

▼日本のペグマタイトから産する、放射能を持つ主な鉱物（表Ⅱ.11）

サマルスキー石	$(Y,Ce,U,Fe^{3+})(Nb,Ta,Ti)O_4$
石川石	$(Fe,U,Y)NbO_4$
ユークセン石	$(Y,Ca,Ce,U,Th)(Nb,Ta,Ti)_2O_6$
フェルグソン石[*1]	$(Y,U,Ca,Fe)NbO_4$
閃ウラン鉱	$(U,Th)O_2$
方トリウム鉱	$(Th,U)O_2$
河辺石	$(Y,Ce,U,Th)(Zr,Nb)(Ti,Fe)_2O_7$
燐灰ウラン石[*2]	$Ca(UO_2)_2(PO_4)_2 \cdot 10\text{-}12H_2O$
燐銅ウラン石[*3]	$Cu(UO_2)_2(PO_4)_2 \cdot 10\text{-}12H_2O$
トール石[*4]	$(Th,U)SiO_4$
ウラノフェン石[*5]	$Ca(UO_2)_2[SiO_3(OH)]_2 \cdot 5H_2O$

※緑色文字のものはメタミクト化していることが多い。

＊1　正方晶系のものと、単斜晶系のもの（β型）がある。

＊2　結晶水が6のメタ型がある。

＊3　結晶水が8のメタ型がある。

＊4　Siの一部がH_4に置換されたものをトロゴム石という。

＊5　α型とβ型（いずれも単斜晶系）がある。

表Ⅱ.11に、顕著な放射能が確認できる日本産の鉱物を示しました。これらの中には、自らの放射能によって結晶中の原子配列が乱されて、外形はそのままでも内部が非結晶質になったものがあります。このような現象を**メタミクト化**といいます。

小塊（しょうかい）では放射能を検出できなくても、大量に集まれば当然検出されます。かなり以前に、モナズ石から出る微量な放射能を利用して家庭の風呂を温泉風にしようと、多量に集めた業者がいて、社会問題になりました。ラジウム温泉、ラドン温泉、トロン温泉というのは放射能効果をうたった温泉なのです。

放射能の強さは、元になる物質から1秒間に何個の放射線が放出されるか、で決まります。放射線の種類は、α線（ヘリウムの原子核）、β線（電子の流れ）、γ線（高エネルギー電磁波）、中性子線（中性子の高速な流れ）などです。

1秒間にそれらのどれでも1個が放出される状態を1ベクレル（Bq）という単位で表します。これが**放射線量**です。

私達が放射線を浴びる場合、その有害性を示したのが**線量当量**で、シーベルト（Sv）という単位で表します。元の物質からかなりの放射線が出ていても、離れている、鉛板などの防御壁で被う、長時間近くにいない、ということを守れば、線量当量は低くなります。

なお、元の物質の放射能を人工的に下げるなどという方法はありません。放射性核種が壊変をして、安定核種になるのを待つだけです。

ウランやトリウムの元素はすべてが放射性核種で構成されています。元の核種が半分になる時間を**半減期**（はんげんき）といいます。例えば、ウラン238（^{238}U）（番号は原子核中の陽子と中性子の数の和）の半減期は約45億年で、安定な鉛206（^{206}Pb）に変わります。

放射壊変する核種を**親核種**（おやかくしゅ）、できた核種を**娘核種**（むすめかくしゅ）と呼んでいます。ジルコンには、多少なりともウランが含まれていますので、親核種の半減期および分析で得られた親核種と娘核種の量をもとに、そのジルコンがいつできたか推定できます。古い時代の岩石年代として示されているのは、含まれるジルコンの年代であることが多いのです。

■ 薬品による反応

薄めた塩酸を使って、鉱物との反応を調べます。使うときはスポイトで少量を吸い取り、スライドグラスに載せた鉱物片や粉末にかけて反応を観察します。共存している別鉱物の反応を見てしまうこともありますので、希塩酸を試料に直接かけるのはやめましょう。

また、溶けてしまうこともあるので、少量しかない試料ではやめた方がよいでしょう。場合によっては少量でも有毒ガスが発生することがありますので、換気がしっかり行われている場所で実験します。

反応は主に次の４種類があります。

・発泡（炭酸ガスを出す）して溶けていく

多くの炭酸塩鉱物で見られます。常温では反応が進まない場合もあり、ライターの火を近づけると発泡現象が見られることもあります。

・悪臭を発して溶ける

主に硫化水素が発生するため悪臭がします。「辰砂（しんしゃ）、輝水鉛鉱など一部を除く硫化鉱物の多く」、「硫黄を含むケイ酸塩鉱物（ラズライト、ヘルビン）」で、この現象が見られます。

・発泡しないが溶ける

「貴金属、銅、蒼鉛（そうえん）、水銀などを除く一部の元素鉱物」、「酸化鉱物の一部（赤銅鉱、針鉄鉱、二酸化マンガン鉱物など）」、「蛍石や角銀鉱など一部を除くハロゲン化鉱物」、「ホウ酸塩鉱物の多く」、「重晶石や硫酸鉛鉱など一部を除く硫酸塩鉱物」、「緑鉛鉱、ミメット鉱、ゼノタイムなど一部を除くリン酸塩・ヒ酸塩鉱物」、「ケイ酸塩鉱物の一部（斜ヒューム石、ダトー石、異極鉱（いきょくこう）、ぶどう石、魚眼石（ぎょがんせき）、珪孔雀石（けいくじゃくせき）、霞石（かすみせき）、柱石（ちゅうせき）、沸石（ふっせき）のほとんど）」で見られます。

・反応しない

主に貴金属の元素鉱物、酸化鉱物やケイ酸塩鉱物の多くが該当します。実験後、溶けなかった鉱物は、よく水洗いして保存するか廃棄しましょう。

希塩酸だけでなく、酢酸、シュウ酸などを使って、溶ける鉱物（方解石など）に埋没している酸で溶けない鉱物（石榴石、ベスブ石、スピネルなど）の結晶を取り出すことができます。また、褐鉄鉱などで表面が被われた水晶も、このような薬品で処理すると、きれいになることが多いです。

Column

化学式の見方

鉱物の種を特定する重要な要素の1つが化学組成で、それを表したものが**化学式**です。化学式は、主成分となる元素の種類を元素記号で、それらの含有量の比が添字の数字で表されています。例えば、石英の化学式を見ると、SiO_2となっています。これは、石英を構成している原子全体の1/3がケイ素（Si）で、2/3が酸素（O）であること、つまりSi：O＝1：2を意味しています。

もっと複雑なものも基本的には変わりません。例えば、本文157ページの紅簾石を見てみましょう。

化学式は、$Ca_2Al_2Mn^{3+}(Si_2O_7)(SiO_4)O(OH)$と書かれています。この化学式には（ ）が出てきますが、元素記号と添字の意味はまったく同じルールで成り立っています。

酸素に注目してみましょう。酸素はあちこちに分散されていますが、酸素の合計は13となります。（ ）を無視して、構成原子の比だけにすると、$HCa_2Mn^{3+}Al_2Si_3O_{13}$と、最も単純な化学式が書けます。

次に（ ）の意味を説明しましょう。ここでは、結晶の原子配列を考慮しなければなりません。ここの（ ）は、構造中に存在する四面体（4個の頂点が酸素）の中心にある原子がケイ素であり、その四面体が1個の頂点を共有して2個つながったSi_2O_7（これを持つケイ酸塩鉱物を**ソロケイ酸鉱物**という）と、独立したSiO_4（これを持つケイ酸塩鉱物を**ネソケイ酸鉱物**という）が1個ずつあることを意味します。鉱物分類上は、より重縮合したタイプの名前で分類されますので、紅簾石はソロケイ酸鉱物と分類されます。Hは酸素の一部に結合して(OH)となっています。沸石で見られるようなH_2O（結晶水）という形にはなっていません。

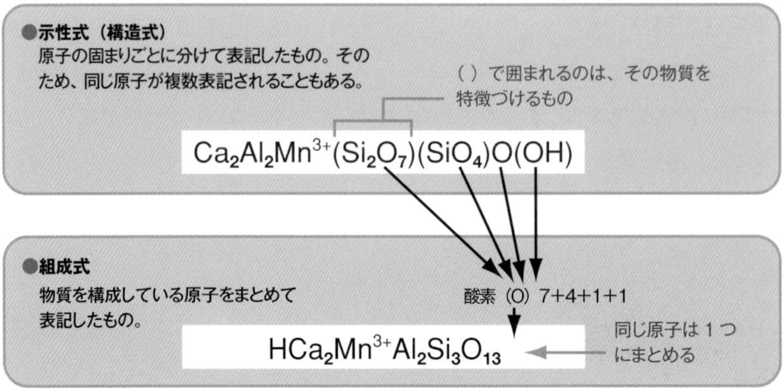

●示性式（構造式）
原子の固まりごとに分けて表記したもの。そのため、同じ原子が複数表記されることもある。
（ ）で囲まれるのは、その物質を特徴づけるもの
Ca2Al2Mn3+(Si2O7)(SiO4)O(OH)
●組成式
物質を構成している原子をまとめて表記したもの。
酸素（O）7+4+1+1
HCa2Mn3+Al2Si3O13
同じ原子は1つにまとめる

第 III 章

鉱物図鑑

自然金（しぜんきん） *Gold*

- 化学式：(Au,Ag)
- 晶　系：立方晶系
- 比　重：19.3（純金）

鑑定要素

劈開	なし：破面はざらざら
光沢	金属
硬度	$2\frac{1}{2}$～3：方解石でなんとか傷がつけられる
磁性	FM：無反応　RM：無反応
結晶面	極めて稀だが、菱形、正方形、三角形が見られることもある
条線	なし
色	黄金色：ほぼ黄色の領域
条痕色	黄金色

■ 集合状態

微細粒状のものが不規則塊状あるいは箔状、ひも状、樹枝状などの集合体をなす。

■ 主な産状と共存鉱物

熱水鉱脈（石英、黄鉄鉱、黄銅鉱、方鉛鉱、針銀鉱、輝安鉱、ホセ鉱、自然蒼鉛など）（1-3）、砂鉱（砂金として、磁鉄鉱、チタン鉄鉱、辰砂など）（2-1）、変成鉱床（石英、灰鉄石榴石、閃亜鉛鉱など）（3-1、3-2）。

■ その他

色のバリエーションはほとんどないが、銀含有量が増加すると、白っぽくなる。黄鉄鉱、黄銅鉱に似ているが、硬度と条痕色の違いで、それらとの区別は容易。軟らかく、展性、延性に富むので、ひも状のものは簡単に曲げることができる。

■ 自然金

石英脈中に、銀白色のテルル蒼鉛鉱に伴って、肉眼的な大きさの粒～薄板状で産する。

左右長：約20 mm
産地：宮城県気仙沼市
大谷鉱山

■ 自然金

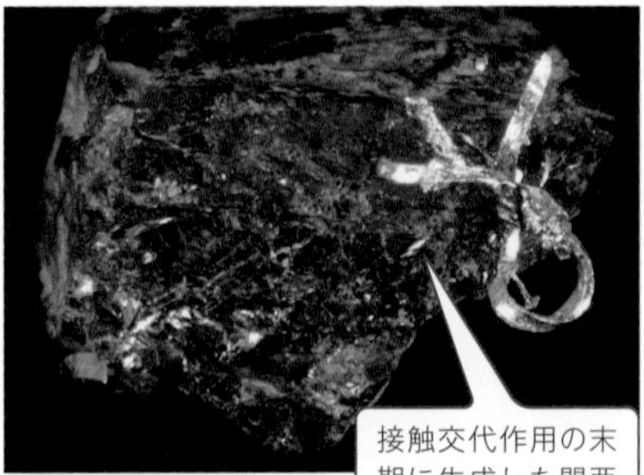

接触交代作用の末期に生成した閃亜鉛鉱に伴い、ひも状の自然金が産する。

左右長：約15mm
産地：埼玉県秩父市
秩父鉱山大黒鉱床

■ 自然金

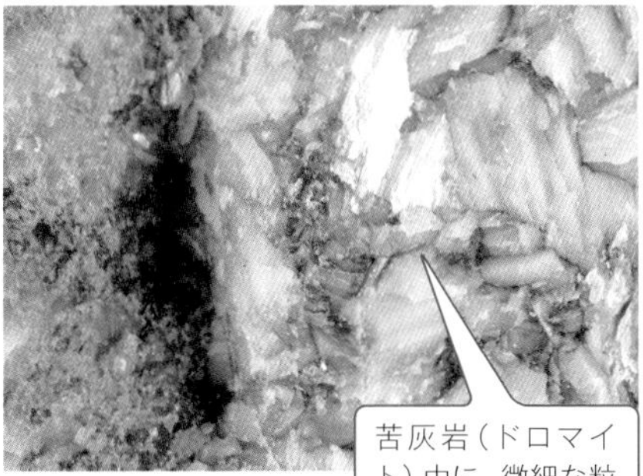

苦灰岩（ドロマイト）中に、微細な粒状の自然金が産する。灰重石を伴うこともある。

左右長：約20mm
産地：埼玉県長瀞町樋口

■ 自然金

分解した輝コバルト鉱、石英、白雲母などに伴って、短ひも状、粒状で自然金が見られる。

左右長：約12mm
産地：長野県茅野市
金鶏鉱山

■ 自然金

砂金としての自然金。表面から銀が溶脱して金品位が増加する。朱色の粒は辰砂。

左右長：約10mm
産地：北海道紋別市
八十士川

■ 自然金

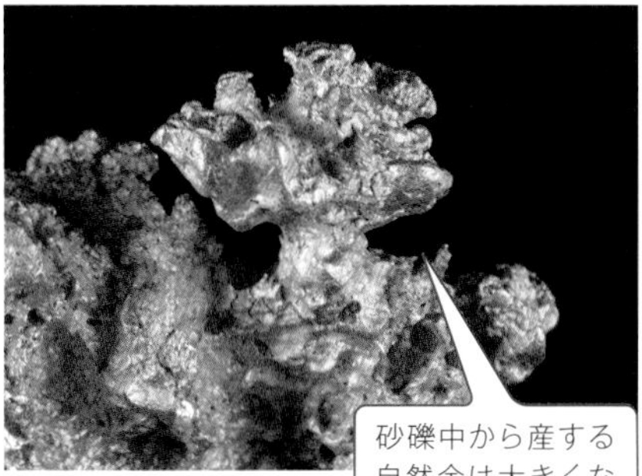

砂礫中から産する自然金は大きくなると、**ナゲット**と呼ばれる。写真はナゲット（約700g）の一部。

左右長：約45 mm
産地：オーストラリア

■ 自然金

低温熱水鉱脈鉱床中の石英脈の空隙に見られる結晶の集合。微細ながらも八面体面が観察できる。

左右長：約30mm
産地：鹿児島県伊佐市
山ヶ野鉱山

■ 自然金

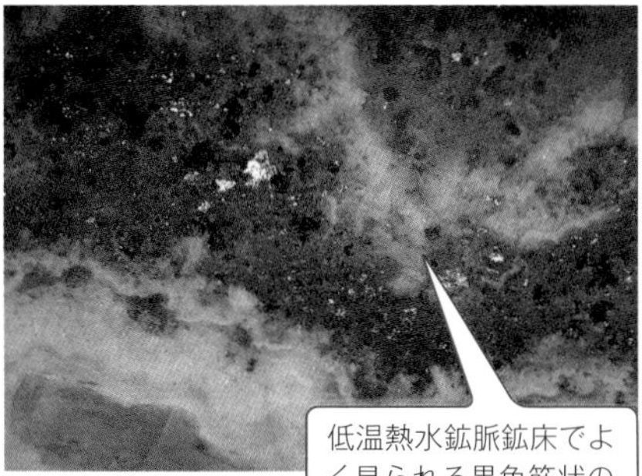

低温熱水鉱脈鉱床でよく見られる黒色筋状の銀黒中に、肉眼で見える自然金（銀の含有量が多いので、やや白っぽい）。切断研磨標本。

左右長：約35mm
産地：静岡県河津町
縄地鉱山

自然銀（しぜんぎん） *Silver*

■化学式：Ag
■晶　系：立方晶系
■比　重：10.5

鑑定要素

- **劈開** なし：破面はざらざら
- **光沢** 金属
- **硬度** 2½~3：方解石でなんとか傷がつけられる
- **色** 銀白色：色の輪の領域外
- **条痕色** 銀白色
- **磁性** FM：無反応　RM：無反応
- **結晶面** 極めて稀だが、菱形面、正方形面、八面体面が見られることもある
- **条線** なし

■ 集合状態

微細粒状のものが不規則塊状あるいは箔状、ひげ状、樹枝状などの集合体をなす。

■ 主な産状と共存鉱物

熱水鉱脈（石英、斑銅鉱、方鉛鉱、針銀鉱、濃紅銀鉱、雑銀鉱など）(1-3)、酸化帯（石英、珪孔雀石、閃亜鉛鉱など）(4)。

■ その他

色のバリエーションは乏しいが、表面が硫化銀で黒くなる。また、虹色の干渉色を示すこともある。展性、延性に富み、ひげ状のものは簡単に曲げることができる。

■ 自然銀

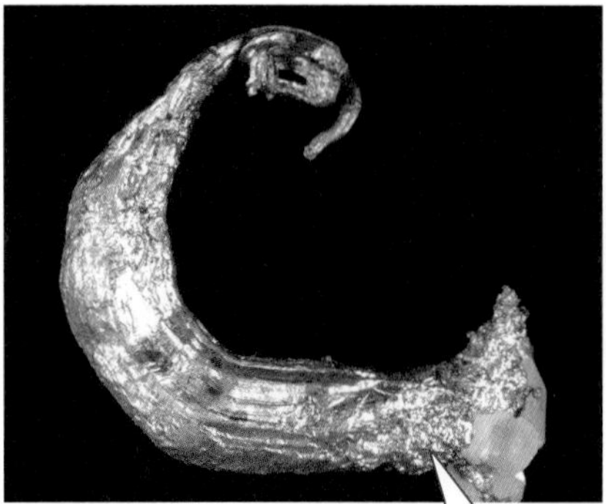

左右長：約18mm
産地：北海道札幌市
　　　豊羽鉱山

石英脈の空隙中に、ひげ状の自然銀が多数集合して産した。

■ 自然銀

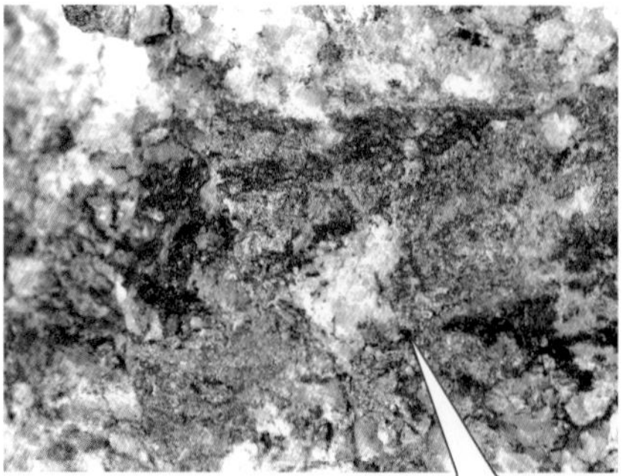

左右長：約30mm
産地：兵庫県猪名川町
　　　多田鉱山

斑銅鉱が密集する鉱石の隙間に箔状で産し、二次的な生成によるもの。

自然銅（しぜんどう） Copper

■化学式：Cu
■晶　系：立方晶系
■比　重：8.9

鑑定要素

劈開 なし：破面はざらざら

光沢 金属

硬度 2½～3：方解石でなんとか傷がつけられる

磁性 FM：無反応　RM：無反応

結晶面 極めて稀だが、菱形、正方形、三角形など

条線 なし

色 銅赤色：錆びて表面が緑色や黒色になっていることもある（ほぼ赤色の領域）

条痕色 銅赤色

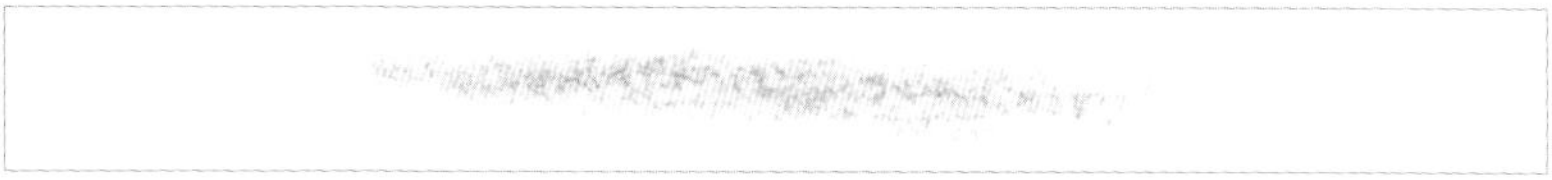

■ 集合状態

不規則塊状あるいは箔状、針金状、樹枝状などの集合体をなす。

■ 主な産状と共存鉱物

火成岩中（オリーブ石、ペントランド鉱、頑火輝石、灰長石など）(1-1)、熱水鉱脈（石英、斑銅鉱、輝銅鉱など）(1-3)、変成鉱床（石英、方解石、緑泥石、蛇紋石、曹長石など）(3-1)、酸化帯（石英、孔雀石、赤銅鉱など）(4)。

■ その他

色のバリエーションはほとんどないが、空気中では酸化し、黒褐色の酸化銅（黒銅鉱）、緑色の含水炭酸銅（孔雀石など）に被われる。

■ 自然銅

左右長：約15mm
産地：栃木県塩谷町
　　　日光鉱山

酸化帯の空隙に赤銅鉱などとともに産する。六面体面と八面体面を持つ結晶。

■ 自然銅

左右長：約12mm
産地：東京都三宅村
　　　赤場暁

灰長石中に超薄膜状の自然銅が含まれる。一種の離溶組織と考えられる。

自然砒 *Arsenic*

しぜんひ

■化学式：As
■晶　系：三方晶系
■比　重：5.8

鑑定要素

劈開	一方向	磁性	FM：無反応　RM：無反応
光沢	金属（新鮮時）：すぐに錆びて光沢がにぶくなる	結晶面	極めて稀だが、菱形が見られることもある
硬度	3½：10円硬貨とほぼ同じ	条線	なし

色	錫白色（新鮮時）、通常は黒褐色：ほぼ色の輪の領域外
条痕色	錫白色（新鮮時）、暗灰色（通常）

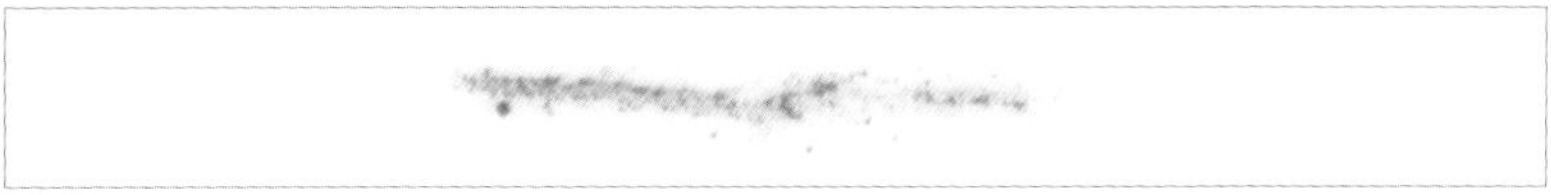

■ 集合状態

微細粒状のものが不規則塊状、層状などの集合体をなす。菱面体結晶が集まって金平糖状になることもある。

■ 主な産状と共存鉱物

熱水鉱脈（石英、自然金、輝安鉱、鶏冠石など）(1-3)、変成鉱床（石英、黄鉄鉱など）(3-1、3-2)。

■ その他

通常の標本の色は、暗灰～黒褐色になっている。表面に白い粉（arsenoliteあるいはclaudetite、As_2O_3）ができていることがある。これらの鉱物はいわゆる亜ヒ酸相当の化合物であり、有毒なので注意。

■ 自然砒

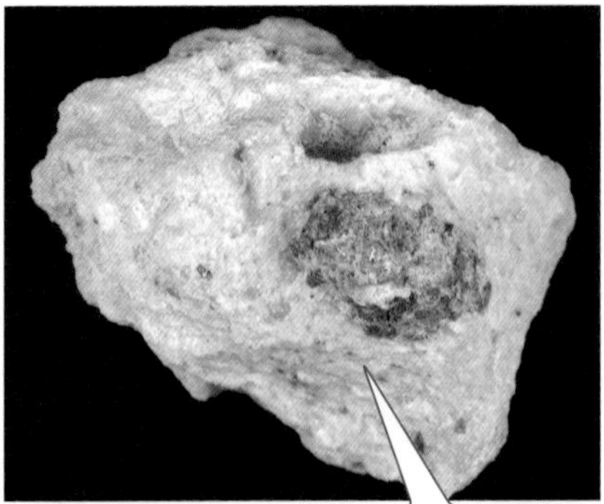

左右長：約45mm
産地：福井県福井市赤谷鉱山

石英脈中に金平糖状の自然砒が産する。同じ産地の粘土中にも多く見られ、きれいに分離することができる。

■ 自然砒

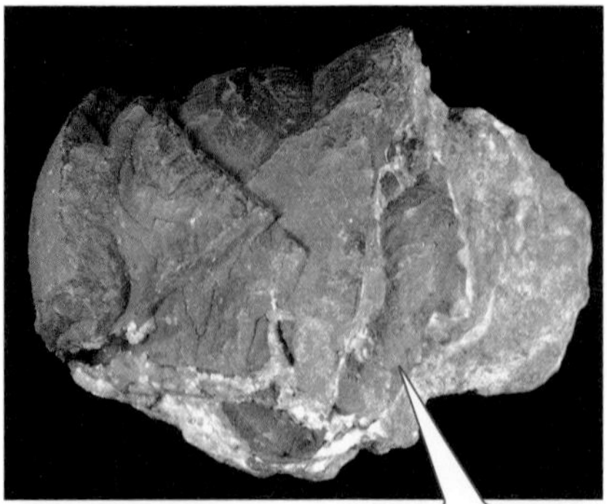

左右長：約95mm
産地：島根県津和野町笹ヶ谷鉱山

細かい結晶が集合して層をつくり、その層が繰り返してぶどう状の塊を形成。

自然蒼鉛（しぜんそうえん） *Bismuth*

■化学式：Bi
■晶　系：三方晶系
■比　重：9.8

鑑定要素

劈開 一方向

光沢 金属（新鮮時）：酸化皮膜などに被われて光沢がにぶくなる

硬度 2～2½：方解石で傷がつけられる

磁性 FM：無反応　RM：無反応

結晶面 天然のものでは見られない

条線 なし（劈開による筋状の線が見えることもある）

色 帯ピンク銀白色（新鮮時）：ほぼ色の輪の領域外

条痕色 灰色

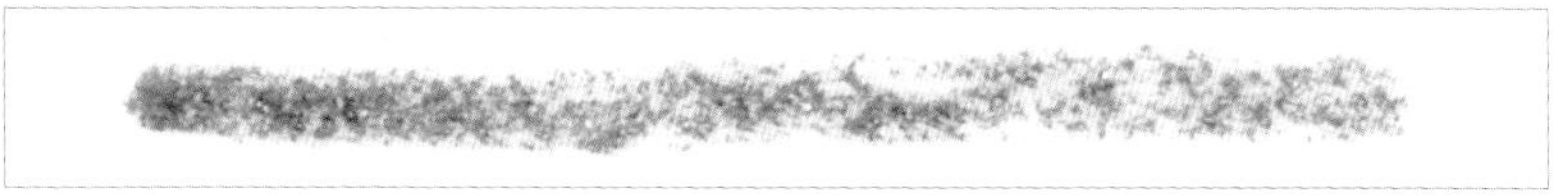

■ 集合状態

不規則塊状の集合体をなす。

■ 主な産状と共存鉱物

熱水鉱脈（石英、自然金、輝蒼鉛鉱、ホセ鉱、硫砒鉄鉱、輝コバルト鉱など）(1-3)、変成鉱床（石英、灰鉄-灰礬石榴石、灰重石など）(3-2)。

■ その他

劈開が著しく、新鮮時は強い輝きがある。共生する輝蒼鉛鉱やホセ鉱に比べて、ややピンク色を帯びていることが特徴。

■ 自然蒼鉛

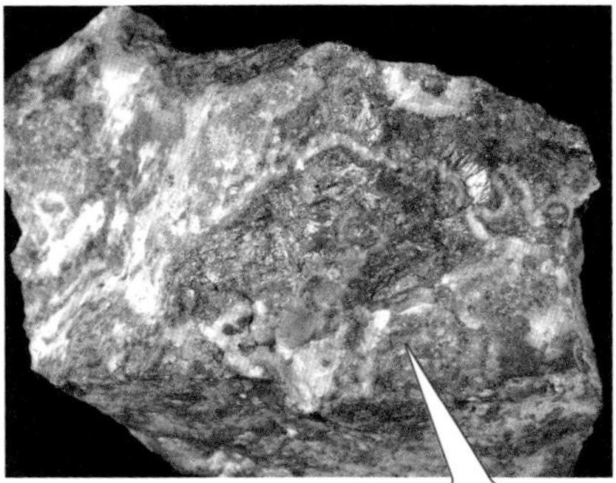

左右長：約55mm
産地：兵庫県朝来市生野鉱山

石英脈中に層状の集合体として産し、輝コバルト鉱（表面はピンク色のコバルト華が生成）を伴っている。

■ 自然蒼鉛

左右長：約25mm
産地：長野県茅野市向谷鉱山

変成岩中の石英脈に自然金、都茂鉱などと産する。自然蒼鉛の周囲は灰黒色の酸化物（蒼鉛土など）に被われる。

自然硫黄 *Sulphur（Sulfur）*

- 化学式：S
- 晶　系：直方晶系
- 比　重：2.1

鑑定要素

劈開	なし：破面は貝殻状ないしでこぼこ
光沢	樹脂～脂肪
硬度	1½～2½：方解石で傷がつけられる
磁性	FM：無反応　RM：無反応
結晶面	尖った三角形など。結晶面の中心部がくぼむ骸晶も多い
条線	なし
色	黄色：ほぼ黄色の領域
条痕色	白色に近い淡黄白色

■ 集合状態

不規則塊状、層状、鍾乳状などの集合体をなす。噴気孔付近では、伸びた菱形複錐状結晶が集合。水底から硫黄が湧き出ているところでは、中空の球になることもある（北海道大湯沼）。

■ 主な産状と共存鉱物

火山噴気（オパル、クリストバル石、明礬石など）（1-4）、酸化帯（石英、黄鉄鉱など）（4）。

■ その他

色のバリエーションはほとんどないが、稀に橙色を帯びるものがある。ライターの火を近づけるとすぐに燃える。非常に脆くて粉になりやすい。

■ 自然硫黄

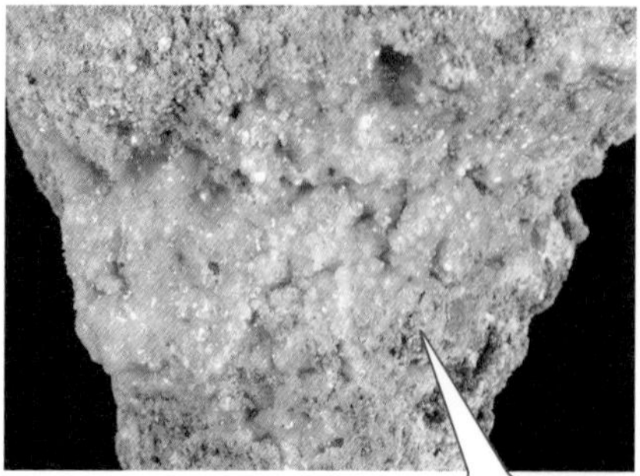

左右長：約40mm
産地：岩手県雫石町
　　　葛根田地熱地帯

火山噴気が通過していた場所の空隙に生成した細かい硫黄の結晶群。周囲の岩石は変質して珪化・粘土化。

■ 自然硫黄

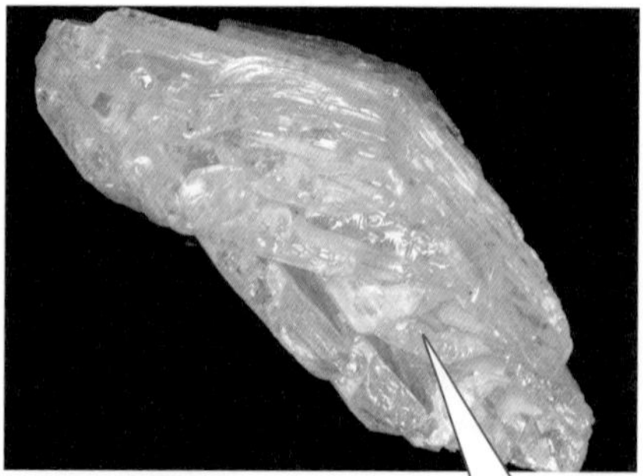

左右長：約25mm
産地：群馬県嬬恋村
　　　万座温泉

火山噴気孔の付近で形成された結晶。

石墨（せきぼく） *Graphite*

■化学式：C
■晶　系：六方・三方晶系
■比　重：2.2

鑑定要素

劈開	一方向	磁性	FM：無反応　RM：無反応
光沢	金属、土状	結晶面	稀に六角形
硬度	1½：石膏で傷がつけられる	条線	なし

色	黒色：ほぼ色の輪の領域外
条痕色	黒色

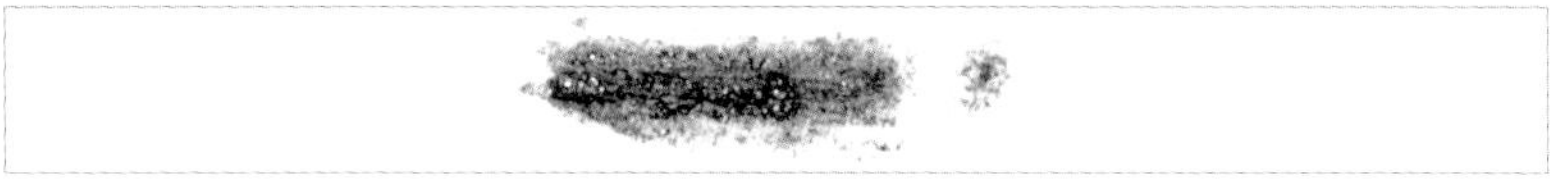

■ 集合状態

微細鱗片（りんぺん）状のものが不規則塊状〜土状、稀に六角板状の結晶形を示すことがある。

■ 主な産状と共存鉱物

深成岩中（斜長石、普通角閃石、磁硫鉄鉱など）（1-1）、堆積岩（石炭、泥岩中など）（2-1）、変成岩（石英、方解石、鉄礬石榴石、紅柱石など）（3-1、3-2）。

■ その他

色のバリエーションはない。微細な鱗片状の輝水鉛鉱に似ているが、輝水鉛鉱の条痕色は黒くなく、鉛灰色なので区別は容易。

■ 石墨

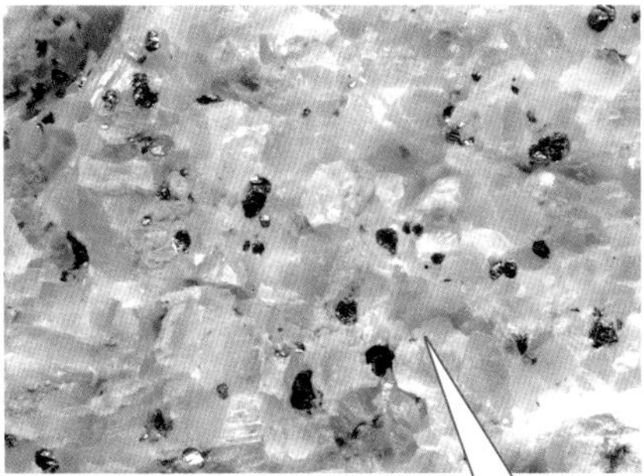

左右長：約35mm
産地：岐阜県飛騨市
　　神岡鉱山

結晶質石灰岩中にややルーズな六角鱗片状結晶が散点する。

■ 石墨

左右長：約55mm
産地：富山県富山市
　　高清水鉱山

片麻岩中の石墨鉱床から産した塊状鉱。

針銀鉱 *Acanthite*

- 化学式：Ag_2S
- 晶　系：単斜晶系
- 比　重：7.2

鑑定要素

劈開	なし：破面は亜貝殻状	磁性	FM：無反応　RM：無反応
光沢	金属	結晶面	立方晶系から転移したものでは、正方形、正三角形などの面が見える結晶
硬度	2：爪で傷がつけられる	条線	なし

色	灰黒色：ほぼ色の輪の領域外
条痕色	黒色

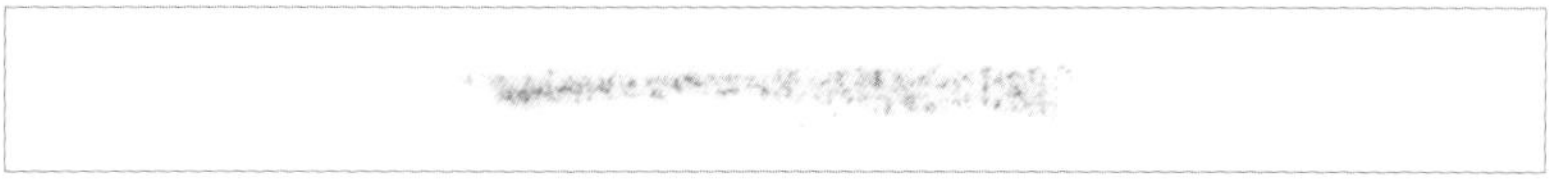

■ 集合状態

不規則粒状、皮殻状、箔状、樹枝状の集合。立方体、八面体の結晶をなすものは、高温下で立方晶系の構造をとったもの。常温下では単斜晶系に転移する。

■ 主な産状と共存鉱物

熱水鉱脈（石英、黄銅鉱、方鉛鉱、閃亜鉛鉱、濃紅銀鉱、自然金など）(1-3)。

■ その他

微細なものは、他の硫化鉱物と共生して石英中に黒い筋状の集合をつくっている（**銀黒**と呼ばれる金銀鉱石の多く）。銀品位の高い鉱石の空隙に、針銀鉱の単独の集合体や結晶をつくっている。かつては、立方晶系の外形を持つ結晶を**輝銀鉱**（argentite）と呼んでいた。

■ 針銀鉱

左右長：約10mm
産地：静岡県伊豆市
清越鉱山

鉱脈の空隙に石英の上に生成した立方晶系後の針銀鉱。

■ 針銀鉱

左右長：約25mm
産地：島根県大田市
大森鉱山

変質した火山岩の隙間に皮殻状集合をして産する。

斑銅鉱（はんどうこう） *Bornite*

■化学式：Cu_5FeS_4
■晶　系：直方晶系
■比　重：5.1

鑑定要素

劈開	なし：破面は貝殻状ないしでこぼこ
光沢	金属
硬度	3：10円硬貨でなんとか傷がつけられる
磁性	FM：無反応　RM：無反応
結晶面	非常に稀だが、正方形、正三角形、菱形など
条線	なし
色	銅赤（新鮮時）～紫藍色（空気中に放置）：赤色から藍色の領域
条痕色	黒灰色

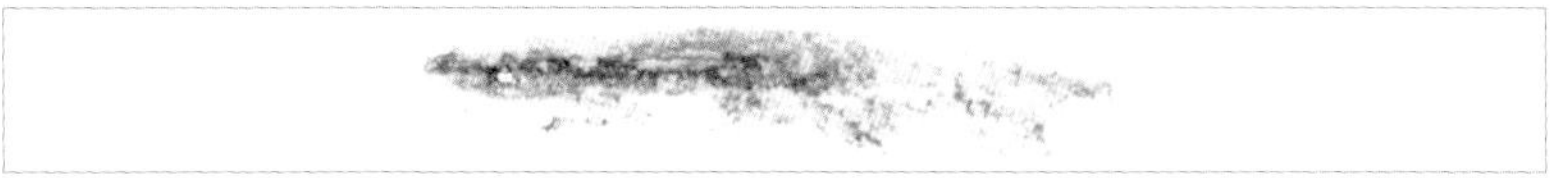

■ 集合状態

不規則塊状あるいは鉱脈の空隙に立方体、十二面体の結晶をなすこともある。

■ 主な産状と共存鉱物

熱水鉱脈（石英、黄銅鉱、輝銅鉱、四面銅鉱、自然銀など）（1-3）、変成鉱床（閃亜鉛鉱、黄銅鉱、ウィッチヘン鉱、曹長石、緑泥石など）（3-1、3-2）。

■ その他

割った直後の破面は赤銅色だが、次第に紫～青色に変色（酸化皮膜の干渉色）。独特な干渉色で区別は容易。

■ 斑銅鉱

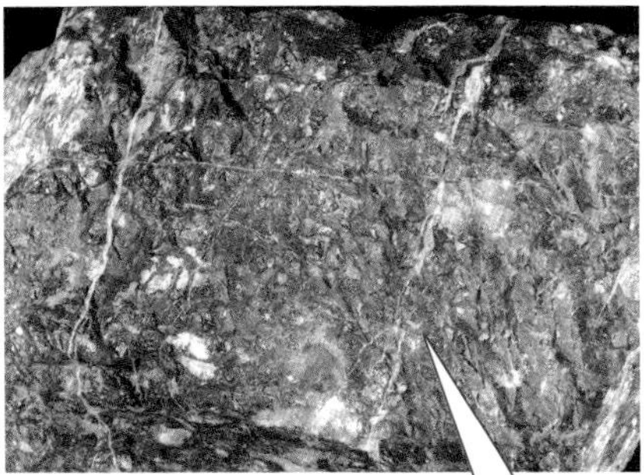

左右長：約50mm
産地：奈良県御所市
三盛鉱山

紫色味が強い干渉色を示す斑銅鉱。

■ 斑銅鉱

左右長：約45mm
産地：兵庫県猪名川町
多田鉱山

青色味が強い干渉色を示す斑銅鉱。

方鉛鉱 *Galena*

- 化学式：PbS
- 晶　系：立方晶系
- 比　重：7.6

鑑定要素

劈開	直交する三方向	磁性	FM：無反応　RM：無反応
光沢	金属	結晶面	正方形、正三角形、六角形など
硬度	2½：方解石でなんとか傷がつけられる	条線	なし

色 鉛灰色：ほぼ色の輪の領域外

条痕色 鉛灰色

■ 集合状態

粒状のものが不規則塊状あるいは鉱脈の空隙に立方体、八面体の結晶群をなす。また、八面体の面が大きく発達して六角板状結晶の集合体となる。

■ 主な産状と共存鉱物

熱水鉱脈（石英、閃亜鉛鉱、黄銅鉱、黄鉄鉱、濃紅銀鉱、他の硫化鉱物など）(1-3)、黒鉱鉱床（閃亜鉛鉱、四面銅鉱、重晶石、石膏など）(1-3)、変成鉱床（閃亜鉛鉱、黄鉄鉱、方解石、菱マンガン鉱、苦灰石など）(3-1、3-2)。

■ その他

色のバリエーションはないが、野外で長く置かれると表面が黒ずむ。酸化帯にあったものでは、表面が白い硫酸鉛鉱に置換されている（結晶内部まで置換されていることもある）。色と特徴的な劈開（立方体の劈開片）で区別は容易。

■ 方鉛鉱

左右長：約70mm
産地：秋田県北秋田市
佐山鉱山

主に立方体面からなる結晶。一部に八面体面が見える。

■ 方鉛鉱

左右長：約70mm
産地：埼玉県秩父市
秩父鉱山大黒鉱床

六角板状の結晶。上に閃亜鉛鉱が生成。稀な出方。

閃亜鉛鉱（せんあえんこう） *Sphalerite*

- 化学式：$(Zn,Fe)S$
- 晶　系：立方晶系
- 比　重：3.9〜4.1

鑑定要素

劈開	六方向：理想的な劈開片の形は十二面体	磁性	FM：無反応 RM：鉄の多いものは反応
光沢	樹脂、ダイヤモンド	結晶面	正三角形、菱形など
硬度	3½〜4：ステンレスの釘で傷がつけられる	条線	あり

色　黄褐色（鉄が少ない）〜黒色（鉄が多い）：黄色に近い緑色部から、橙色に近い赤色部までの濃淡色調

条痕色　淡黄褐〜褐色

鉄が多い

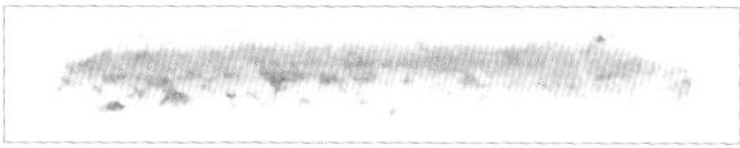

鉄が少ない

集合状態

不規則塊状、ぶどう状、繊維状あるいは鉱脈の空隙に四面体の結晶やそれらのスピネル型双晶をなし、その双晶が繰り返して連なっていることもある。

主な産状と共存鉱物

熱水鉱脈（石英、方鉛鉱、黄銅鉱、黄鉄鉱など）(1-3)、黒鉱鉱床（方鉛鉱、黄銅鉱、重晶石、石膏など）(1-3)、変成鉱床（方鉛鉱、黄鉄鉱、方解石、磁硫鉄鉱、灰鉄輝石など）(3-1、3-2)。

その他

間違える鉱物が少ないが、多形のウルツ鉱とは結晶形態が明瞭でないと識別できない。一般には、閃亜鉛鉱の方が多い。

■ 閃亜鉛鉱

左右長：約35mm
産地：秋田県鹿角市尾去沢鉱山

鉄の少ないタイプ。俗に鼈甲亜鉛（べっこうあえん）と呼ばれることもある。

■ 閃亜鉛鉱

左右長：約45mm
産地：ブルガリア、マダン

鉄の多いタイプ。四面体結晶が金平糖状に集合している。

磁硫鉄鉱（じりゅうてっこう） *Pyrrhotite*

- 化学式：$Fe_{1-x}S$ (x=0.1~0.2)
- 晶　系：単斜、六方、直方晶系
- 比　重：4.6~4.7

鑑定要素

劈開　なし：一方向に裂開があることも。破面は亜貝殻状ないしでこぼこ

光沢　金属

硬度　3½~4½：ステンレス釘で傷がつけられる

磁性　FM：反応（単斜晶系のFe_7S_8は特に強い）
RM：反応

結晶面　稀だが六角形、四角形など

条線　あり

色　黄銅色：黄色から橙色の領域

条痕色　灰黒色

■ 集合状態

ふつうは不規則塊状。稀に鉱脈の空隙に六角厚板状の結晶をなすこともある。

■ 主な産状と共存鉱物

熱水鉱床（石英、黄銅鉱、閃亜鉛鉱、黄鉄鉱など）(1-3)。変成鉱床（閃亜鉛鉱、黄銅鉱、黄鉄鉱、磁鉄鉱、菱鉄鉱、灰鉄輝石など）(3-1、3-2)。

■ その他

割った直後はかなり白っぽく見える。錆びやすく、表面が赤褐色から濃褐色になる。新鮮で粒状のものは黄鉄鉱とよく似ている。磁性の有無でチェックする。六方晶系のFeSは**トロイリ鉱**(troilite)と呼ばれ磁性はなく、隕石や稀に地球の岩石中にも見られるが、大きな塊で産出することはない。

■ 磁硫鉄鉱

左右長：約70mm
産地：茨城県笠間市
　　　加賀田鉱山

スカルン鉱物の1つである灰鉄輝石に伴って塊状で産する。

■ 磁硫鉄鉱

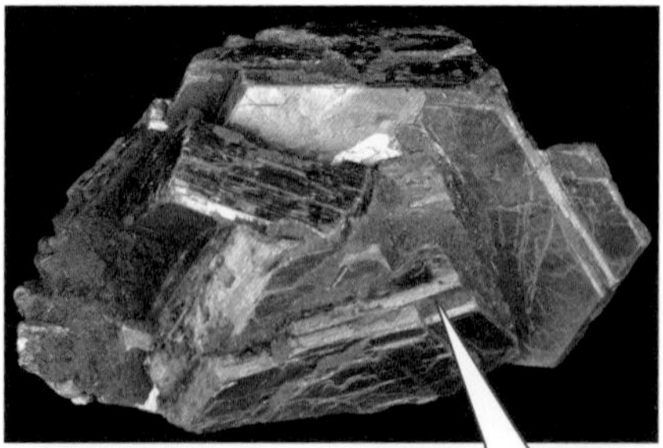

左右長：約35mm
産地：埼玉県秩父市
　　　秩父鉱山

スカルンの空隙に産した六角厚板状結晶群。

銅藍（コベリン） *Covellite*

■化学式：CuS
■晶　系：六方晶系
■比　重：4.7

鑑定要素

劈開	一方向	磁性	FM：無反応　RM：無反応
光沢	金属～亜金属	結晶面	六角形など
硬度	1½～2：爪で傷がつけられる	条線	なし

色　藍～藍青色（やや紫色がかったものもある）：藍色からそれに近い紫色の領域

条痕色　灰黒色

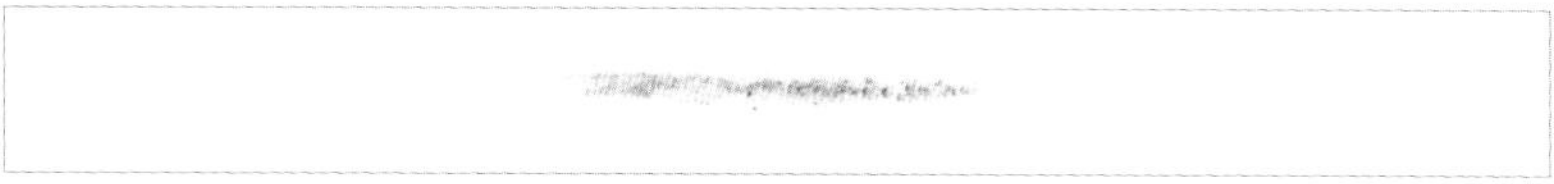

■ 集合状態

不規則粒状、土状、皮膜状。稀に鉱脈の空隙に六角薄板状の結晶をなすこともある。

■ 主な産状と共存鉱物

熱水鉱床（石英、黄銅鉱、硫砒銅鉱、黄鉄鉱など）(1-3)、酸化帯（閃亜鉛鉱、黄銅鉱、黄鉄鉱、輝銅鉱など）(4)。

■ その他

銅鉱物の二次鉱物として、かつては藍青色のものを銅藍としていたが、Cu：Sが1：1以外の鉱物が認識され（例えば、ヤロー鉱〈Cu_9S_8〉、スピオンコープ鉱〈$Cu_{39}S_{28}$〉）、識別が難しくなった。曲げても折れにくい性質があり、結晶の端がめくれたように丸くなっている。

■ 銅藍

左右長：約40mm
産地：秋田県小坂町
小坂鉱山

黒鉱の空隙に鮮やかなメタリックブルーで輝く結晶群。

■ 銅藍

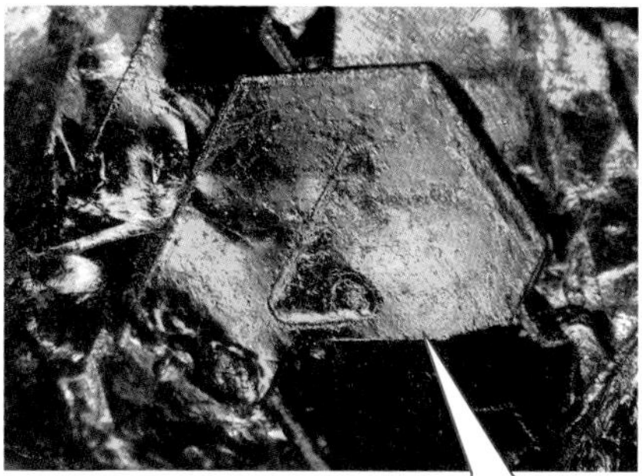

左右長：約8mm
産地：山梨県北杜市
増富鉱山

鉱脈の空隙に小さな硫砒銅鉱を伴って産した六角薄板状結晶。

辰砂（しんしゃ） *Cinnabar*

■化学式：HgS
■晶　系：三方晶系
■比　重：8.2

鑑定要素

劈開	60°で斜交する三方向	磁性	FM：無反応　RM：無反応
光沢	ダイヤモンド～亜金属	結晶面	菱形など
硬度	2～2½：方解石で傷がつけられる	条線	あり
色	深紅色：赤色の領域		
条痕色	朱～帯橙赤色		

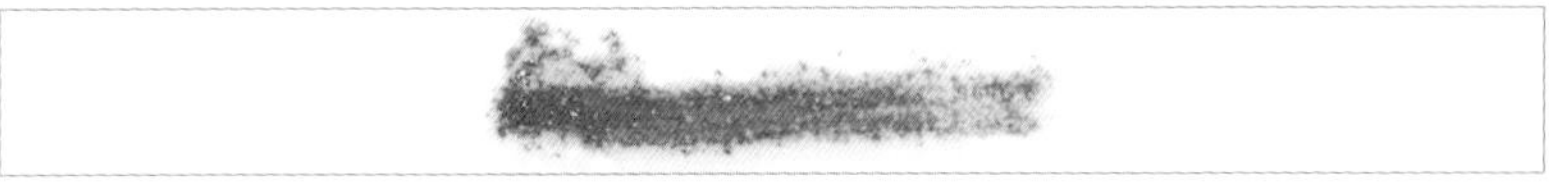

■ 集合状態

微細粒状のものが不規則塊状あるいは皮殻状、稀に鉱脈の空隙に菱面体、六角柱～短柱状の結晶をなす。

■ 主な産状と共存鉱物

熱水鉱脈・鉱染状（石英、黄鉄鉱のほかはあまり共生しない）(1-3)、砂鉱（砂鉄、砂金など。特に北海道）(2-1)、変成マンガン鉱床（ハウスマン鉱、菱マンガン鉱など）(3-1、3-2)。

■ その他

色のバリエーションはほとんどないが、空気中で表面は暗赤色に変化する。新鮮な鶏冠石に似ているが、鶏冠石の条痕色は黄～橙色味が強いので区別は容易。脆く、結晶が傷つきやすい。

■ 辰砂

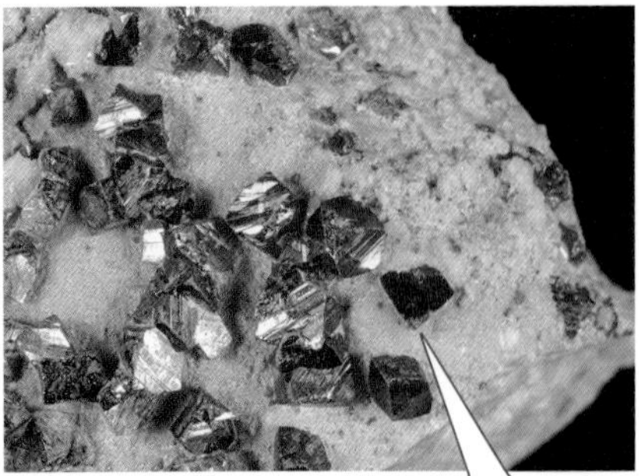

左右長：約45mm
産地：北海道置戸町紅の沢

石英脈の空隙に他の鉱物を伴わず、菱面体結晶の集合体として産する。

■ 辰砂

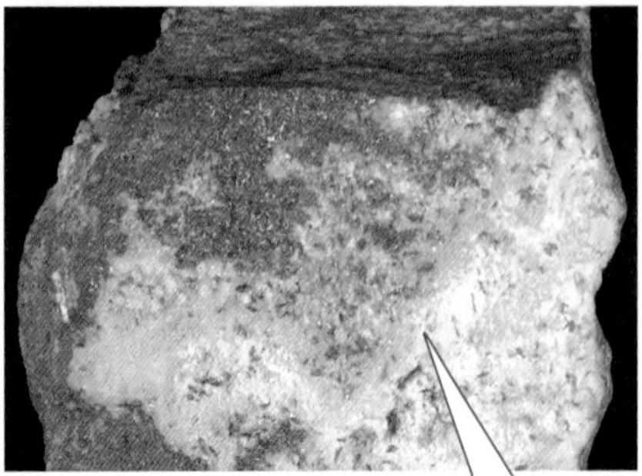

左右長：約55mm
産地：奈良県宇陀市
大和水銀鉱山

粘土化した角礫状の母岩に鉱染状に産する。

鶏冠石 *Realgar*
けいかんせき

■化学式：As_4S_4
■晶　系：単斜晶系
■比　重：3.6

鑑定要素

劈開 一方向

光沢 樹脂、脂肪

硬度 1½~2：爪で傷がつけられる

色 鮮赤色～帯橙赤色：橙色に近い赤色部～赤色部までの領域

条痕色 赤橙色

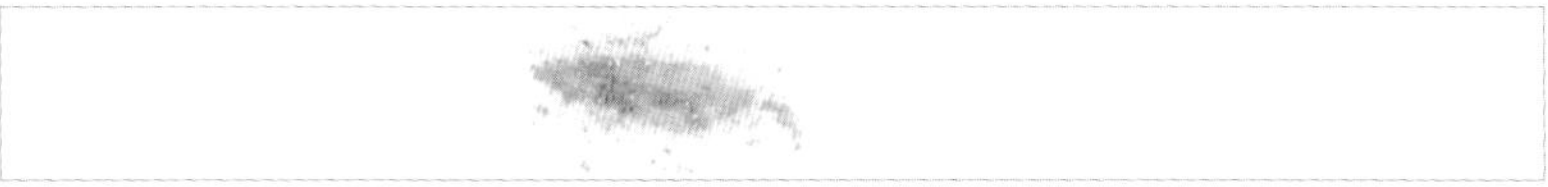

磁性 FM：無反応　RM：無反応

結晶面 六角形、長方形など

条線 あり：柱面の伸びに平行

■ 集合状態

不規則塊状、粒状あるいは鉱脈の空隙にやや扁平な四角ないし八角柱状結晶。

■ 主な産状と共存鉱物

熱水鉱脈（石英、石黄、輝安鉱、黄鉄鉱など）(1-3)。

■ その他

陽に長くさらされると、黄色のパラ鶏冠石（pararealgar）（石黄とは別な鉱物）に転移する。辰砂とは条痕色で、あるいはある程度の塊なら比重の違い（辰砂は8.2）で識別は容易。

■ 鶏冠石

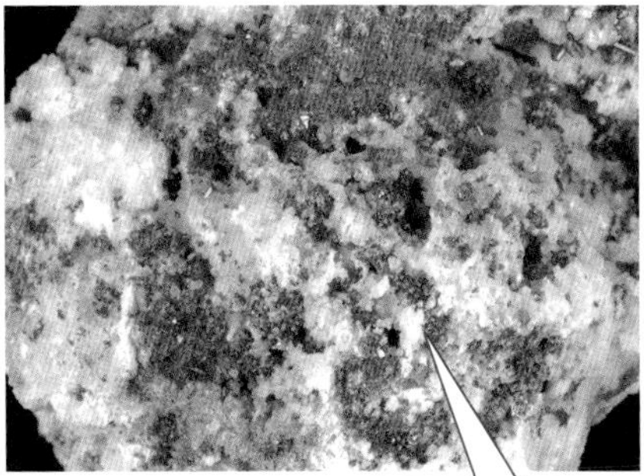

左右長：約45mm
産地：北海道札幌市手稲鉱山

石英脈中に粒状ないし短柱状結晶で産する。

■ 鶏冠石

左右長：約30mm
産地：宮城県栗原市文字鉱山

熱水変質岩に鉱染状に産し、ときどき濃集部の空隙に柱状結晶が見られる。

黄銅鉱（おうどうこう） *Chalcopyrite*

■化学式：$CuFeS_2$
■晶　系：正方晶系
■比　重：4.3

鑑定要素

劈開	なし：破面はでこぼこ	磁性	FM：無反応　RM：無反応
光沢	金属	結晶面	三角形など
硬度	3½〜4：ステンレスの釘で傷がつけられる	条線	あり
色	真鍮（しんちゅう）黄色：ほぼ黄色の領域		
条痕色	帯黄緑黒色		

■ 集合状態

不規則塊状あるいは鉱脈の空隙に四面体の結晶、それらの貫入双晶をなすこともある。

■ 主な産状と共存鉱物

熱水鉱脈（石英、黄鉄鉱、斑銅鉱、四面銅鉱、方鉛鉱など）(1-3)、変成鉱床（閃亜鉛鉱、黄鉄鉱、磁硫鉄鉱、石英、緑泥石など）(3-1、3-2)。

■ その他

色のバリエーションはないが、酸化して黒褐色になることも。また、緑色の炭酸銅化合物に被われることもある。粒状・塊状の黄銅鉱は黄鉄鉱と似ているが、硬度で識別する。

■ 黄銅鉱

左右長：約50mm
産地：秋田県大仙市
　　　荒川鉱山

双晶をして、独特な形態を持つもので、いわゆる**三角銅**と呼ばれる。

■ 黄銅鉱

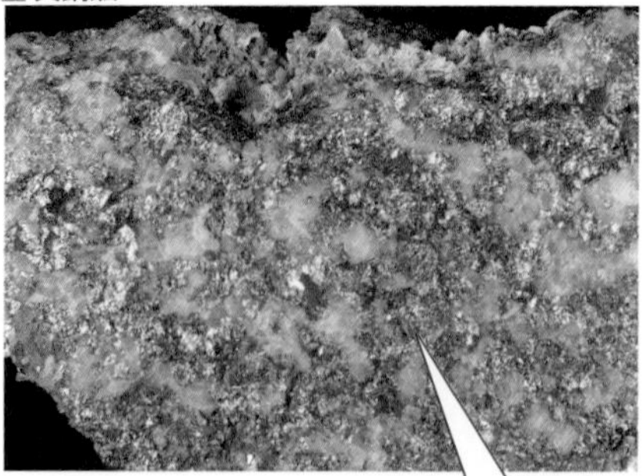

左右長：約55mm
産地：栃木県日光市
　　　足尾鉱山

石英粒間を充填する不規則な塊状で産する。

石黄（雄黄、雌黄）*Orpiment*

■化学式：As_2S_3
■晶　系：単斜晶系
■比　重：3.5

鑑定要素

劈開	一方向	磁性	FM：無反応　RM：無反応
光沢	樹脂（劈開面上では真珠）	結晶面	五角形、台形、三角形など
硬度	1½～2：爪で傷がつけられる	条線	なし：柱面の一部に劈開による筋状の線が見える

色　鮮黄色～橙黄色：橙色に近い黄色部～黄色部までの領域

条痕色　黄色

■ 集合状態

不規則塊状、皮殻状、球状、金平糖状あるいは鉱脈の空隙に錐面が発達した扁平な四角ないし八角柱状結晶。

■ 主な産状と共存鉱物

熱水鉱脈（石英、鶏冠石、輝安鉱、若林鉱など）(1-3)、火山昇華物・温泉沈殿物（自然硫黄、ハウエル鉱、粘土鉱物など）(1-4)。

■ その他

独特な黄色と劈開面上での著しい真珠光沢が特徴。和名については、鶏冠石との混同があり、本来は雌黄（しおう）であったといわれるが、もともと鶏冠石を指していた石黄や雄黄（ゆうおう）が使われるようになってしまった。

■ 石黄

噴気地帯に見られる細柱状結晶が放射状に集合してできた球状塊。

左右長：約30mm
産地：青森県むつ市恐山

■ 石黄

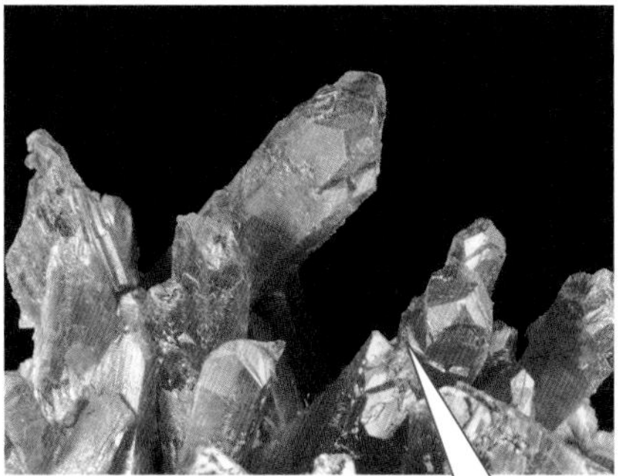
大きな柱状結晶の集合体。柔軟性があり、結晶の先端が丸まっている。

左右長：約25mm
産地：中国湖南省

輝安鉱（きあんこう） *Stibnite*

■化学式：Sb_2S_3
■晶　系：直方晶系
■比　重：4.6

鑑定要素

劈開	一方向	磁性	FM：無反応　RM：無反応
光沢	金属	結晶面	長方形、三角形など
硬度	2：爪で傷がつけられる	条線	あり
色	鉛灰色：ほぼ色の輪の領域外		
条痕色	鉛灰色		

■ 集合状態

針状、柱状の結晶が亜平行連晶、放射状または不規則に集合。粒状や塊状になることはない。結晶の先端は尖っていることが多く、細い柱状結晶は湾曲していることもある。

■ 主な産状と共存鉱物

熱水鉱床（石英、黄鉄鉱、ベルチェ鉱、自然金、硫砒鉄鉱など）(1-3)、変成鉱床（閃亜鉛鉱、黄銅鉱、斑銅鉱、方解石、緑泥石など）(3-1、3-2)。

■ その他

色のバリエーションは乏しい。細かい針状結晶の場合は、毛鉱（もうこう）($Pb_4FeSb_6S_{14}$)、ベルチェ鉱($FeSb_2S_4$)などと区別しにくい。表面が白～淡黄色の酸化皮膜（多くは黄安華、$Sb^{3+}Sb^{5+}_2O_6(OH)$）に被われていることもある。

■ 輝安鉱

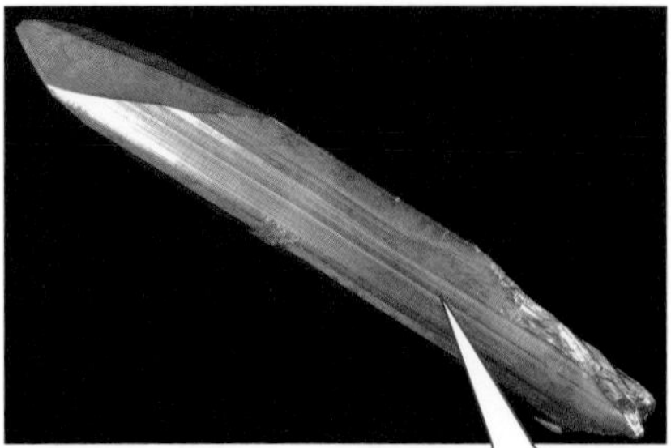

左右長：約140mm
産地：愛媛県西条市
　　　市之川鉱山

鉱脈の空隙に輝安鉱の大きな結晶が産する。伸びの方向に平行な条線と尖った先端が特徴。

■ 輝安鉱

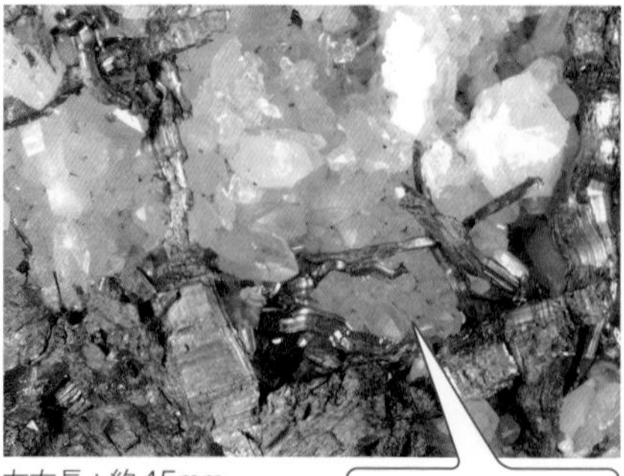

左右長：約45mm
産地：和歌山県日高川町
　　　船原鉱山

鉱脈の空隙に、水晶の上に成長した小さな柱状結晶。著しく湾曲している。

黄鉄鉱 *Pyrite*

■化学式：FeS_2
■晶　系：立方晶系
■比　重：5.0

鑑定要素

劈開	なし：破面は貝殻状ないしでこぼこ	磁性	FM：無反応　RM：無反応
光沢	金属	結晶面	正方形、三角形、五角形など
硬度	6～6½：石英で傷がつけられる	条線	あり
色	真鍮色：黄色から橙色の領域		
条痕色	灰黒色		

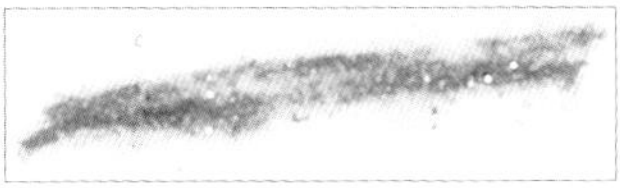

■ 集合状態

比較的、自形結晶をつくりやすく、それらが母岩中に単独あるいは集合体として産する。鉱脈の空隙でも、同じような集合状態。その他、球状、円盤状など。

■ 主な産状と共存鉱物

熱水鉱床（石英、黄銅鉱、閃亜鉛鉱、方鉛鉱など）（1-3）、堆積岩（泥岩、石炭の中など）（2-1）、変成鉱床（閃亜鉛鉱、黄銅鉱、磁鉄鉱、方解石、緑泥石など）（3-1、3-2）。

■ その他

白っぽいもの、褐色味がかったものなどあるが、色のバリエーションは乏しい。黄銅鉱や自然金とは硬度で、磁硫鉄鉱とは磁性の有無でチェックする。硫砒鉄鉱も似ているが、自形結晶（断面が菱形）で産することが多いので区別できる。風化して表面が褐鉄鉱（ほとんどは針鉄鉱）になっているものも多い。白鉄鉱は原子配列が異なる直方晶系の多形だが、結晶形が明瞭でないと、識別はできない。

■ 黄鉄鉱

左右長：約10mm
産地：福井県あわら市
剣岳鉱山

主に五角十二面体と八面体の面が現れた結晶。

■ 黄鉄鉱

左右長：約40mm
産地：岩手県北上市
和賀仙人鉱山

スカルン鉱床の粘土に埋没していた、主に六面体の面からなる結晶群。

■ 黄鉄鉱

左右長：約55mm
産地：岩手県久慈市
琥珀採掘場

琥珀に伴う石炭中に見られる、小さな黄鉄鉱の放射状集合体。

■ 黄鉄鉱

左右長：約50mm
産地：群馬県南牧村
三ツ岩岳

細かい水晶と灰鉄石榴石の結晶群の上に、表面が褐鉄鉱に置換された黄鉄鉱。

■ 黄鉄鉱

左右長：約60mm
産地：秋田県大仙市
宮田又鉱山

鉱脈の空隙に産する、条線や微小結晶面が発達した五角十二面体の結晶。

■ 黄鉄鉱

左右長：約45mm
産地：青森県大間町
奥戸鉱山

粘土に包有される硫化物鉱塊に産する八面体結晶群。粘土を洗い流したときは輝きが顕著。1か月も放置すると光沢を失うものが多い。

■ 黄鉄鉱

結晶の大きさ：約12mm
産地：東京都小笠原村
父島

変質粘土帯から産するほぼ黄鉄鉱からなる塊で、空隙には五角十二面体結晶のみが見られ、稀に双晶も現れる。

■ 黄鉄鉱化したアンモナイト

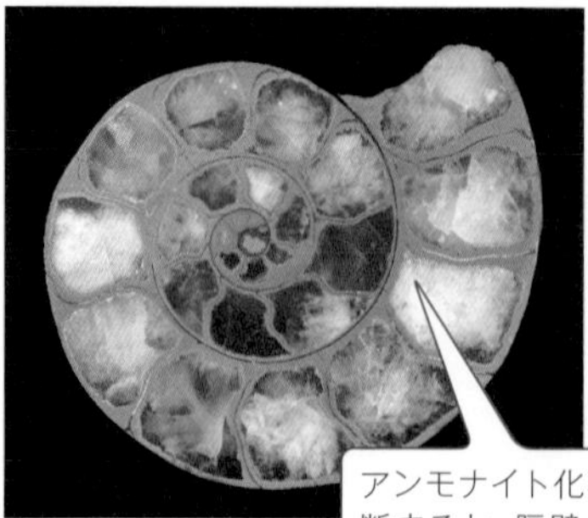

左右長：約30mm
産地：フランス

アンモナイト化石を切断すると、隔壁が黄鉄鉱に置換されているのがわかる。外側にある黄鉄鉱は褐鉄鉱に酸化されていることが多い。

硫砒鉄鉱（りゅうひてっこう） *Arsenopyrite*

■化学式：FeAsS
■晶　系：単斜晶系
■比　重：6.0〜6.2

鑑定要素

劈開 一方向

磁性 FM：無反応　RM：無反応

光沢 金属（新鮮時）：酸化皮膜などに被われて光沢がにぶくなる

結晶面 菱形、三角形、六角形、長方形、台形など

硬度 5½〜6：工具鋼で傷がつけられる

条線 あり

色 銀白〜鋼灰色（新鮮時）：錆びると黄色味を帯びる（黄色領域に近いが、ほぼ色の輪の領域外）

条痕色 ほぼ黒色

■ 集合状態

不規則粒状、塊状のこともあるが、菱柱状〜菱短柱（菱餅）状の結晶集合体もよく見られる。

■ 主な産状と共存鉱物

熱水鉱脈（石英、黄鉄鉱、黄銅鉱、磁硫鉄鉱、鉄重石など）（1-3）、変成鉱床（石英、方解石、閃亜鉛鉱、黄鉄鉱など）（3-2）。

■ その他

塊状の場合は、黄鉄鉱と区別がしにくいが、黄鉄鉱より白っぽい色が特徴。結晶形が少し違うものの、砒鉄鉱（$FeAs_2$）とも似ている。これは原則的に黄鉄鉱など硫黄分が多い鉱物とは共生しない点で区別する。

■ 硫砒鉄鉱

左右長：約115mm
産地：京都府亀岡市
大谷鉱山

石英脈中の空隙に立方体に近い菱形結晶として産し、近くには灰重石、錫石、白雲母なども伴っていた。

■ 硫砒鉄鉱

左右長：約25mm
産地：埼玉県秩父市
秩父鉱山大黒鉱床

スカルン鉱床の空隙に閃亜鉛鉱、石英などと産する菱短柱状結晶群。

輝水鉛鉱（きすいえんこう） *Molybdenite*

■化学式：MoS_2
■晶　系：六方・三方晶系
■比　重：4.8

鑑定要素

劈開 一方向

光沢 金属

硬度 1～1½：石膏で傷がつけられる

磁性 FM：無反応　RM：無反応

結晶面 稀であるが、六角形など：多くは劈開面を見ている

条線 なし：柱面には劈開による筋状の線が見える

色 鉛灰色：ほぼ色の輪の領域外

条痕色 鉛灰色

■ 集合状態

微細な鱗片状結晶集合（泥の塊のように見える）。六角板状結晶が単独に石英中に埋没。

■ 主な産状と共存鉱物

ペグマタイト・熱水鉱脈（石英、黄鉄鉱、灰重石、鉄重石、白雲母など）（1-2、1-3）、変成鉱床（石英、灰重石、灰鉄石榴石-灰礬石榴石、灰鉄輝石-透輝石など）（3-2）。

■ その他

微細な結晶は石墨と似ているが、条痕色の違いで区別できる。柔軟性があるので、結晶の端が丸まっていることもある。

■ 輝水鉛鉱

左右長：約35mm
産地：山梨県北杜市
　　　鞍掛鉱山

石英脈中の空隙に六角板状結晶の集合体として産し、近くにある鉄の硫化物の分解でできた褐色の水酸化鉄に被われている。

■ 輝水鉛鉱

左右長：約60mm
産地：岐阜県白川村
　　　平瀬鉱山

日本では最大規模のモリブデン鉱床中の石英脈に、他の鉱物を伴わないで産出した大型の六角厚板状結晶。

安四面銅鉱 - 砒四面銅鉱
Tetrahedrite - Tennantite

■化学式：$Cu_6[Cu_4(Fe,Zn)_2](Sb,As)_4S_{13}$
■晶　系：立方晶系
■比　重：5.1～4.6

鑑定要素

劈開 なし：破面は亜貝殻状ないしでこぼこ

光沢 金属

硬度 3½～4：ステンレス釘で傷がつけられる

磁性 FM：無反応　RM：無反応

結晶面 三角形など

条線 あり

色 灰黒色：ほぼ色の輪の領域外

条痕色 褐黒色

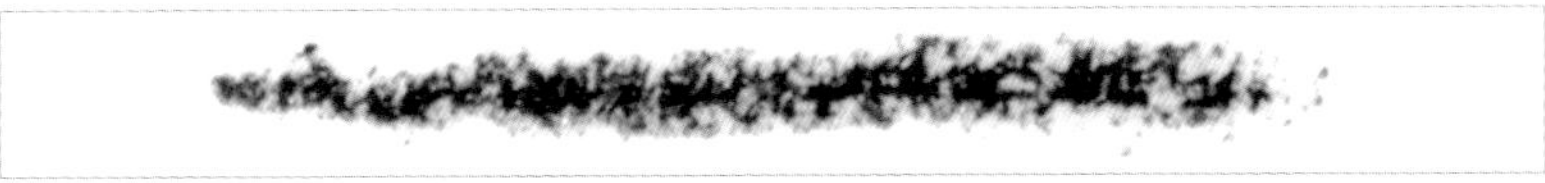

■ 集合状態

不規則塊状あるいは鉱脈の空隙に四面体の結晶をなすこともある。

■ 主な産状と共存鉱物

熱水鉱床（石英、黄銅鉱、閃亜鉛鉱、重晶石、菱マンガン鉱など）（1-3）、変成鉱床（閃亜鉛鉱、黄銅鉱、斑銅鉱、方解石、緑泥石など）（3-1、3-2）。

■ その他

色のバリエーションは乏しい。結晶形が明瞭でないと区別しにくい。さらに、安四面銅鉱と砒四面銅鉱は化学組成が連続するので、肉眼での区別は困難。銀の卓越する銀安四面銅鉱、Te>Sb、Asのゴールドフィールド鉱なども肉眼での識別は不可能。なお、亜鉛の多いものの条痕色はやや褐色味が強くなる。最近、安-砒四面銅鉱は細分化され、例えば、亜鉛の多い安四面銅鉱はTetrahedrite-(Zn)とされる。

■ 安四面銅鉱

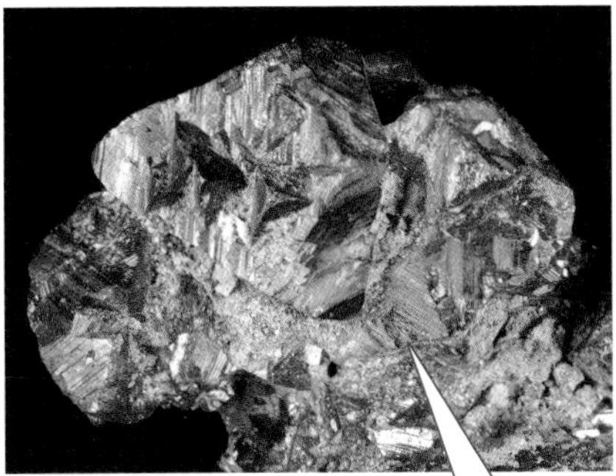

左右長：約40mm
産地：北海道札幌市手稲鉱山

安四面銅鉱の四面体結晶の集合。

■ 砒四面銅鉱

左右長：約15mm
産地：秋田県大館市花岡鉱山

黒鉱鉱床から産した砒四面銅鉱の四面体結晶。

濃紅銀鉱（のうこうぎんこう） *Pyrargyrite*

- 化学式：Ag_3SbS_3
- 晶　系：三方晶系
- 比　重：5.9

鑑定要素

劈開	三方向：あまり著しくない	磁性	FM：無反応　RM：無反応
光沢	ダイヤモンド	結晶面	稀であるが、菱形、直方形など
硬度	2½：方解石でなんとか傷がつけられる	条線	あり：錐面に菱形

色　暗赤～赤黒色：赤色の領域で、輪の黒い方に向かう

条痕色　褐赤色

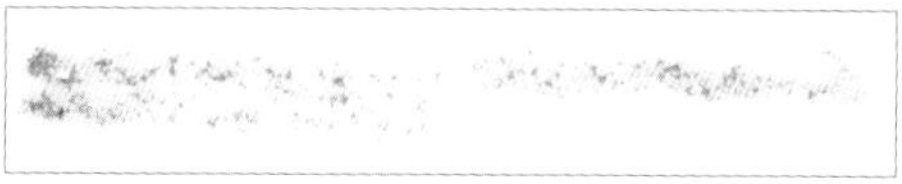

■ 集合状態

不規則粒状結晶の塊状、皮膜状集合体、稀に六角柱状、六角複錐状の結晶。

■ 主な産状と共存鉱物

熱水鉱脈（石英、針銀鉱、雑銀鉱など）(1-3)。

■ その他

陽に長く当たると黒くなるが、条痕色が赤いので他の銀鉱物と区別できる。ただし、SbをAsで置換した淡紅銀鉱（proustite）との区別は難しい。淡紅銀鉱の条痕色は朱色がかっているとされるが、中間的な色のものもあって識別困難。

■ 濃紅銀鉱

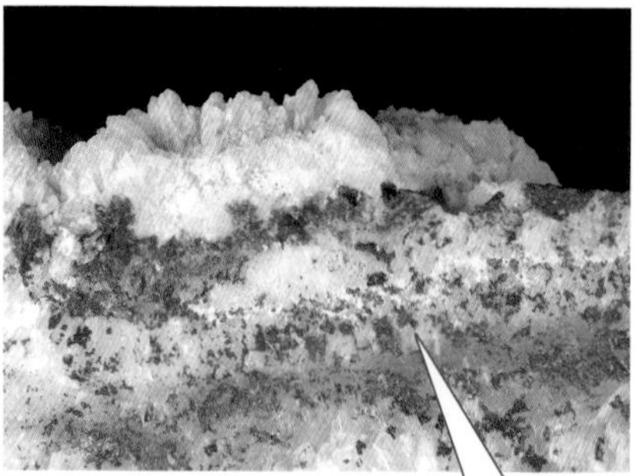

左右長：約40mm
産地：北海道恵庭市光竜鉱山

石英脈中の銀鉱物濃集部に皮膜状で産する。黒く見える皮膜状の鉱物は主に針銀鉱。

■ 濃紅銀鉱

左右長：約25mm
産地：鹿児島県いちき串木野市串木野鉱山

石英脈中の銀鉱物濃集部の空隙に六角柱状結晶として産する。微細な粒状の針銀鉱やナウマン鉱（Ag_2Se）などを伴っている。

赤銅鉱（せきどうこう） *Cuprite*

■化学式：Cu_2O
■晶　系：立方晶系
■比　重：6.2

鑑定要素

劈開	なし：破面は貝殻状ないしざらざら	磁性	FM：無反応　RM：無反応
光沢	ダイヤモンド～亜金属	結晶面	正方形、三角形、菱形など
硬度	3½～4：ステンレス釘で傷がつけられる	条線	なし
色	赤～赤黒色：ほぼ赤色の領域で、色の輪の黒色側		
条痕色	赤橙色		

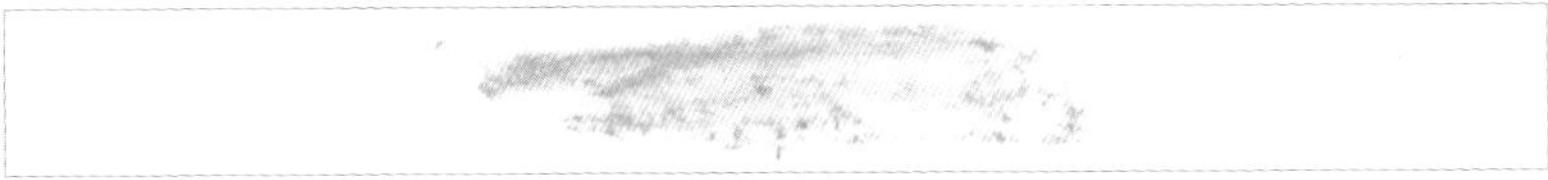

■ 集合状態

不規則塊状あるいは箔状、また立方体、八面体の結晶形を示す。稀に針状、毛状などの結晶形をなす。

■ 主な産状と共存鉱物

酸化帯（石英、孔雀石、珪孔雀石、自然銅など）(4)。

■ その他

色のバリエーションはほとんどないが、箔状、毛状のものでは鮮やかな赤色、塊状、大きな結晶ではかなり黒色味が強いこともある。

■ 赤銅鉱

左右長：約55mm
産地：秋田県大仙市
　　　亀山盛鉱山

酸化帯の石英脈中に孔雀石、褐鉄鉱などとともに産する。

■ 赤銅鉱

左右長：約15mm
産地：ロシア、シベリア

ほぼ黒色に見える八面体結晶。強い光で見ると、赤い色が透過してくる。

緑(りょく)マンガン鉱(こう) *Manganosite*

■化学式：MnO
■晶　系：立方晶系
■比　重：5.4

鑑定要素

劈開	三方向：あまり明瞭でないうえに、劈開を見られるような大粒の結晶はほとんどない	磁性	FM：無反応　RM：無反応
		結晶面	ごく稀に三角形、正方形など
光沢	ガラス（新鮮時）	条線	なし
硬度	5½：工具鋼で傷がつけられる		

色　エメラルド緑色（新鮮時）：緑色の領域、空気中では次第に褐色から黒色に変化する

条痕色　褐色

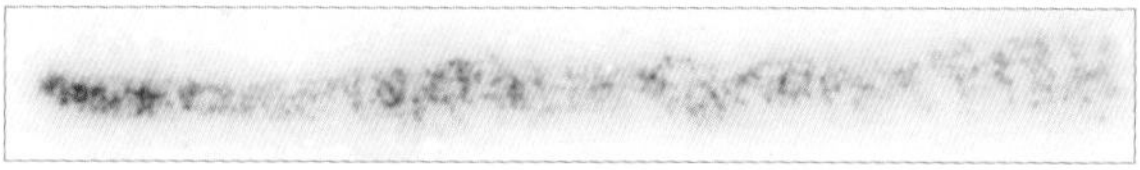

■ 集合状態

微細な粒の不規則塊状、ごく稀に立方体、正八面体の結晶形を示す。

■ 主な産状と共存鉱物

変成マンガン鉱床（菱マンガン鉱、ハウスマン鉱など）（3-1、3-2）。

■ その他

色のバリエーションはないが、ふつうの塊では、空気中ですぐに褐色から黒色に変化してしまう。ただ、大きな結晶粒では黒色化が極めて遅くなる。

■緑マンガン鉱

左右長：約350mm
産地：滋賀県高島市
熊畑鉱山

緑マンガン鉱を含む鉱石を切断して研磨。その直後は鮮やかな緑色を示している。

■緑マンガン鉱

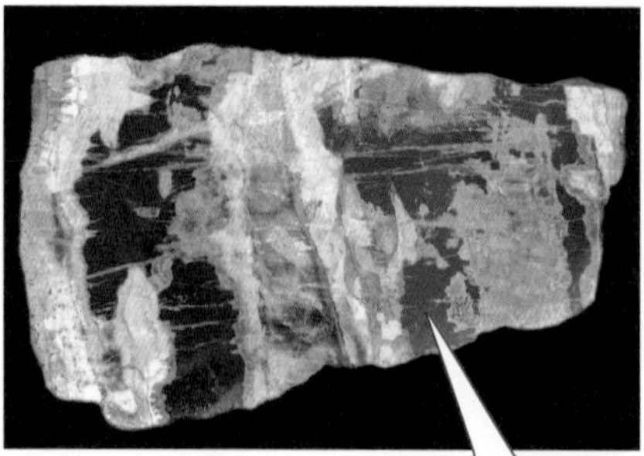

左右長：350mm
産地：滋賀県高島市
熊畑鉱山

切断してしばらくたつと、ほぼ褐色～黒褐色になる。よく見ると少し緑色を残しているところもある。

コランダム（鋼玉）Corundum

- 化学式：Al_2O_3
- 晶　系：三方晶系
- 比　重：4.0

鑑定要素

劈開	なし：破面は貝殻状ないしざらざら。ただし、繰り返し双晶などによって、底面（{0001}面）に平行な裂開が現れることもある	磁性	FM：無反応 RM：無反応（ただし、包有物に磁鉄鉱があるときは反応）
光沢	ガラス	結晶面	六角形、細長い三角形、台形、長方形など
硬度	9：モース硬度の標準	条線	あり：柱の伸びの方向と直角方向、底面では三角形
色	無色（原則的に無色）：ほぼあらゆる色の領域があり、濃淡も変化に富む		
条痕色	白色		

■ 集合状態

不規則塊状あるいは六角板状～柱状結晶、紡錘（ぼうすい）状（ビヤ樽型）などの結晶形を示す。

■ 主な産状と共存鉱物

アルカリ深成岩とそのペグマタイト（霞石、アルカリ長石、エジリン輝石、アルベゾン閃石など）（1-1）。花崗岩ペグマタイト（曹長石、白雲母、紅柱石など）（1-2）、熱水変質岩（ダイアスポア、紅柱石など）（1-3）、変成岩（方解石、スピネル、白雲母、灰簾石、曹長石など）（3-1、3-2）。

■ その他

コランダムはケイ酸分の乏しい鉱物とのみ共生するので、石英が存在する産状（例えば花崗岩ペグマタイト）においても、絶対に石英と直接には接していない。色のバリエーションにより変種名（宝石名）がつけられている。濃赤色だけがルビーで、その他の色と無色はサファイアとされる。サファイアの頭に色をつけ、例えば、淡赤色なら**ピンクサファイア**、黄色なら**イエローサファイア**などと呼ばれる。ただし、橙色を帯びたピンク色のものは、**パパラチャ**という特別な名前を持つ。包有物の発達したものを、スター状の光彩を放つようにカボションカットした石を**スタールビー**、**スターサファイア**などと呼ぶ。赤色からピンク色のものは、長波の紫外線で赤く輝く。

■ コランダム

左右長：約30mm
産地：岐阜県飛騨市羽根谷

石英、カリ長石、黒雲母などからなる飛騨片麻岩中に、周囲を白雲母（微量なクロムが入っているので、淡緑色を帯びている）に囲まれてビヤ樽型の淡ピンク色のコランダム（これにも微量なクロムが含まれる）が産する。結晶の伸びの方向にほぼ直角で割れた状態が見える。

■ コランダム

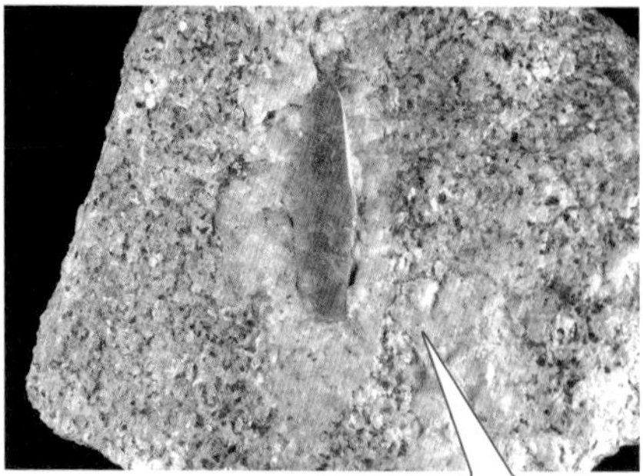

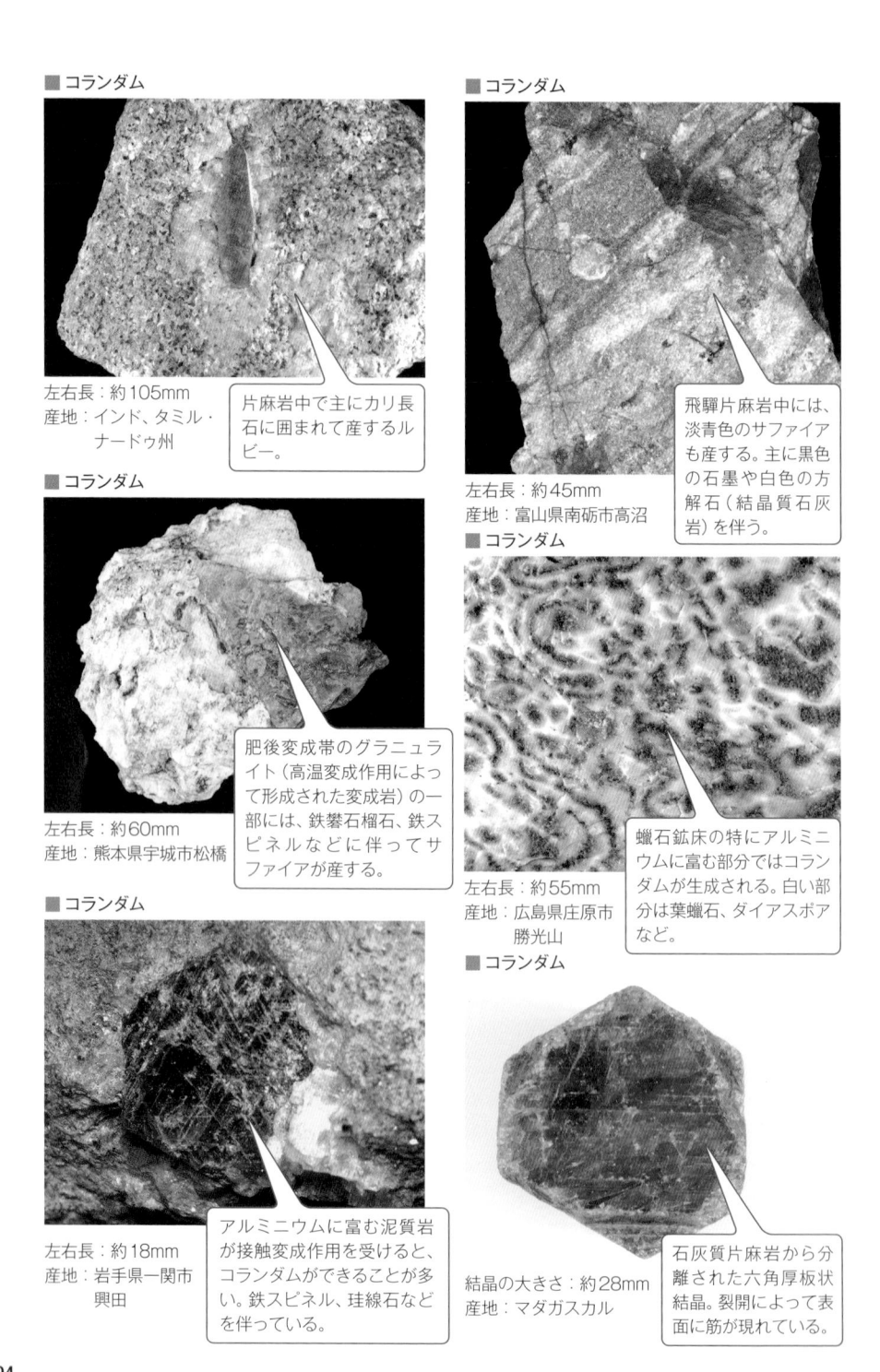

左右長：約105mm
産地：インド、タミル・ナードゥ州

片麻岩中で主にカリ長石に囲まれて産するルビー。

■ コランダム

左右長：約60mm
産地：熊本県宇城市松橋

肥後変成帯のグラニュライト（高温変成作用によって形成された変成岩）の一部には、鉄礬石榴石、鉄スピネルなどに伴ってサファイアが産する。

■ コランダム

左右長：約18mm
産地：岩手県一関市興田

アルミニウムに富む泥質岩が接触変成作用を受けると、コランダムができることが多い。鉄スピネル、珪線石などを伴っている。

■ コランダム

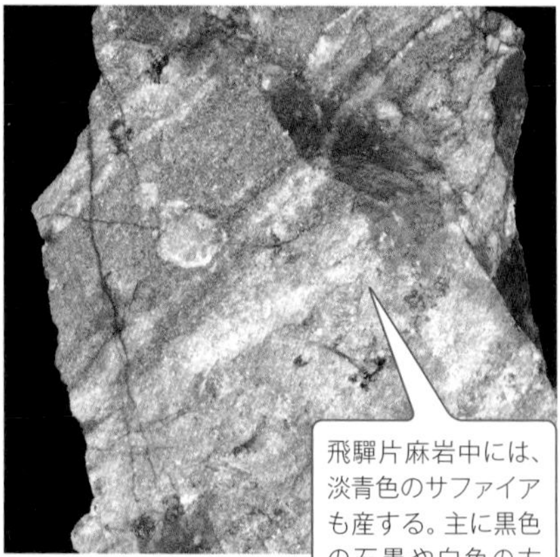

左右長：約45mm
産地：富山県南砺市高沼

飛騨片麻岩中には、淡青色のサファイアも産する。主に黒色の石墨や白色の方解石（結晶質石灰岩）を伴う。

■ コランダム

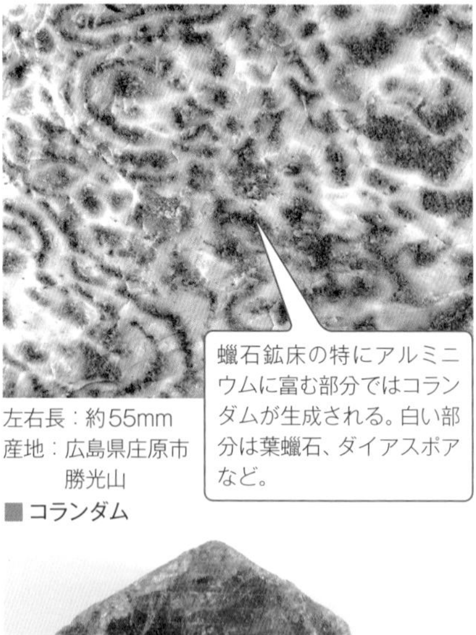

左右長：約55mm
産地：広島県庄原市勝光山

蠟石鉱床の特にアルミニウムに富む部分ではコランダムが生成される。白い部分は葉蠟石、ダイアスポアなど。

■ コランダム

結晶の大きさ：約28mm
産地：マダガスカル

石灰質片麻岩から分離された六角厚板状結晶。裂開によって表面に筋が現れている。

赤鉄鉱（せきてっこう） *Hematite*

■化学式：Fe_2O_3
■晶　系：三方晶系
■比　重：5.3

鑑定要素

劈開 なし：破面は亜貝殻状ないしざらざら。ただし、底面（{0001}）に平行、および菱形面（{10$\bar{1}$1}）に平行な裂開が現れることも

光沢 金属、土状

硬度 5~6：工具鋼で傷がつけられる

色 鋼灰～黒色（粗い結晶）、赤色（塊状、土状）：ほぼ赤色の領域

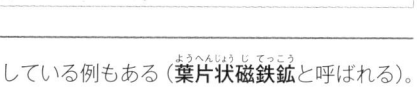

条痕色 赤～赤褐色

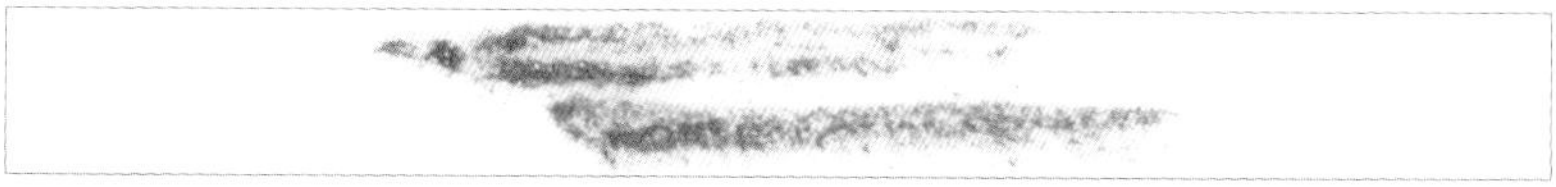

磁性 FM：無反応（ただし、一部磁鉄鉱化したものでは反応）
RM：明瞭な反応

結晶面 六角形、細長い三角形、台形、菱形など

条線 あり：柱の伸びの方向と直角方向、底面では三角形

■ 集合状態

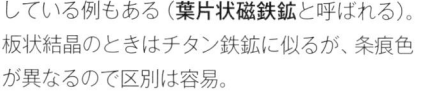

不規則塊状、ぶどう状、鍾乳状、土状、あるいは六角板状、葉片状、雲母状、菱形などの結晶形を示す。

■ 主な産状と共存鉱物

花崗岩ペグマタイト（石英、黒雲母、磁鉄鉱、ルチルなど）(1-2)、熱水鉱脈（石英、緑泥石など）(1-3)、火山昇華物（火山岩の空隙など）(1-4)、堆積岩（石英など）(2-1)、広域変成岩（石英、緑泥石、緑簾石など）(3-1)、スカルン鉱床（石英、緑泥石、灰鉄石榴石、磁鉄鉱など）(3-2)、酸化帯（磁鉄鉱など）(4)。

■ その他

赤鉄鉱は非常に多くの産状を持ち、共存鉱物の種類も多いが、各種産状において特に石英との共生が特徴的。同じ結晶構造を持つコランダムとは大きく異なる共生関係である。また、ケイ酸塩鉱物などでよく見られるAl ⇔ Fe^{3+}置換はほぼない。磁鉄鉱の酸化によってできたものは、磁鉄鉱の外形を残したまま赤鉄鉱化している。逆に、赤鉄鉱の外形を残したまま磁鉄鉱化している例もある（**葉片状磁鉄鉱**（ようへんじょうじてっこう）と呼ばれる）。板状結晶のときはチタン鉄鉱に似るが、条痕色が異なるので区別は容易。

■ 赤鉄鉱

左右長：約25mm
産地：アルゼンチン、メンドーサ州、パユン・マトル（Payun Matru）火山

火山岩中の磁鉄鉱結晶が赤鉄鉱化し（一部磁鉄鉱が残っている）、磁鉄鉱結晶上には微細な赤鉄鉱の結晶も形成されている。

■ 赤鉄鉱

左右長：約30mm
産地：北海道斜里町
知床硫黄山

火山の噴気活動でできた板状の赤鉄鉱。大きな結晶の上に、細かい結晶が成長し、一部は薔薇の花弁状集合（鉄の薔薇）をしている。

■ 赤鉄鉱

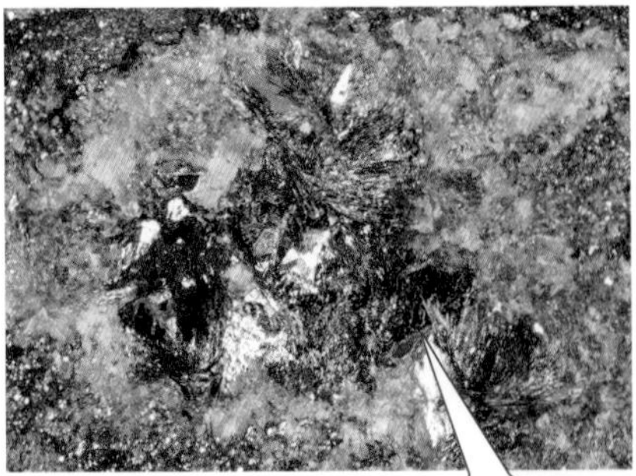

左右長：約40mm
産地：栃木県日光市
三依鉱山

スカルン鉱床中の雲母状結晶の集合体。薄い部分は赤色の透過光が見える。

■ 赤鉄鉱

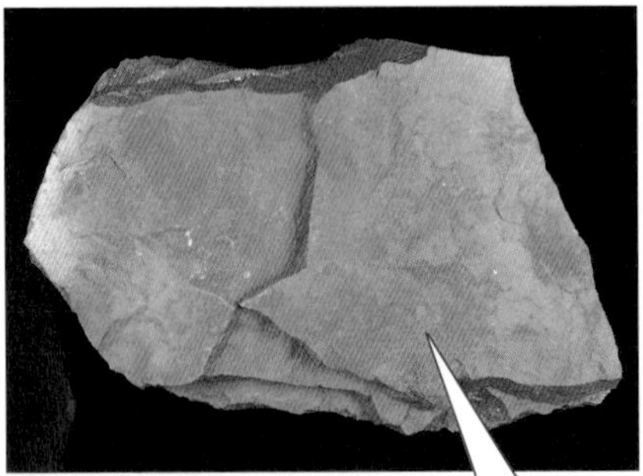

左右長：約65mm
産地：栃木県日光市
高田高徳鉱山

鉱脈鉱床の酸化帯で見られる塊状の赤鉄鉱。

■ 赤鉄鉱

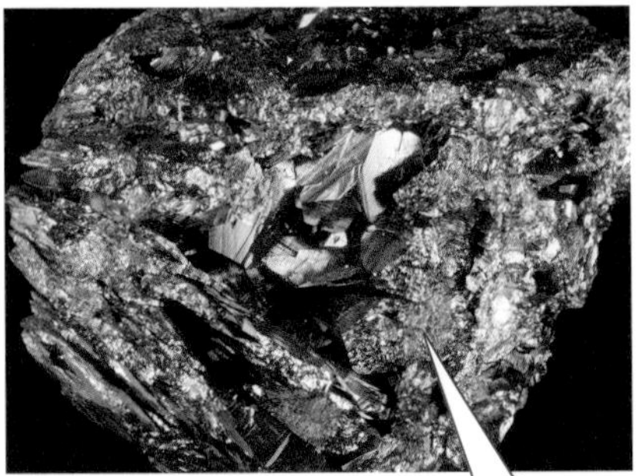

左右長：約65mm
産地：岩手県北上市
和賀仙人鉱山

接触交代作用によってできた赤鉄鉱鉱床の鉱石。空隙には光沢が強い結晶面が見られる。

■ 赤鉄鉱

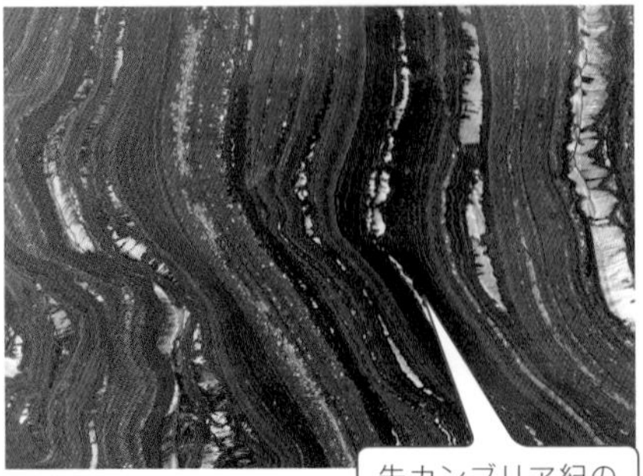

左右長：約55mm
産地：オーストラリア、
西オーストラリア州

先カンブリア紀の海で遊離酸素が現れることで含まれていた鉄が沈積。

チタン鉄鉱（てっこう） *Ilmenite*

■化学式：$FeTiO_3$
■晶　系：三方晶系
■比　重：4.7

鑑定要素

劈開 なし：破面は貝殻状。ただし、底面（{0001}）に平行、および菱形面（{$10\bar{1}1$}）に平行な裂開が現れることも

光沢 金属～亜金属

硬度 5～6：工具鋼で傷がつけられる

色 黒色：ほぼ色の輪の領域外

条痕色 帯褐黒色

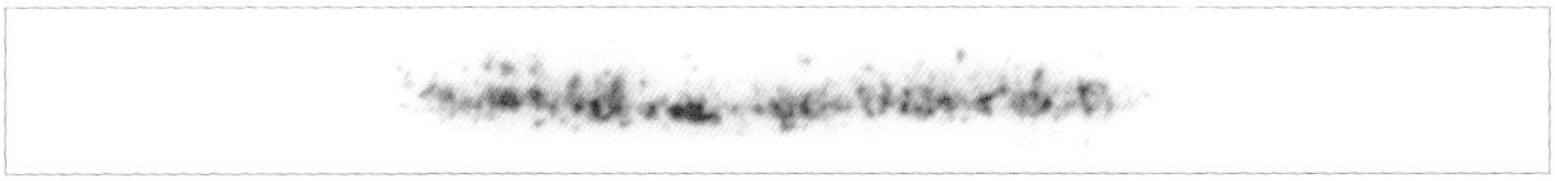

磁性 FM：反応（微弱）　RM：反応（明瞭）

結晶面 六角形、三角形、菱形など

条線 なし

■ 集合状態

不規則塊状、粒状、あるいは六角板状、葉片状、菱形などの結晶形を示す。

■ 主な産状と共存鉱物

火成岩（斑れい岩、閃緑岩、玄武岩など）（普通輝石、普通角閃石、斜長石など）（1-1）、花崗岩ペグマタイト（石英、黒雲母、カリ長石、鉄礬石榴石など）（1-2）、砂鉱（磁鉄鉱、ルチル、ジルコンなど）（2-2）、広域変成岩（石英、方解石、緑泥石、緑簾石など）（3-1）。

■ チタン鉄鉱

左右長：約25mm
産地：京都府京丹後市白石

ペグマタイトから分離された六角厚板状のチタン鉄鉱。

■ その他

色のバリエーションはない。外観の似た磁鉄鉱とは磁性の強弱で、赤鉄鉱とは条痕色の違いで区別できる。

■ チタン鉄鉱

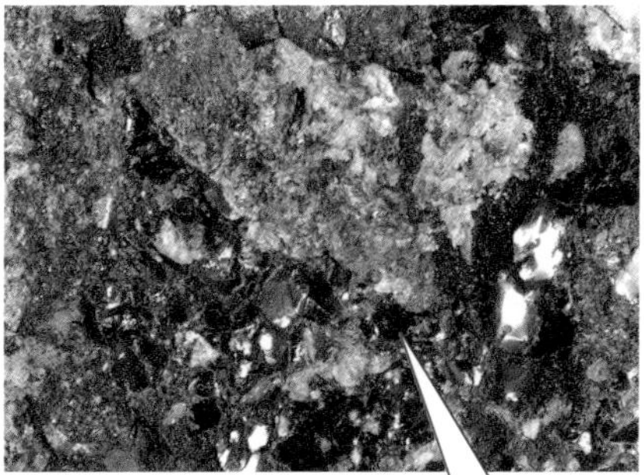

左右長：約40mm
産地：茨城県常陸太田市長谷鉱山

広域変成岩中に、緑泥石などに伴って見られる葉片状結晶の集合体。結晶面が湾曲しているのがわかる。

ルチル（金紅石）*Rutile*

（きんこうせき）

■化学式：TiO_2
■晶　系：正方晶系
■比　重：4.2

鑑定要素

劈開	二方向	磁性	FM：無反応　RM：無反応
光沢	ダイヤモンド～金属	結晶面	長方形、伸びた六角形、三角形など
硬度	6～6½：石英で傷がつけられる	条線	あり：柱の伸びの方向に平行

色　赤、褐、黄、黒色：ほぼ赤から黄色の領域で、黒の方向にかけて

条痕色　黄褐色

■ 集合状態

粒状、あるいは正方柱状、針状、錐状などの結晶形を示す。また、いろいろな双晶が出現。2個の結晶が肘形やV字形になったもの、3個の針状結晶が三角形に交わりながら繰り返して三角目の網状になったもの、6個の結晶が輪形（輪座双晶）になったものなど。

■ 主な産状と共存鉱物

花崗岩ペグマタイト（石英、白雲母、曹長石、鋭錐石など）(1-2)、熱水変質岩（葉蠟石、石英、紅柱石など）(1-3)、砂鉱（磁鉄鉱、チタン鉄鉱、ジルコンなど）(2-2)、広域変成岩（石英、緑泥石、緑簾石など）(3-1)、スカルン（苦灰石、方解石、スピネルなど）(3-2)。

■ルチル

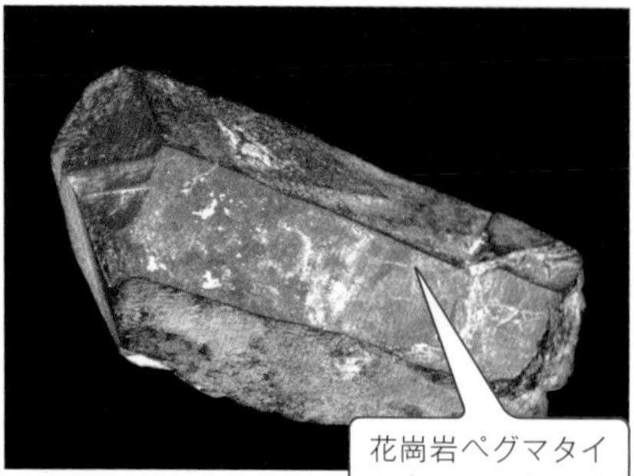

花崗岩ペグマタイト中に見られる柱状の結晶。

左右長：約30mm
産地：福島県郡山市手代木

■ その他

わずかな鉄を含むため、細い結晶では、赤～褐～黄色（ビーナス・ヘア、つまり金髪のような色で、和名の金紅石はここから）となるが、太い結晶や鉄のほかニオブ、タンタルなどを含むものではふつう、黒色に見える。透明な石英中に多数の針状～毛状結晶が包有されたものは、**ルチレイテッド・クォーツ**（**ルチルクォーツ**と略されることも）（rutilated quartz）と呼ばれ、装飾品に使われる。赤鉄鉱結晶面上にエピタキシャル成長（互いに一定の結晶学的方位関係のある成長）をして六方向に広がる放射状ルチル結晶群は、**太陽ルチル**と呼ばれている。

■ルチル

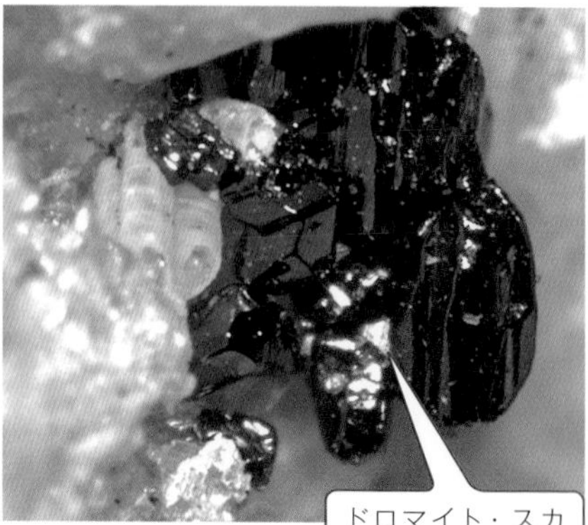

ドロマイト・スカルン中の透明感のある柱状結晶。

左右長：約15mm
産地：岐阜県揖斐川町
　　　春日鉱山

錫石（すずいし） Cassiterite

■化学式：SnO_2
■晶　系：正方晶系
■比　重：7.0

鑑定要素

劈開 なし：破面は亜貝殻状ないしざらざら

光沢 ダイヤモンド～金属

硬度 6~7：石英でなんとか傷がつけられる

磁性 FM：無反応　RM：無反応

結晶面 長方形、三角形、伸びた五角形、ゆがんだ六角形など

条線 あり：柱の伸びの方向に平行

色 褐、黄褐、黒色、稀に赤、白、無色：ほぼ橙色の領域で、黒の方向にかけて、稀に白の方向に

条痕色 淡黄色

■ 集合状態

粒状、繊維状結晶のぶどう状集合（木錫（もくしゃく））、あるいは正方柱状、正方錐状、先端が尖った八角柱状などの結晶形を示す。また、いろいろな双晶が出現。2個の結晶が肘形になったもの、5個の結晶が星形につながったものなど。

■ 主な産状と共存鉱物

花崗岩ペグマタイト（石英、曹長石、トパズなど）(1-2)、熱水鉱脈（石英、白雲母、灰重石、鉄重石、蛍石、硫砒鉄鉱など）(1-3)、砂鉱（磁鉄鉱、チタン鉄鉱、ジルコンなど）(2-2)。

■ 錫石

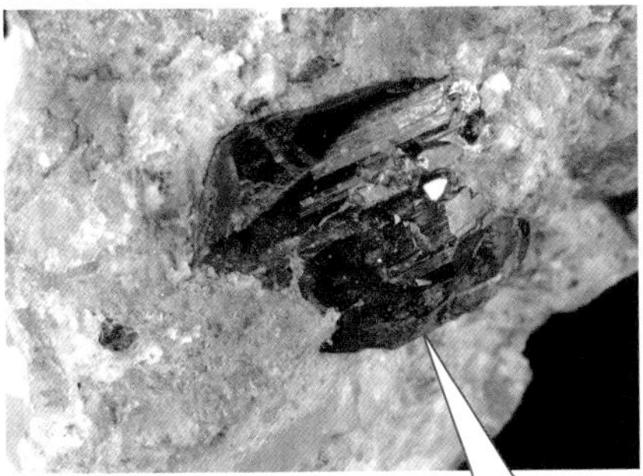

左右長：約45mm
産地：京都府京丹波町
鐘打鉱山

石英脈中に見られる柱状の結晶。

■ その他

鉄のほかニオブ、タンタルなどを含むことがある。ふつう、ルチルより色が黒いが、条痕色や硬度がほぼ同じなので区別しにくいことがある。

■ 錫石

左右長：約20mm
産地：茨城県城里町
高取鉱山

熱水鉱脈の空隙に産する水晶の上に形成された短柱状結晶。

鋭錐石（えいすいせき） *Anatase*

■化学式：TiO_2
■晶　系：正方晶系
■比　重：3.9

鑑定要素

劈開	二方向
光沢	ダイヤモンド～金属
硬度	5½～6：工具鋼で傷がつけられる
磁性	FM：無反応　RM：無反応
結晶面	尖った二等辺三角形、正方形、長方形、台形など
条線	あり：錐面、柱面上で、c軸方向に直交
色	褐、黄褐、黒、緑、濃藍色：ほぼ藍から橙色の領域で、黒の方向にかけて
条痕色	白～淡黄色

■集合状態

尖った正方複錐状、厚板状などの結晶形を示す。

■主な産状と共存鉱物

花崗岩ペグマタイト（石英、板チタン石、チタン鉄鉱など）（1-2）、熱水脈（主に変成岩中の）（石英、カリ長石、白雲母、緑泥石など）（1-3）。

■その他

わずかな鉄などを含むため帯色しているが、合成品は白色（顔料、光触媒などに使用）である。結晶の形が決め手で、これがないと肉眼鑑定は不能。

■鋭錐石

左右長：約10mm
産地：山梨県甲州市竹森

ホルンフェルスを切る石英脈中の晶洞に産する水晶の上に見られる短柱状の結晶。

■鋭錐石

左右長：約15mm
産地：マダガスカル

典型的な鋭い複錐状の分離結晶。

板(いた)チタン石(せき) *Brookite*

■化学式：TiO_2
■晶　系：直方晶系
■比　重：4.1

鑑定要素

劈開	なし：亜貝殻状の割れ口	磁性	FM：無反応　RM：無反応
光沢	ダイヤモンド～金属	結晶面	三角形、長方形、六角形など
硬度	5½～6：工具鋼で傷がつけられる	条線	あり：柱面上で、c軸方向に平行
色	赤褐、褐、黒色：ほぼ赤から橙色の領域で、黒の方向にかけて		
条痕色	白～淡灰色		

■ 集合状態

薄板状（a軸方向には伸びない）、柱状、擬八面体などの結晶形を示す。

■ 主な産状と共存鉱物

花崗岩ペグマタイト（石英、鋭錐石、チタン石など）(1-2)、熱水脈（主に変成岩中の）（石英、ルチル、鋭錐石、曹長石、緑泥石など）(1-3)。

■ その他

和名のような板状結晶の形が決め手で、これがないと多形であるルチルや鋭錐石とは肉眼鑑定不能。

■ 板チタン石

左右長：約10mm
産地：長野県川上村湯沼

石英脈の空隙に見られる板状の結晶（b軸方向とc軸方向に伸びて扁平になっている）。

■ 板チタン石

左右長：約25 mm
産地：パキスタン

典型的な薄板状の分離結晶（特にc軸方向に伸びて板柱状になっている）。

針鉄鉱 *Goethite*

■化学式：FeO(OH)
■晶　系：直方晶系
■比　重：4.3

鑑定要素

劈開	一方向：わかるほど大きな結晶はほとんどない	磁性	FM：無反応　RM：無反応
光沢	ダイヤモンド、金属、絹糸、土状	結晶面	わかるものはほとんどない
硬度	5½：土状のものは基本的に硬度が調べられない。軟らかく感じる	条線	不明

色　黄褐、黒褐色：ほぼ橙色の領域で、黒の方向にかけて

条痕色　黄褐色

■ 集合状態

土状、ぶどう状、鍾乳状、黄鉄鉱の仮晶（立方体のものは俗に枡石）、不定形～筒状（草の根の周囲に沈積したいわゆる高師小僧）、稀に針状の結晶形を示す。

■ 主な産状と共存鉱物

熱水脈（石英、黄鉄鉱、赤鉄鉱など）(1-3)。堆積物（石英、鉄明礬石、粘土鉱物など）(2-1、2-2)、酸化帯（石英、黄鉄鉱、鉄明礬石など）(4)。

■ その他

いわゆる**褐鉄鉱**と呼ばれている鉱物群（針鉄鉱のほか、鱗鉄鉱：lepidocrocite、フェロキシハイト石：feroxyhyteがある）のうち、最もふつうに産出する鉱物だが、実際に3種を肉眼で鑑定することは不可能。とりあえず褐鉄鉱としておくことも選択肢。鉄明礬石と似ているが、条痕色がそれより褐色味が強いので区別できる。温泉～常温の湖沼での沈殿、酸化帯での黄鉄鉱、黄銅鉱からの分解で最もよく形成される。

■ 針鉄鉱

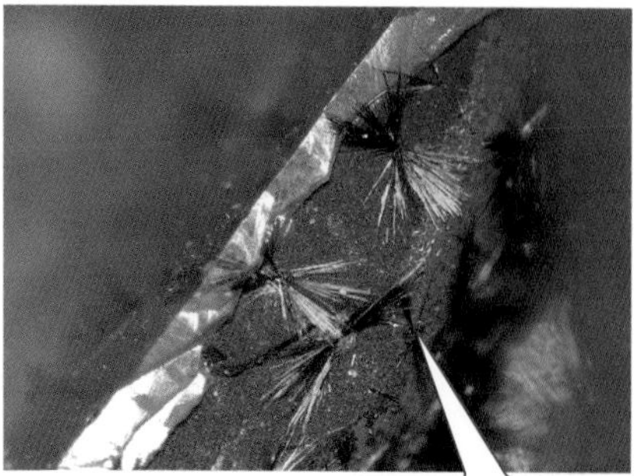

左右長：約8mm
産地：岐阜県飛騨市
　　神岡鉱山

鉱脈の空隙に産する小さな水晶の上に見られる、針状の結晶集合体。

■ 針鉄鉱

左右長：約30mm
産地：群馬県南牧村
　　三ッ岩岳

石英の空隙に産する黄鉄鉱の表層部が針鉄鉱化している。

水滑石（すいかっせき） *Brucite*

■化学式：$Mg(OH)_2$
■晶　系：三方晶系
■比　重：2.4

鑑定要素

劈開	一方向	磁性	FM：無反応　RM：無反応
光沢	ガラス～脂肪、真珠（劈開面で）	結晶面	わかるものはほとんどない
硬度	2½：方解石で傷がつけられる	条線	不明
色	無、白、灰、黄、淡緑色：ほぼ白色の領域		
条痕色	白色		

■ 集合状態

葉片状、繊維状、微細粒状、稀にやや不明瞭な六角板状の結晶形を示す。

■ 主な産状と共存鉱物

変成岩（苦灰石、方解石、水苦土石、緑泥石、蛇紋石など）（3-1、3-2）。

■ その他

葉片状のものはすべすべした劈開面が現れるのが特徴で、似ている滑石よりは硬度が高い。繊維状のものは蛇紋石系石綿と似ているが、それよりわずかに硬度が低い。同じような産状で硬度も色も似た水苦土石（hydromagnesite、$Mg_5(CO_3)_4(OH)_2 \cdot 4H_2O$）は、先端が尖った板柱状結晶の集合体で産することが多く、塩酸を滴下すると泡を出して溶ける（水滑石は泡を出さないで溶ける）ので区別できる。

■ 水滑石

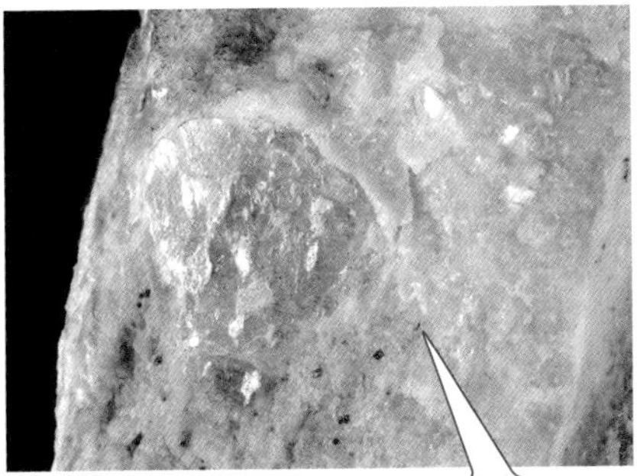

左右長：約20mm
産地：福岡県飯塚市古屋敷

蛇紋岩を切る苦灰石脈中に見られるほぼ無色透明な水滑石の劈開片。淡緑色部分は蛇紋岩で、黒色粒状の磁鉄鉱なども見える。

■ 水滑石

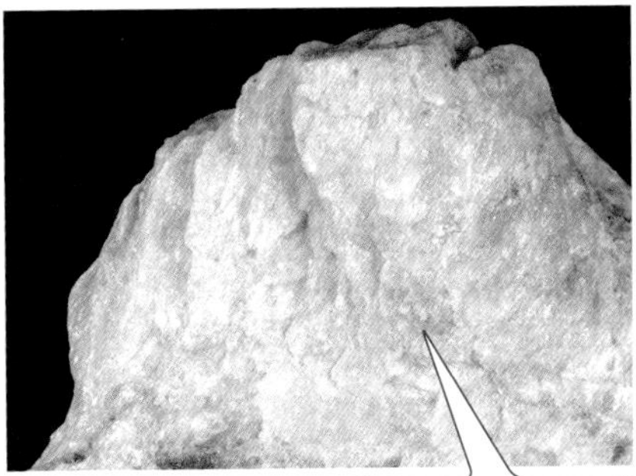

左右長：約25mm
産地：兵庫県南あわじ市沼島

結晶片岩を切る脈を構成する、非常に淡い緑色を帯びた繊維状～葉片状結晶の集合体。

第Ⅲ章◆鉱物図鑑

磁鉄鉱（じてっこう） *Magnetite*

■化学式：$Fe^{2+}Fe^{3+}_2O_4$
■晶　系：立方晶系
■比　重：5.2

鑑定要素

劈開	なし：破面は貝殻状。ただし、八面体の方向に裂開が現れることも
光沢	金属～亜金属
硬度	5½～6：工具鋼で傷がつけられる
色	黒色：ほぼ色の輪の領域外
条痕色	黒色
磁性	FM：反応（強）　RM：反応（強烈）
結晶面	三角形、菱形、伸びた六角形など
条線	なし

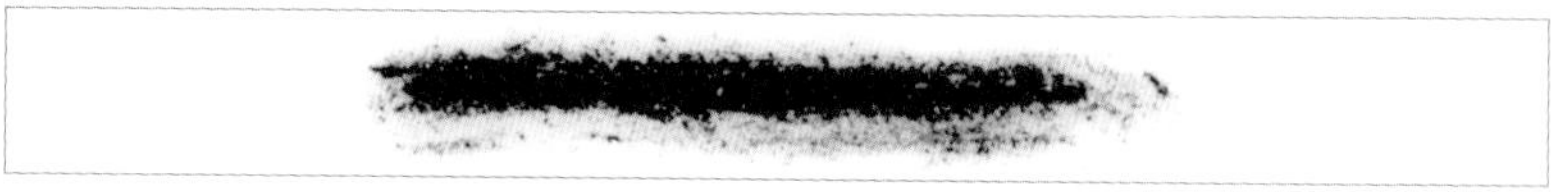

■ 集合状態

不規則塊状、粒状、あるいは正八面体、斜方十二面体などの結晶形を示す。

■ 主な産状と共存鉱物

極めて普遍的な鉱物で、ほとんどの産状がある。火成岩（苦土オリーブ石、普通輝石、普通角閃石、斜長石など）（1-1）、花崗岩ペグマタイト（石英、黒雲母、カリ長石、鉄礬石榴石など）（1-2）、砂鉱（チタン鉄鉱、ルチル、ジルコン、自然金など）（2-2）、広域変成岩（石英、方解石、緑泥石、緑簾石など）（3-1）、スカルン鉱床（方解石、緑簾石、灰鉄石榴石、灰鉄輝石、赤鉄鉱、黄鉄鉱など）（3-2）、蛇紋岩（蛇紋石、滑石、クロム鉄鉱など）（3-3）。

■ その他

色のバリエーションはなく、強い磁性が特徴。

■ 磁鉄鉱

左右長：約25mm
産地：岐阜県飛驒市上宝黒谷

滑石に被われて産する、正八面体を基本とする大きな結晶。再結晶超苦鉄質岩中に産する。

■ 磁鉄鉱

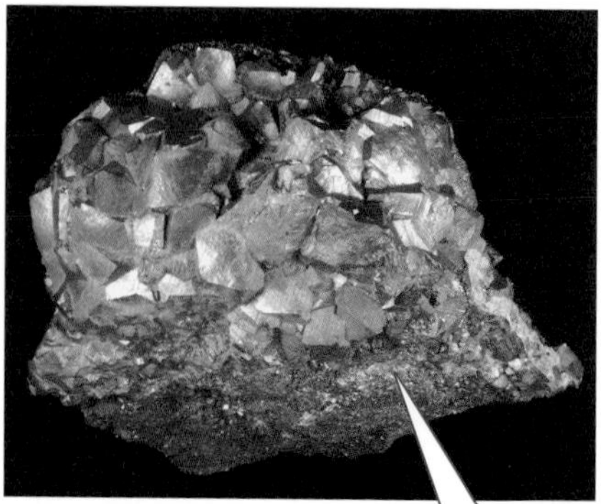

左右長：約65mm
産地：岡山県高梁市山宝鉱山

スカルン鉱床中の磁鉄鉱塊。方解石を取り除くと、少し湾曲した十二面体の結晶面が現れる。

クロム鉄鉱（てっこう） *Chromite*

■化学式：$(Fe^{2+},Mg)Cr^{3+}_2O_4$
■晶　系：立方晶系
■比　重：4.8〜5.1

鑑定要素

劈開 なし：破面はでこぼこ

光沢 金属

硬度 5½〜6：工具鋼で傷がつけられる

色 黒色：ほぼ色の輪の領域外

条痕色 褐色

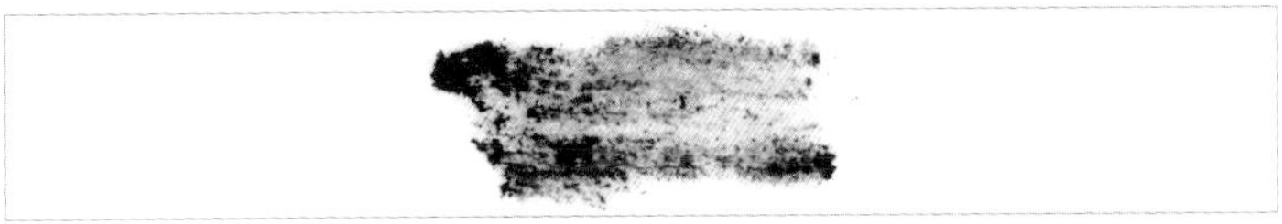

磁性 FM：反応（弱）　RM：反応（強）

結晶面 結晶形を示すものは極めて稀だが、微細な三角形の面などが見られることもある

条線 なし

■ 集合状態

不規則塊状、粒状、極めて稀に正八面体の結晶形を示す。

■ 主な産状と共存鉱物

火成岩（超苦鉄質〜苦鉄質岩）（苦土オリーブ石、透輝石、頑火輝石、斜長石、ペントランド鉱など）（1-1）、砂鉱（チタン鉄鉱、磁鉄鉱、自然金、自然オスミウム、辰砂など）（2-2）、蛇紋岩（蛇紋石、磁鉄鉱など）（3-3）。

■ クロム鉄鉱

左右長：約55mm
産地：北海道平取町
日東鉱山

蛇紋岩中に産する塊状のクロム鉄鉱-クロム苦土鉱。割れ目に沿って二次的に緑色の灰クロム石榴石ができている。

■ その他

磁鉄鉱とは磁性や条痕色の違いで容易に区別できる。 クロム鉄鉱とそのFe^{2+}をMgで置換したクロム苦土鉱（magnesiochromite）は化学組成が連続し、中間的なものがたくさん産出する。当然、肉眼鑑定はほぼ不可能であるが、端成分に近いクロム鉄鉱の場合は条痕色が濃褐色で、弱いながら磁性が明瞭である。反対に、クロム苦土鉱の端成分に近いものは条痕色が明るい褐色で磁性はほとんどない。クロム苦土鉱端成分の比重は4.4、クロム鉄鉱端成分の比重は5.1なので、理論的には約4.8から5.1までがクロム鉄鉱の比重となる（基本データの数値）。

■ クロム鉄鉱

左右長：約60mm
産地：群馬県藤岡市
鬼石町三波川

三波川の河原で採集されたクロム鉄鉱-クロム苦土鉱礫。割れ目には、二次的にできた淡紫色の含クロム緑泥石が見られる。

ハウスマン鉱（こう） *Hausmannite*

■化学式：$Mn^{2+}Mn^{3+}_2O_4$
■晶　系：正方晶系
■比　重：4.8

鑑定要素

劈開　一方向

光沢　亜金属、土状

硬度　5½：工具鋼で傷がつけられる

色　濃褐、黒色：ほぼ黒色から
やや橙色に近づいた領域

条痕色　褐色

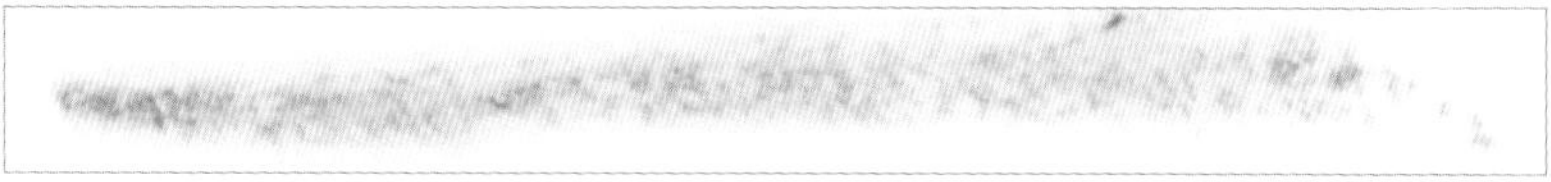

磁性　FM：無反応（反応する場合は、ヤコブス鉱が含まれることが多い）
RM：反応

結晶面　わかるものはほとんどない。外国産のものでは、三角形、長方形の面が見えるものが稀にある

条線　不明

■ 集合状態

ほとんど微細な結晶が集合した塊状。稀に正方複錐（ふくすい）（擬正八面体）や正方柱状の結晶形を示す。

■ 主な産状と共存鉱物

変成マンガン鉱床（菱マンガン鉱、テフロ石、緑マンガン鉱、ヤコブス鉱など）（3-1、3-2）。

■ ハウスマン鉱

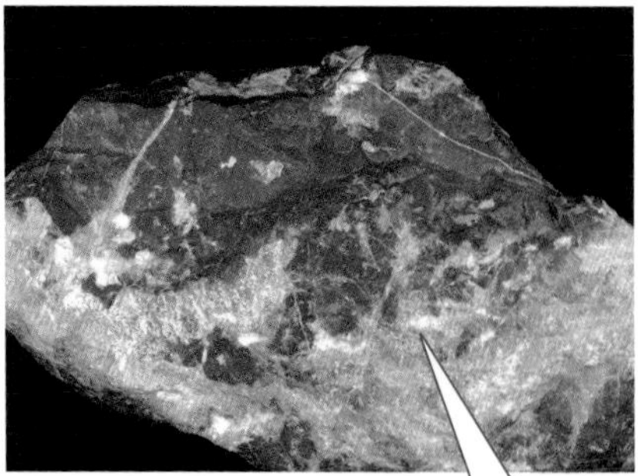

左右長：約55mm
産地：長野県辰野町
浜横川鉱山

黒褐色塊状のハウスマン鉱の周囲には、白色の菱マンガン鉱、ピンク色のアレガニー石（alleghanyite、$Mn_5(SiO_4)_2(OH)_2$）、淡灰緑色のテフロ石が見える。

■ その他

日本のものはほとんど濃褐色塊状（チョコレートのような感じ）で、光沢は乏しい（土状光沢）。結晶粒が粗くなると、亜金属光沢を持ってくる。石英や薔薇輝石とは接して産しない。

■ ハウスマン鉱

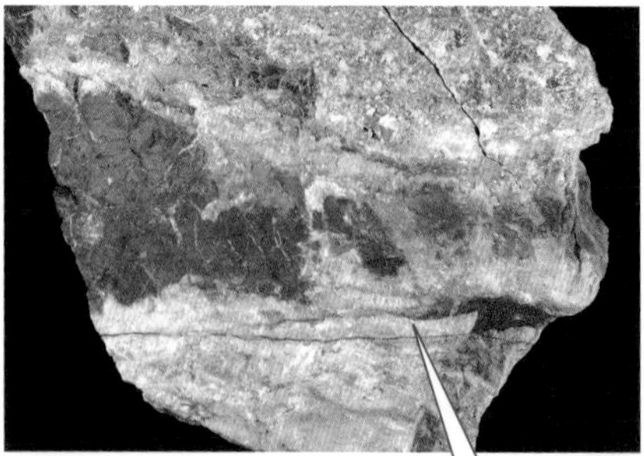

左右長：約45mm
産地：京都府南丹市新大谷鉱山

母岩のチャート（ほぼ石英から構成される）（写真の上部）に近接しているが、その境界には主に菱マンガン鉱が存在している。ハウスマン鉱の中に強く磁石を引きつける部分があり、そこにはヤコブス鉱（jacobsite、$Mn^{2+}Fe^{3+}_2O_4$）が含まれている。

フェルグソン石 *Fergusonite-(Y)*

- 化学式：$YNbO_4$
- 晶　系：正方晶系
- 比　重：<5.7

鑑定要素

劈開	なし：亜貝殻状の割れ口
光沢	亜金属、樹脂（多くのメタミクト化したもの）
硬度	5½～6½：石英で傷がつけられる
色	褐、黒色：ほぼ黒に近い橙色領域
条痕色	黄褐色
磁性	FM：無反応　RM：無反応
結晶面	四～六角形：正方柱の端を斜めに切り取ったような扁平な形、長方形など
条線	なし

■ 集合状態

先端が尖った柱状などの結晶形を示す。

■ 主な産状と共存鉱物

花崗岩ペグマタイト（石英、カリ長石、ジルコン、褐簾石など）(1-2)。

■ その他

ほぼウランを含むため、放射線で結晶構造が破壊され、非晶質化（メタミクト化）が起こっている。理想化学組成から求められる計算密度は5.6 g/cm³であるが、イットリウムのところを他の希土類元素やウランなどが置換するほか、メタミクト化の際に水分などを取り入れたりするので、実測密度（硬度も）はかなり変化する。線量計でよく反応する。形態に特徴のない破面の粒では肉眼鑑定はできない。特徴的な柱状結晶の形が決め手である。名前の由来となったRobert Fergusonはスコットランドの弁護士でもあり鉱物学者であった人なので、本来のカタカナ表記はファーガソン石となるはずである。しかし、ドイツ語で教育を受けた大先輩方がドイツ語風発音で和名をつけて定着してしまったようだ。なお、希土類元素のうち、セリウムが最も卓越するものにはfergusonite-(Ce)、ネオジムが最も卓越するものにはfergusonite-(Nd)と名づけられ、加えてそれぞれに単斜晶系の多形（例えば、ベータフェルグソン石：fergusonite-(Y)-βという種名になる）もあるため複雑になる。明瞭な結晶形が観察できれば正方型か単斜型かはわかるが、そうでないと区別できない。また、希土類元素の卓越種は肉眼鑑定が不可能。

■フェルグソン石

左右長：約65mm
産地：福島県川俣町房又

ペグマタイト中の主にカリ長石に包まれて産する結晶。カリ長石は放射線の影響で赤くなっている。

■フェルグソン石

結晶の長さ：約5mm
産地：宮崎県延岡市上祝子

ペグマタイトの空隙に見られるきれいな結晶。

■フェルグソン石

左右長：約30mm
産地：茨城県高萩市下大能

カリ長石が分解して粘土化したため、分離結晶として産出したもの。

■フェルグソン石

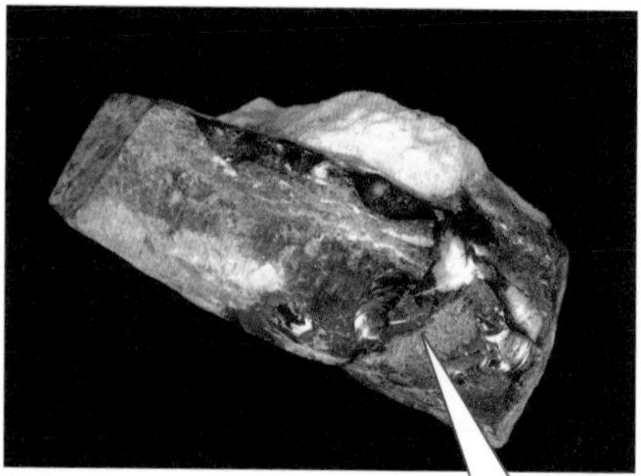

結晶の長さ：約40mm
産地：福島県石川町猫啼

ペグマタイト中のカリ長石中に埋まっている四角柱状結晶。メタミクト化しているため、破面で貝殻状断口が見える。

鉄(てつ)コルンブ石(せき) *Columbite-(Fe)*

■化学式：$FeNb_2O_6$
■晶　系：直方晶系
■比　重：5.4

鑑定要素

劈開	一方向	磁性	FM：無反応　RM：反応
光沢	亜金属	結晶面	長方形、細長い六角形など
硬度	6：石英で傷がつけられる	条線	あり：柱面上でc軸に平行
色	黒色：ほぼ黒色の領域		
条痕色	黒褐色		

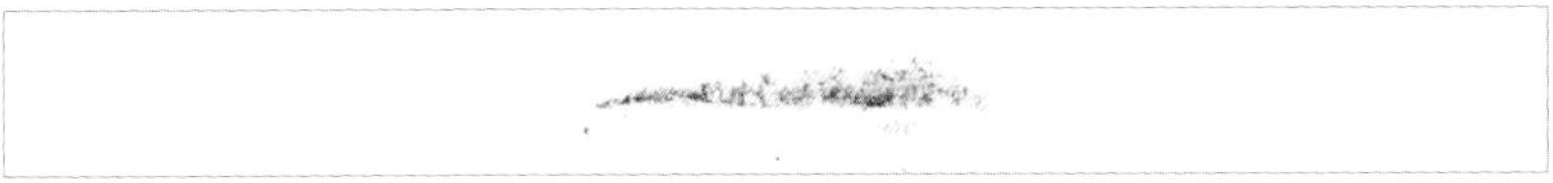

■集合状態

板状、厚板状などの結晶形を示す。

■主な産状と共存鉱物

花崗岩ペグマタイト（石英、カリ長石、白雲母、ジルコン、ゼノタイムなど）（1-2）。

■鉄コルンブ石

左右長：約40mm
産地：福島県須賀川市狸森

ペグマタイトからの分離結晶。{100}に扁平な（a軸長はb、c軸長に比べて平均2.6倍ほど長いため）四角厚板状となっている。

■その他

鉄とマンガンの置換およびニオブとタンタルの置換によって、比重が変化する（タンタルが多くなると比重は大きくなる）。鉄重石と似ているが、それよりは硬度が高い。一般的には、鉄重石より比重は小さいが、タンタルの多いもの（例えば、マンガンタンタル石、tantalite-(Mn)）はほぼ同じか、タンタル量によっては逆転する。

■鉄コルンブ石

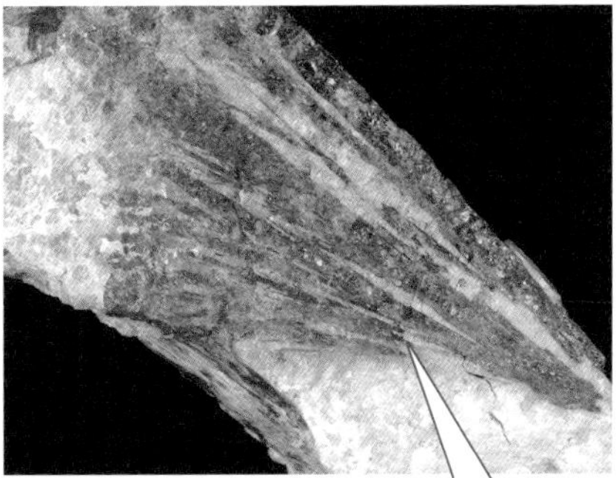

左右長：約50mm
産地：福島県石川町塩沢

ペグマタイト中のカリ長石と石英に伴っている板状結晶の集合体。割れ口は亜貝殻状ないしでこぼこに見える。

蛍石（ほたるいし） *Fluorite*

■化学式：CaF_2
■晶　系：立方晶系
■比　重：3.2

鑑定要素

劈開	四方向：理想的な劈開片は正八面体	磁性	FM：無反応　RM：無反応
光沢	ガラス	結晶面	正方形、正三角形、菱形の面など
硬度	4：モース硬度の標準。ステンレス釘で傷がつけられる	条線	なし
色	無、灰、緑、紫、黄、ピンク色：白色から、ほぼあらゆる色の方向にかけて		
条痕色	白色		

■ 集合状態

粒状、塊状、立方体、正八面体などの結晶形を基本に、小さな結晶面が加わった複雑な結晶形も見られる。

■ 主な産状と共存鉱物

ペグマタイト（石英、カリ長石、トパズなど）(1-2)、熱水鉱脈（石英、重晶石、電気石、黄銅鉱など）(1-3)、スカルン（苦灰石、方解石、灰鉄石榴石など）(3-2)。

■ その他

非常に顕著な劈開があり、劈開面には他方向の劈開による三角形の模様が見える。微量元素の含有や結晶構造の欠陥などにより、ほぼあらゆる色を帯びる。しかし、色の薄いものはもちろん、濃く見えるものも粉末にすると白色である。加熱による発光があり、紫外線によって蛍光を発するものがある。

■蛍石

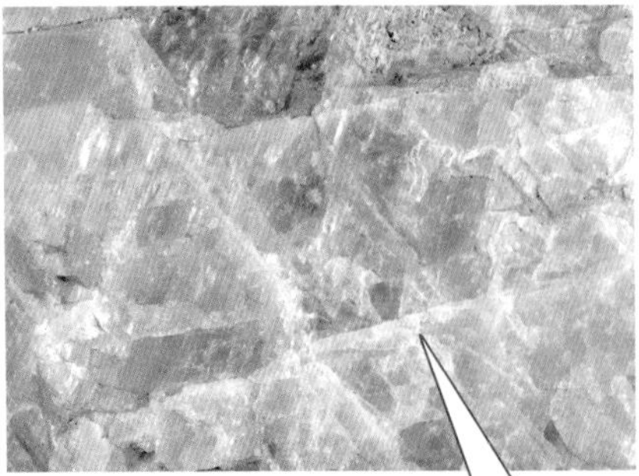

左右長：約50mm
産地：岐阜県関市平岩鉱山

熱水鉱脈の石英中に塊状をなす蛍石。色の変化があり、この劈開面上で他の方向の劈開による三角形の模様がよく現れている。

■蛍石

左右長：約30 mm
産地：大分県豊後大野市尾平鉱山

石英脈中に電気石などを伴って産した、淡いピンク色を帯びた八面体の劈開片。

アタカマ石（せき） *Atacamite*

■化学式：$Cu_2(OH)_3Cl$
■晶　系：直方晶系
■比　重：3.8

鑑定要素

劈開 一方向：日本では、わかるほど大きな結晶はほとんどない

光沢 ガラス、土状

硬度 3〜3½：土状のものは基本的に硬度が調べられない。軟らかく感じる

磁性 FM：無反応　RM：無反応

結晶面 わかるものはほとんどない：菱形、長方形の面など（チリ、アタカマ砂漠産のもの）

条線 あり：柱面の伸びの方向

色 緑色：ほぼ緑色の領域で、やや白色の方向にかけて

条痕色 淡緑色

■ 集合状態

土状、粒状、皮殻状、稀に針状、板状（{010}に扁平）の結晶形を示す。

■ 主な産状と共存鉱物

火山昇華物（黒銅鉱、パラアタカマ石など）（1-4）、酸化帯（孔雀石、針鉄鉱、パラアタカマ石、ボタラック石など）（4）。

■ その他

厳密には、よほど明瞭な結晶形が観察できない限り、以下の多形とは肉眼鑑定は不可能であるし、微細結晶粒の集合体では2種以上が混在していることもある。アタカマ石には、パラアタカマ石：paratacamite（三方）、ボタラック石：botallackite（単斜）、単斜アタカマ石：clinoatacamite（単斜）の多形が存在する。さらにやっかいなのが、ボタラック石の銅の半分をマンガンに置換された伊予石（iyoite）、パラアタカマ石の銅の半分をマグネシウムやニッケルで置換されたもの、パラアタカマ石とは異なるタイプの三方晶系で銅の4分の1をマンガンで置換された三崎石（misakiite）など、ほかにも似たものがある。日本でアタカマ石が産する酸化帯は、主に海岸近くに露出する銅鉱物が海水につかる場所で形成される。

■ アタカマ石

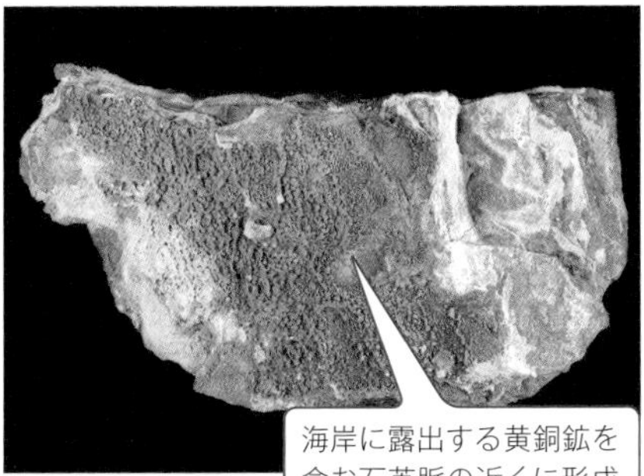

海岸に露出する黄銅鉱を含む石英脈の近くに形成された、アタカマ石などを含む皮殻状集合体。

左右長：約55mm
産地：和歌山県那智勝浦町大勝浦

■ アタカマ石

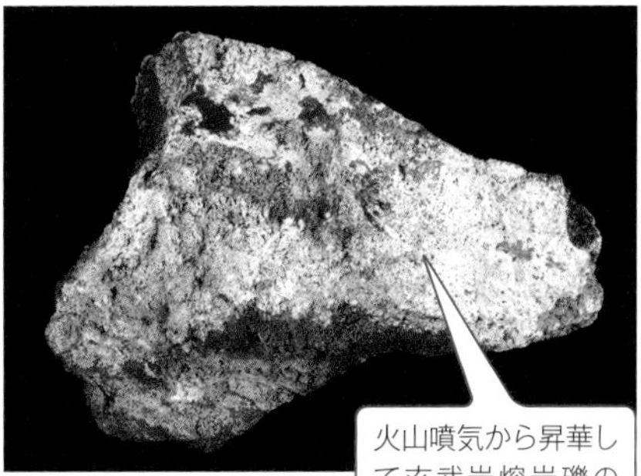

火山噴気から昇華して玄武岩熔岩礫の表面にできた、主にアタカマ石。

左右長：約60mm
産地：東京都大島町三原山

方解石（ほうかいせき） Calcite

- 化学式：$CaCO_3$
- 晶　系：三方晶系
- 比　重：2.7

鑑定要素

劈開	三方向
光沢	ガラス
硬度	3：モース硬度の標準
磁性	FM：無反応　RM：無反応
結晶面	菱形、三角形、六角形、五角形、台形の面など
条線	あり：例えば、犬牙状結晶の錐面上
色	無、白、灰、ピンク、淡青、淡黄褐色：白色から、紫色を除くほぼすべての方向にかけて
条痕色	白色

■ 集合状態

塊状、鍾乳状、皮殻状の集合、菱面体、犬牙状、六角柱状などの結晶形。

■ 主な産状と共存鉱物

カーボナタイト（炭酸塩火山岩）（燐灰石、磁鉄鉱、パイロクロア石、ペロブスキー石など）（1-1）、ペグマタイト（石英、カリ長石、白雲母など）（1-2）、熱水鉱脈（石英、苦灰石、黄鉄鉱、黄銅鉱、重晶石、石膏など）（1-3）、堆積岩（石灰岩、鍾乳石などとして）（2-1）、温泉沈殿物（霰石など）（2-2）、広域変成岩・スカルン（石英、苦灰石、珪灰石、灰礬石榴石、ベスブ石、透輝石、金雲母など）（3-2、3-1）、蛇紋岩（葉蛇紋石、苦灰石、霰石など）（3-3）。

■ その他

結晶形態の最も変化に富む鉱物で、産状も多岐にわたる。劈開と硬度、希塩酸で激しく発泡して分解する性質により、比較的区別しやすい。ただし、苦灰石、菱苦土石、霰石とは肉眼鑑定できる性質の差があまり大きくないので注意が必要。

■ 方解石

左右長：約55mm
産地：三重県熊野市紀州鉱山

熱水鉱脈中に産した鋲頭（びょうとう）状結晶群。3つの結晶面によって中央が尖っていて、三方晶系の特徴がよくわかる。

■ 方解石

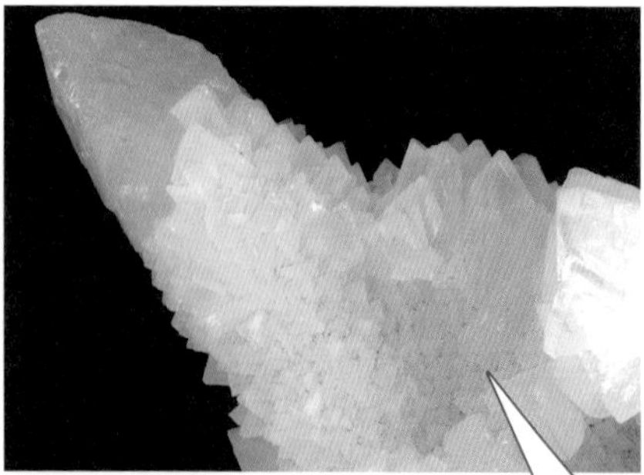

左右長：約50mm
産地：埼玉県飯能市吾野鉱山

石灰岩は微細な方解石から構成されているが、雨水で溶け空洞ができ、そこに再結晶することがある（多くは鍾乳洞）。粗い結晶でできた一種の鍾乳石。

■ 方解石（ビカリア化石）

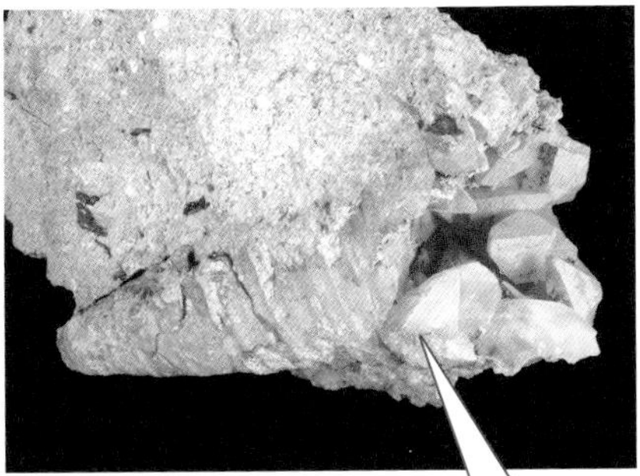

左右長：約50mm
産地：福井県福井市鮎川

化石は鉱物に置換されてその形態が保たれる。標本は、方解石に置換された新第三紀中新世のビカリアという巻貝。マングローブが発達する気水域に見られるウミニナの仲間である。

■ 方解石

左右長：約60mm
産地：岐阜県飛騨市
神岡鉱山

スカルン鉱床中には大量の方解石が伴われる。晶洞の中で六角柱状の結晶が見られる。底面が目立つので、六方晶系のように見えてしまう。

■ 方解石

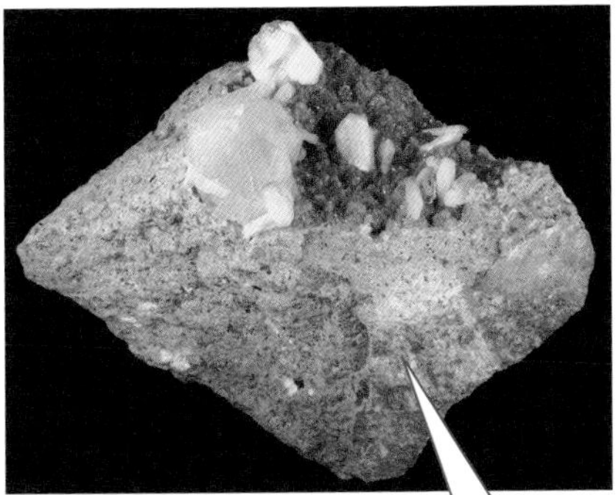

結晶の長さ：約20mm
産地：愛媛県久万高原町
槙野川

安山岩の空隙に束沸石などと産する淡黄褐色をした方解石の結晶。沸石と方解石の組合せはよく見られる。

■ 方解石

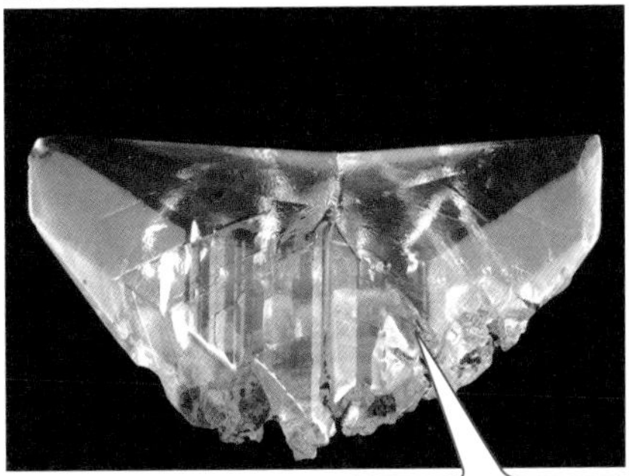

結晶の左右長：約35mm
産地：鹿児島県
いちき串木野市
串木野鉱山

熱水性銀鉱脈の空隙に見られる透明な方解石の接触双晶。

菱マンガン鉱 *Rhodochrosite*

■化学式：$MnCO_3$
■晶　系：三方晶系
■比　重：3.7

鑑定要素

劈開	三方向
光沢	ガラス
硬度	3½～4：ステンレス釘で傷がつけられる
磁性	FM：無反応　RM：明瞭に反応
結晶面	菱形、三角形、歪んだ四角形の面など
条線	あり。例えば、犬牙状結晶の錐面上
色	白、灰、ピンク、赤、淡褐色：白色から、ほぼ赤色の方向にかけて
条痕色	白色

■ 集合状態

塊状、鍾乳状、皮殻状の集合、菱面体、犬牙状などの結晶形。

■ 主な産状と共存鉱物

熱水鉱脈（石英、方解石、苦灰石、黄鉄鉱、閃マンガン鉱など）（1-3）、堆積岩（石英など）（2-2）、変成マンガン鉱床（石英、薔薇輝石、テフロ石、ハウスマン鉱、ブラウン鉱など）（3-1）。

■ その他

ピンク色の濃いものは薔薇輝石に似ているが、劈開や硬度の違いで区別できる。白～灰色のものは含マンガン方解石と区別しにくい。

■ 菱マンガン鉱

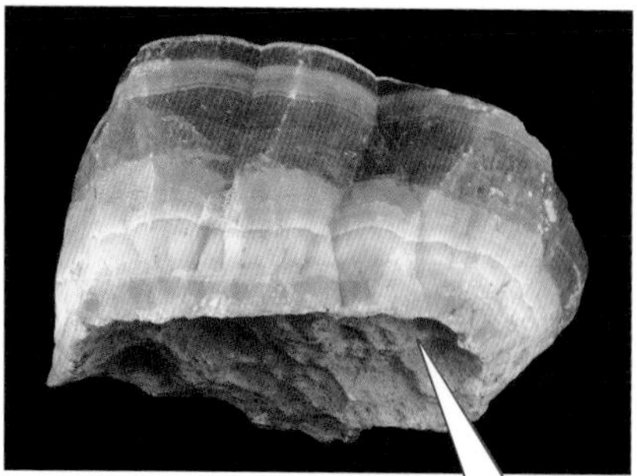

左右長：約185mm
産地：北海道余市町
　　　大江鉱山

熱水鉱脈中に産した厚い皮殻状の菱マンガン鉱。断面には年輪のような層状構造が見える。

■ 菱マンガン鉱

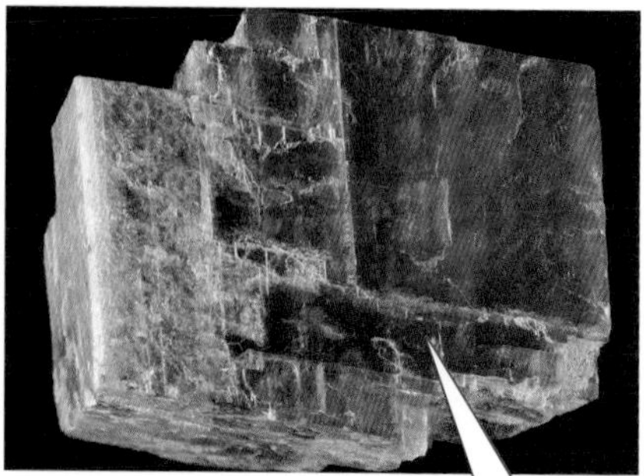

左右長：約40mm
産地：茨城県城里町
　　　高取鉱山

鉄重石や錫石を伴う熱水鉱脈中に産した菱形結晶の劈開片。結晶表面はやや汚れたような感じだが、内部は赤色透明で美しい。

霰石（あられいし） *Aragonite*

■化学式：$CaCO_3$
■晶　系：直方晶系
■比　重：2.9

鑑定要素

劈開 一方向

光沢 ガラス

硬度 3½～4：ステンレス釘で傷がつけられる

磁性 FM：無反応　RM：無反応

結晶面 四角形、三角形、六角形、台形の面など

条線 あり：柱面上でc軸に平行

色 無、白、灰、黄、青、ピンク、紫色：白色から、ほぼあらゆる色の方向にかけて

条痕色 白色

■ 集合状態

霰状、サンゴ状、鍾乳状、放射状の集合、扁平な六角柱状などの結晶形。双晶してほぼ完全な六角柱状にもなる。

■ 主な産状と共存鉱物

火山岩（主に玄武岩）中（セラドン石など）(1-1)、熱水作用（方解石、石膏など）(1-3)、沈殿物（方解石など）(2-2)、広域変成岩（鉄藍閃石、翡翠輝石、ローソン石など）(3-1)、蛇紋岩（アルチニ石、菱苦土石など）(3-3)。

■ 霰石

左右長：約50mm
産地：島根県大田市松代鉱山

粘土に被われて球～楕円球の霰石集合体が産する。集合体の表面には双晶による六角短柱状結晶が見られる。

■ その他

多形である方解石とは、劈開の様子が異なるのと、硬度がやや高い点で区別できるが、細かい結晶の集合体は区別が難しい。双晶による特徴的な六角柱状結晶（柱には凹みがある）は方解石では見られない。

■ 霰石

左右長：約25mm
産地：福島県飯舘村佐須

玄武岩中の放射状に集合した双晶による太い六角柱状結晶の一部。

白鉛鉱（はくえんこう） *Cerussite*

■化学式：$PbCO_3$
■晶　系：直方晶系
■比　重：6.6

鑑定要素

劈開	二方向
光沢	ガラス～ダイヤモンド、劈開面上で真珠
硬度	3～3½：10円硬貨と同じくらい
色	白色
条痕色	白色
磁性	FM：無反応　RM：無反応
結晶面	長方形、六角形、台形の面など
条線	あり

■ 集合状態

塊状、皮殻状の集合、針状、柱状、板状、複錐状などの結晶形。双晶も多く、擬六方晶系の形をとり、雪の結晶のように見えることもある。

■ 主な産状と共存鉱物

酸化帯（硫酸鉛鉱、孔雀石、青鉛鉱、珪孔雀石、針鉄鉱など）(4)。

■ その他

非常にポピュラーな二次鉱物。方鉛鉱を含む鉱床の酸化帯ではほぼどこでも見ることができ、擬六方の形態が特徴的である。同様の産状を持つ硫酸鉛鉱は希塩酸で発泡しないので区別できるが、両者が混じり合った塊状のものもある。

■白鉛鉱

左右長：約45mm
産地：秋田県鹿角市
尾去沢鉱山

鉄の酸化物に被われた鉱脈の隙間に群生する白鉛鉱。板状結晶が双晶し、擬六方の形態をとっているのがよくわかる。

■白鉛鉱

左右長：約40mm
産地：岐阜県飛騨市
神岡鉱山

孔雀石や青鉛鉱を伴っている薄板状結晶群。多くは双晶となっている。

苦灰石(くかいせき)(ドロマイト) *Dolomite*

- 化学式：$CaMg(CO_3)_2$
- 晶　系：三方晶系
- 比　重：2.9

鑑定要素

劈開	三方向	磁性	FM：無反応　RM：無反応
光沢	ガラス、真珠（劈開面上）	結晶面	菱形、三角形の面など
硬度	3½～4：ステンレス釘で傷がつけられる	条線	あり：柱面上で、c軸に直交

色 無、白、灰、黄、淡褐、淡緑、ピンク色：白色を基本とし、ほぼ赤から緑色の方向にかけて

条痕色 白色

集合状態

微細粒あるいは繊維状結晶の塊状集合、菱面体などの結晶形。菱面体結晶が重なり合って鞍のような集合体になることもある。

主な産状と共存鉱物

熱水作用（石英、方解石、重晶石など）(1-3)、石灰岩（方解石など）(2-2)、スカルン（方解石、菱鉄鉱、アンケル石、石英など）(3-2)、蛇紋岩（菱苦土石など）(3-3)。

■苦灰石

左右長：約15mm
産地：群馬県藤岡市鉡沢

中央構造線付近にある砂岩中に、断層運動に伴う熱水作用によって、多くの苦灰石やドーソン石の脈が形成されている。脈の空隙には緑色を帯びた苦灰石の結晶群が見られる。

その他

石灰岩の一部を構成する苦灰石は、単純な堆積（溶液からの沈殿）作用でできるのではなく、マグネシウムの交代作用によるものと考えられている。塊状のものは、方解石と肉眼での識別は難しい。粗粒で透明な結晶は、方解石より苦灰石の方が高屈折率なので輝きが強く見える。マグネシウムを鉄やマンガンが置換して、それぞれアンケル石（ankerite、$CaFe(CO_3)_2$）、クトナホラ石（kutnohorite、$CaMn(CO_3)_2$）と連続していく。どちらも劇的には色が変わらないので（やや褐色味が強いのはアンケル石で、ややピンク色味が強いのがクトナホラ石）、肉眼鑑定は困難。産出量は苦灰石が圧倒的に多い。

■苦灰石

左右長：約40mm
産地：新潟県新発田市飯豊鉱山

スカルン鉱床の一部には苦灰石の集合体が見られ、菱面体結晶の形をよく現している。

藍銅鉱（らんどうこう） *Azurite*

■化学式：$Cu_3(CO_3)_2(OH)_2$
■晶　系：単斜晶系
■比　重：3.8

鑑定要素

劈開	一方向
光沢	ガラス
硬度	3½～4：ステンレス釘で傷がつけられる
色	藍色：藍色の領域のみ
条痕色	青色
磁性	FM：無反応　RM：無反応
結晶面	長方形、細長い六角形や台形の面など
条線	あり

■ 集合状態

球状、ぶどう状、鍾乳状の集合、柱状、板状などの結晶形。

■ 主な産状と共存鉱物

酸化帯（石英、方解石、孔雀石、赤銅鉱、珪孔雀石、針鉄鉱など）(4)。

■ その他

ある程度の大きさになると、似たような産状を持つ青鉛鉱より青味が暗く（条痕色も濃い）、硬度も高いので区別できる。藍銅鉱の結晶表面、さらに内部までも孔雀石で置換されたものが知られている。顔料として昔から使用されてきたが、空気中に長年置かれると青味が減り緑味が増すのは、孔雀石化していくことによる。

■ 藍銅鉱

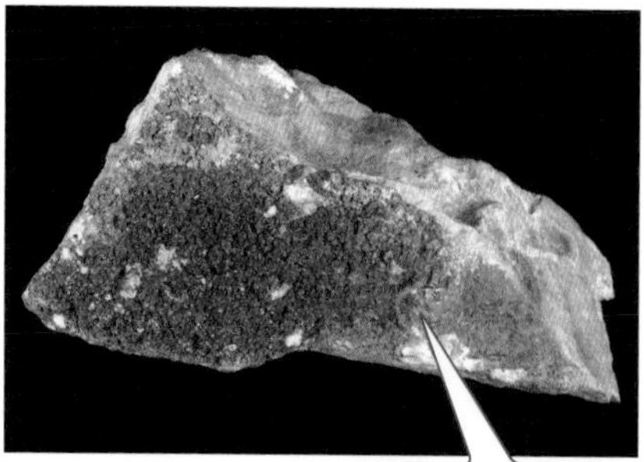

左右長：約55mm
産地：岡山県岡山市古都鉱山

鉱脈の母岩の割れ目に、微細な板状結晶が集合して球状の塊をつくり、それらが集合して皮殻状になっている。

■ 藍銅鉱

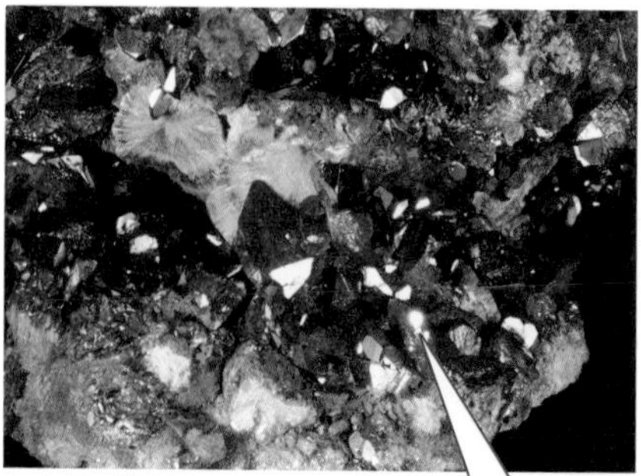

左右長：約50mm
産地：中国湖北省大冶

粗粒扁平な板状の結晶集合体。孔雀石を伴っている。

孔雀石（くじゃくいし） *Malachite*

- 化学式：$Cu_2(CO_3)(OH)_2$
- 晶　系：単斜晶系
- 比　重：4.0

鑑定要素

劈開	一方向
光沢	ダイヤモンド、絹糸、土状
硬度	3½～4：ステンレス釘で傷がつけられる
色	緑色：緑色の領域のみ
条痕色	淡緑色
磁性	FM：無反応　RM：無反応
結晶面	ほとんど観察できない。ごく稀に長方形、細長い台形の面など
条線	ほとんど観察できないが、柱面上で伸びの方向と平行な条線がある

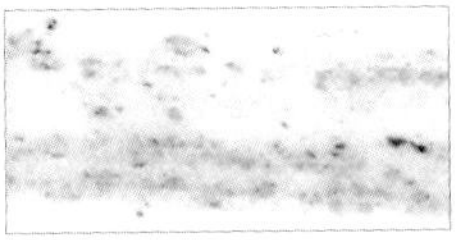

■ 集合状態

微細な繊維状～針状結晶が放射状などに集合して、塊状、皮殻状、樹枝状、ぶどう状、鍾乳状などの集合体をつくる。

■ 主な産状と共存鉱物

酸化帯（石英、方解石、藍銅鉱、赤銅鉱、珪孔雀石、白鉛鉱、針鉄鉱など）(4)。

■ その他

銅鉱床の酸化帯で最もポピュラーな二次鉱物。藍銅鉱の結晶表面だけでなく内部までも孔雀石で置換されたものが知られている。緑色顔料として昔から使用され、日本では**緑青**（ろくしょう）と呼ばれてきた。粒度の粗さの違いで緑色の濃淡が現れる。外観の似たブロシャン銅鉱などの含水銅硫酸塩鉱物とは、希塩酸で発泡することで区別できる。

■ 孔雀石

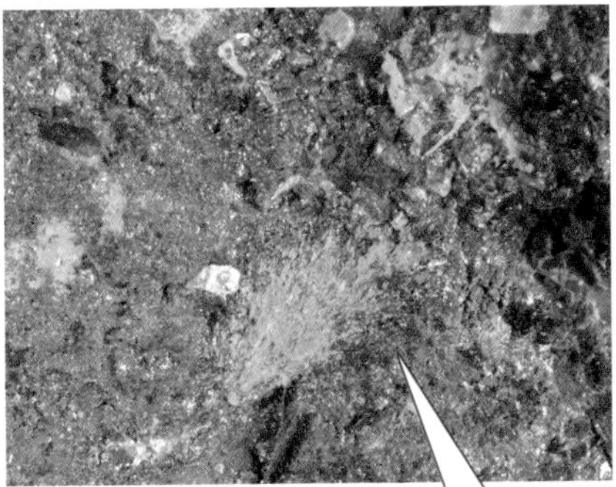

左右長：約35mm
産地：秋田県大仙市亀山盛鉱山

黄銅鉱が原鉱物の銅鉱床酸化帯では塊状の赤銅鉱がつくられ、その空隙に孔雀石の微細な繊維状結晶が集合していろいろな形の塊をつくっている。

■ 孔雀石

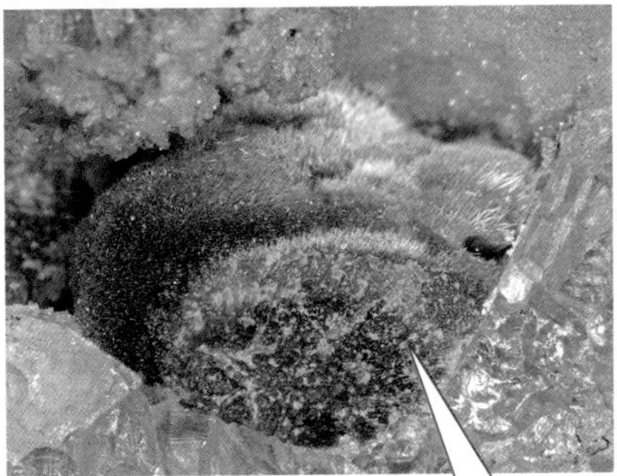

左右長：約20mm
産地：静岡県下田市河津鉱山

石英脈の空隙に微細な繊維状結晶が放射状集合体をつくっている。

重晶石（じゅうしょうせき） *Baryte (Barite)*

■化学式：$BaSO_4$
■晶　系：直方晶系
■比　重：4.5

鑑定要素

劈開	三方向	磁性	FM：無反応　RM：無反応
光沢	ガラス	結晶面	菱形、四角形、三角形、六角形、台形の面など
硬度	2½〜3½：ステンレス釘で傷がつけられる	条線	なし

色	無、白、灰、黄、淡褐、淡青、ピンク色：白色を基本とし、ほぼあらゆる色の方向にかけて
条痕色	白色

■集合状態

塊状、花弁状（砂漠の薔薇（ばら））、皮殻状（いわゆる北投石）、放射状の集合、菱形板〜厚板状、柱状などの結晶形。

■主な産状と共存鉱物

熱水鉱脈（石英、方解石、黄鉄鉱、閃亜鉛鉱、方鉛鉱など）(1-3)、黒鉱鉱床（閃亜鉛鉱、方鉛鉱、石膏など）(1-3)、堆積作用（方解石、苦灰石など）(2-2)、変成岩（石英、菱マンガン鉱、ブラウン鉱、方解石、ストロンチアン石など）(3-1、3-2、3-3)。

■その他

ある程度の大きな塊を持つと、見かけよりずっしりと重く感じるのでわかりやすい。熱水鉱脈の空隙には、菱形板状双晶がよく産出するが、脆くて傷もつきやすいので注意が必要。

■重晶石

左右長：約45mm
産地：北海道上ノ国町
勝山鉱山

鉱脈はほぼ重晶石でできていて、少量の方解石を伴っている。空隙には大きな菱形厚板状結晶が群生している。

■重晶石

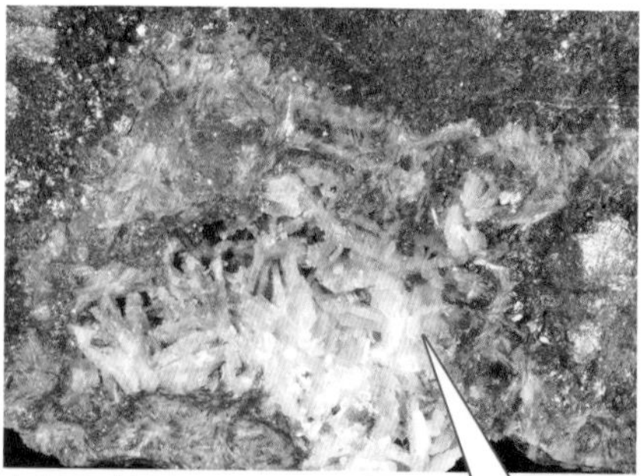

左右長：約60mm
産地：栃木県日光市
越路鉱山

主に閃亜鉛鉱からなる黒鉱。黄銅鉱、黄鉄鉱、方鉛鉱、重晶石を伴っている。空隙には板状の重晶石の結晶群が見られる。

天青石（てんせいせき） *Celestine*

- 化学式：$SrSO_4$
- 晶　系：直方晶系
- 比　重：4.0

鑑定要素

劈開 三方向

光沢 ガラス

硬度 3〜3½：ステンレス釘で傷がつけられる

磁性 FM：無反応　RM：無反応

結晶面 日本産のものでは明瞭な結晶面を示すものはないが、外国産のものでは長方形、台形、六角形、五角形の面など

条線 なし：繊維状集合体では、伸びの方向と平行に筋が見える

色 無、白、灰、淡青、淡緑、ピンク、淡褐色：白色を基本とし、ほぼあらゆる色の方向にかけて

条痕色 白色

■ 集合状態

塊状、繊維状、土状の集合、厚板状、柱状などの結晶形。

■ 主な産状と共存鉱物

火山岩の空隙（自然硫黄、霰石、石膏など）(1-1)、熱水鉱脈・黒鉱鉱床（方解石、石膏、黄鉄鉱、閃亜鉛鉱、方鉛鉱など）(1-3)、堆積岩・蒸発岩（方解石、苦灰石、ストロンチアン石、コールマン石など）(2-1、2-2)。

■ 天青石

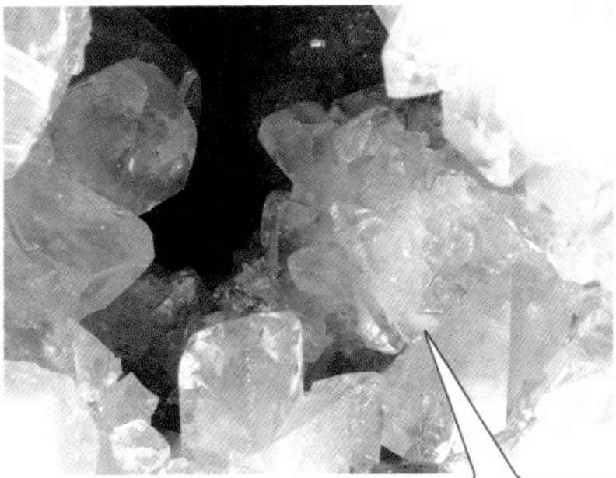

左右長：約100mm
産地：マダガスカル、マハジャンガ

マール（粘土鉱物を多く含む石灰質堆積物）中に大きなノジュールで産し、空隙には美しい淡青色結晶が群生する。

■ その他

日本では、繊維状石膏に伴う場合と、石灰岩の空隙や化石を置換して産出する場合が知られているが、いずれも小さく少量のみである。小さく無色から灰白色のものは重晶石と区別するのは難しい。重晶石と同じように、脆くて傷もつきやすいので注意が必要。

■ 天青石

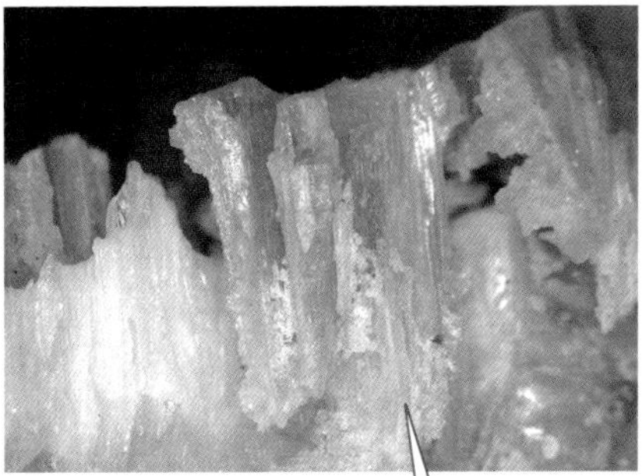

左右長：約25mm
産地：福島県郡山市
　　　安積石膏鉱山

黒鉱鉱床中の繊維石膏の塊の一部に見られる天青石。ストロンチウムを含む硬石膏の加水分解によって、「石膏＋天青石」の組合せが生じたと考えられる。石膏と形態など似ているが、淡い帯青灰色をしていることと石膏（純白）より硬度が高いことで区別できる。

硫酸鉛鉱（りゅうさんえんこう） *Anglesite*

■化学式：$PbSO_4$
■晶　系：直方晶系
■比　重：6.3

鑑定要素

劈開	三方向	磁性	FM：無反応　RM：無反応
光沢	ダイヤモンド〜樹脂、ガラス、土状	結晶面	菱形、八角形、六角形、台形の面など
硬度	2½〜3：10円硬貨で傷がつけられる	条線	なし
色	無、白、灰、黄、淡緑色：ほぼ白色の領域		
条痕色	白色		

■ 集合状態

微細な結晶の粒状、皮殻状、土状（方鉛鉱の仮晶）などの集合、厚板状、柱状などの結晶形。

■ 主な産状と共存鉱物

酸化帯（方鉛鉱、白鉛鉱、青鉛鉱など）(4)。

■ その他

粗い透明な結晶はダイヤモンド光沢が著しい。似た白鉛鉱は塩酸で発泡して溶ける。

■ 硫酸鉛鉱

左右長：約20mm
産地：秋田県鹿角市
尾去沢鉱山

酸化帯の褐鉄鉱の空隙に見られる厚板柱状の結晶。

■ 硫酸鉛鉱

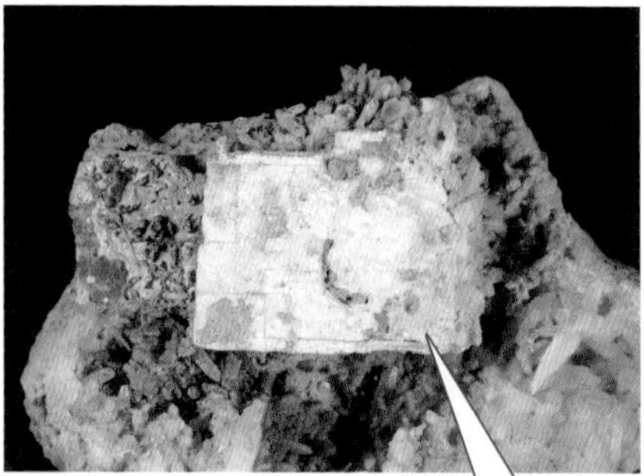

左右長：約25mm
産地：群馬県みなかみ町
小日向鉱山

鉱脈の空隙に産した方鉛鉱の結晶表面を置換した硫酸鉛鉱。結晶の芯には方鉛鉱が残っていることもある。

硬石膏 *Anhydrite*

■化学式：$CaSO_4$
■晶　系：直方晶系
■比　重：3.0

鑑定要素

劈開	三方向
光沢	ガラス
硬度	3½：ステンレス釘で傷がつけられる
磁性	FM：無反応　RM：無反応
結晶面	ごく稀に四角形、長方形の面などが見られることもある
条線	なし
色	無、白、灰、淡褐、淡青、ピンク色：白色を基本とし、ほぼあらゆる色の方向にかけて
条痕色	白色

■ 集合状態

塊状、繊維状、放射状の集合、板状、擬立方体などの結晶形。

■ 主な産状と共存鉱物

黒鉱鉱床（石膏、閃亜鉛鉱、方鉛鉱など）(1-3)、堆積作用（岩塩、石膏など）(2-2)。

■ その他

立方体〜直方体に割れる劈開が特徴。水が作用することで、**石膏**に変化する。

■ 硬石膏

左右長：約50mm
産地：福島県喜多方市与内畑鉱山

黒鉱鉱床タイプの石膏鉱山から産出した硬石膏の塊。三方向の劈開によって、直方体的な形がよく現れている。

■ 硬石膏

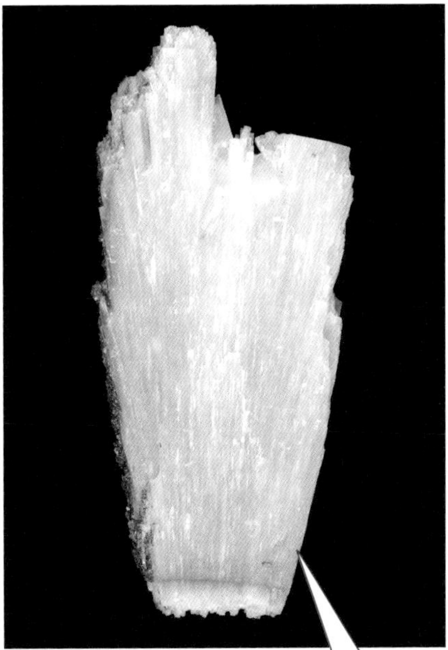

結晶の長さ：約50mm
産地：メキシコ、チワワ州ナイカ鉱山

熱水からの沈殿で形成された繊維状結晶の集合体。この産地は巨大な石膏の結晶群の産出で世界的に有名。

石膏（せっこう） *Gypsum*

■化学式：$CaSO_4 \cdot 2H_2O$
■晶　系：単斜晶系
■比　重：2.3

鑑定要素

劈開	一方向	磁性	FM：無反応　RM：無反応
光沢	ガラス、真珠（劈開面上）	結晶面	菱形、台形などの面
硬度	2：モース硬度の標準。爪で傷をつけられる	条線	あり：a軸に平行
色	無、白、灰色：ほぼ白色の領域		
条痕色	白色		

■ 集合状態

塊状（雪花石膏、アラバスター）、繊維状（繊維石膏）、花弁状（砂漠の薔薇）の集合、板状、柱状、針状などの結晶形。矢羽根型の双晶など。

■ 主な産状と共存鉱物

熱水鉱脈・黒鉱鉱床（硬石膏、方解石、閃亜鉛鉱、方鉛鉱など）、熱水変質岩（黄鉄鉱、粘土鉱物など）（1-3）、堆積作用（岩塩、硬石膏など）（2-2）、酸化帯（褐鉄鉱など）（4）。

■ 石膏

左右長：約40mm
産地：埼玉県秩父市
秩父鉱山

スカルン鉱床生成後の熱水作用によって形成された、板状～柱状結晶の集合体。

■ その他

硬石膏の加水分解によってできた石膏もあり、元の硬石膏にストロンチウムが含まれていると、石膏と天青石の組合せになる（例えば、福島県郡山市安積石膏鉱山）。透明な結晶は**透石膏（とうせっこう）（セレナイト）**とも呼ばれる。メキシコ、チワワ州ナイカ鉱山から産出された、長さ10 mを超える巨大柱状透石膏結晶が知られている。

■ 石膏

左右長：約20mm
産地：山梨県身延町夜子沢

熱水変質によって生成され、粘土中にほぼ完全な分離結晶として産する。

ブロシャン銅鉱（どうこう） *Brochantite*

- 化学式：$Cu_4(SO_4)(OH)_6$
- 晶　系：単斜晶系
- 比　重：4.0

鑑定要素

劈開	一方向
光沢	ガラス、真珠（劈開面上）
硬度	3½～4：ステンレス釘で傷をつけられる
色	緑色：ほぼ緑色の領域
条痕色	淡緑色

磁性	FM：無反応　RM：無反応
結晶面	明瞭にわかるほどの結晶面は稀。長く伸びた長方形に近い面が見られることもある
条線	なし

■ 集合状態

塊状、皮膜状の集合、針状、板柱状などの結晶形。双晶もよくできる（直方晶系のように見える）とされているが、はっきりわかるほどの大きさの結晶が日本で見つかることは稀である。

■ 主な産状と共存鉱物

酸化帯（孔雀石、藍銅鉱、青鉛鉱、黒銅鉱、褐鉄鉱など）(4)。

■ その他

似た鉱物は多く、肉眼鑑定はかなり難しい。比重と硬度がほぼ同じの孔雀石とは、孔雀石が塩酸により発泡することで区別が容易である。化学組成が近く外観も酷似したアントラー石（antlerite、$Cu_3(SO_4)(OH)_4$）とは識別が困難。また、ポスンジャク石（posnjakite、$Cu_4(SO_4)(OH)_6 \cdot H_2O$）、ラング石（langite、$Cu_4(SO_4)(OH)_6 \cdot 2H_2O$）、ラング石の多形であるローウォルフェ石（wroewolfeite）の3種も、ブロシャン銅鉱より青味があるものの識別は困難。

■ ブロシャン銅鉱

左右長：約20mm
産地：静岡県下田市
　　　河津鉱山

石英脈の空隙にブロシャン銅鉱の針状～板長柱状の結晶群が放射状に集合している。原鉱物はすぐ近くにない。

■ ブロシャン銅鉱

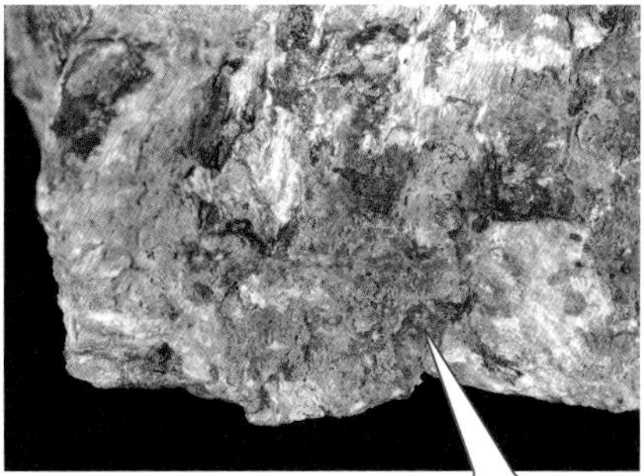

左右長：約25mm
産地：愛知県新城市
　　　中宇利鉱山

蛇紋岩中の主にデュルレ鉱が分解してできた皮膜状のブロシャン銅鉱。黒色の黒銅鉱を伴っている。

青鉛鉱（せいえんこう） *Linarite*

- 化学式：$PbCu(SO_4)(OH)_2$
- 晶　系：単斜晶系
- 比　重：5.3

鑑定要素

劈開　一方向

光沢　ガラス～亜ダイヤモンド。真珠（劈開面上）

硬度　2½：方解石で傷をつけられる

色　青色：ほぼ青色の領域

条痕色　かなり淡い青色

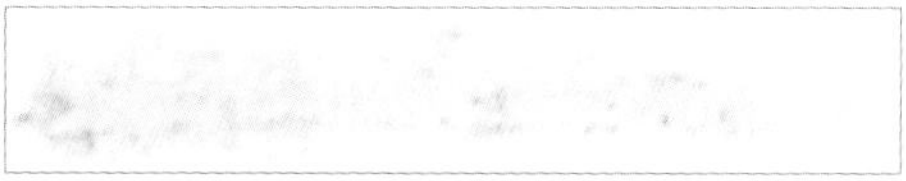

磁性　FM：無反応　RM：無反応

結晶面　長く伸びた長方形、台形、六角形などの面

条線　あり：柱の伸びの方向に平行

■ 集合状態

粒状、皮膜状の集合、針状、柱状、板柱状などの結晶形。

■ 主な産状と共存鉱物

酸化帯（ブロシャン銅鉱、異極鉱、白鉛鉱、硫酸鉛鉱、褐鉄鉱など）(4)。

■ その他

藍銅鉱より明るい青色をしているが、粗い結晶ではその差ははっきりしないので、条痕色の濃淡、硬度の違いで判断する。また、塩酸をかけることにより、発泡する藍銅鉱と区別することもできる。見かけがよく似ている宗像石（むなかたせき）(munakataite、$Pb_2Cu_2(SO_4)(SeO_3)(OH)_4$、福岡県宗像市河東鉱山が原産地）とは化学組成のチェックが必要であるが、今のところ宗像石はかなり稀な鉱物である。

■ 青鉛鉱

結晶の長さ：約8mm
産地：秋田県大仙市
日三市鉱山

酸化帯の空隙で異極鉱の上に成長した柱状の結晶。

■ 青鉛鉱

左右長：約35mm
産地：栃木県日光市
銀山平鉱山

鉱石の割れ目の褐鉄鉱の上に白鉛鉱を伴って産する微細な板状結晶の集合体。

明礬石（みょうばんせき） *Alunite*

- 化学式：$(K,Na)Al_3(SO_4)_2(OH)_6$
- 晶　系：三方晶系
- 比　重：2.6〜2.9

鑑定要素

劈開	一方向
光沢	ガラス、土状、真珠（劈開面上）
硬度	3½〜4：ステンレス釘で傷をつけられる。土状のものはもっと軟らかく感じる
磁性	FM：無反応　RM：無反応
結晶面	三あるいは六角形、台形、四角形などの面
条線	なし
色	無、白、淡黄、淡ピンク、淡青色：白を中心に、わずかに赤、黄、青色に向かう
条痕色	白色

集合状態

土状、塊状の集合、稀に六角板状、擬立方体などの結晶形。

主な産状と共存鉱物

熱水・噴気作用（石英、カオリン石、葉蠟石、自然硫黄、黄鉄鉱など）（1-3、1-4）。

その他

カリウムとナトリウムは置換し合い、K>Naを明礬石、K<Naをソーダ明礬石（natroalunite）と定義する。しかし、実際に肉眼で両者を区別することは不可能であり、産地によっては両者が混在（1つの結晶内での累帯構造も多い）していることもよくある。ソーダ明礬石も含め、広い意味で明礬石とするのが現実的である。

■明礬石

左右長：約70mm
産地：兵庫県丹波市山南町岡本

いわゆる蠟石鉱床から産する明礬石は、緻密な塊状（淡ピンク色）で産することが多い。白色部は石英や葉蠟石など。

■ソーダ明礬石

左右長：約20mm
産地：静岡県西伊豆町宇久須

かつて明礬石を採掘していた鉱山付近の変質した火山岩中に、石英と明礬石が細脈を構成している。空隙には六角板状結晶の集合体が見られる。化学分析の結果はソーダ明礬石に相当する。

鉄明礬石（てつみょうばんせき） *Jarosite*

■化学式：$KFe^{3+}_3(SO_4)_2(OH)_6$
■晶　系：三方晶系
■比　重：3.2

鑑定要素

劈開　一方向

光沢　ガラス～亜ダイヤモンド、土状

硬度　3～3½：ステンレス釘で傷をつけられる。土状のものはもっと軟らかく感じる

色　黄褐～赤橙色：赤～黄色の領域

条痕色　淡黄褐色

磁性　FM：無反応　RM：無反応

結晶面　ほとんど見ることはないが、三角形、四角形、六角形などの面

条線　なし

■ 集合状態

土状、皮殻状、球顆状（きゅうかじょう）の集合、稀に板状、八面体、擬立方体などの結晶形。

■ 主な産状と共存鉱物

熱水作用（石英、黄鉄鉱など）(1-3)、堆積作用（褐鉄鉱、燐鉄鉱など）(2-2)、酸化帯（黄鉄鉱、褐鉄鉱など）(4)。

■ その他

土状の場合、褐鉄鉱より明るい黄褐色をしているが、粗い結晶は透明で赤橙色を呈する。カリウムをナトリウムで置換したソーダ鉄明礬石もあるが、肉眼での区別はできない。

■ 鉄明礬石

左右長：約12mm
産地：静岡県下田市 河津鉱山

石英脈の空隙に褐鉄鉱などを伴って産する細長い八面体の結晶群。

■ 鉄明礬石

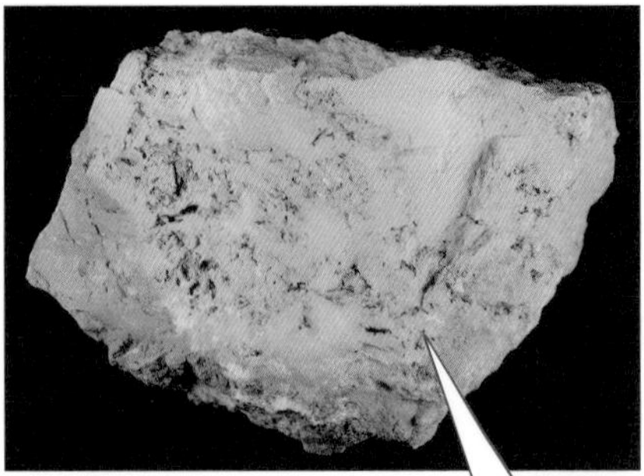

左右長：約55mm
産地：群馬県中之条町 群馬鉄山

火山湖に沈殿した土状の鉄明礬石。より褐色味の強い褐鉄鉱を伴う。

モナズ石(セリウムモナズ石)
Monazite-(Ce)

■化学式：(Ce,La,Nd,Sm)PO_4
■晶　系：単斜晶系
■比　重：5.1

鑑定要素

劈開 一方向

光沢 ガラス～脂肪

硬度 5：工具鋼で傷をつけられる

磁性 FM：無反応　RM：弱く反応（希土類元素が主成分の鉱物全般）

結晶面 長方形、六角形、五角形などの面

条線 稀にあり

色 黄褐、褐、赤褐、緑灰色：やや黒色側に入った黄～橙色の領域が主だが、他の色を帯びることもある

条痕色 淡黄色

■ 集合状態

微細～粗粒の自形結晶を示す。錐面のある扁平な六角柱状～板状などの結晶形。いろいろな双晶にもなる。

■ 主な産状と共存鉱物

火成岩（特に花崗岩）の副成分鉱物（共存鉱物は以下のペグマタイト中のものとほぼ同じ）（1-1）、ペグマタイト（石英、カリ長石、黒雲母、鉄電気石、ジルコンなど）（1-2）、変成岩（石英、鉄礬石榴石、黒雲母、燐灰石など）（3-1、3-2）。

■ モナズ石

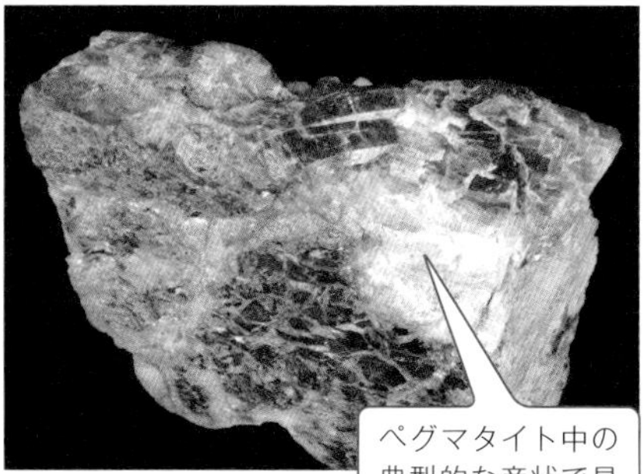

左右長：約85mm
産地：福島県石川町塩沢

ペグマタイト中の典型的な産状で見られるモナズ石。接する石英は煙～黒色、カリ長石は赤褐色になっていることが多い。

■ その他

一般的にはセリウムが一番卓越するセリウムモナズ石が最もふつうに産出するので、これを単に**モナズ石**と呼ぶことが多い。セリウム以外では、ランタン、ネオジム、サマリウムの卓越する種類が知られている。日本では、ランタンモナズ石以外の産出が報告されている。しかし、肉眼鑑定ではこれらの区別はできない。モナズ石の結晶形を残したまま土状になっている場合は、水分子が加わったラブドフェンの仲間（rhabdophane、(Y,Ce,La,Nd)$PO_4 \cdot H_2O$）に変化している。大抵、トリウムやウランを含むため、微弱な放射性があり、年代測定に使われることもある。

■ モナズ石

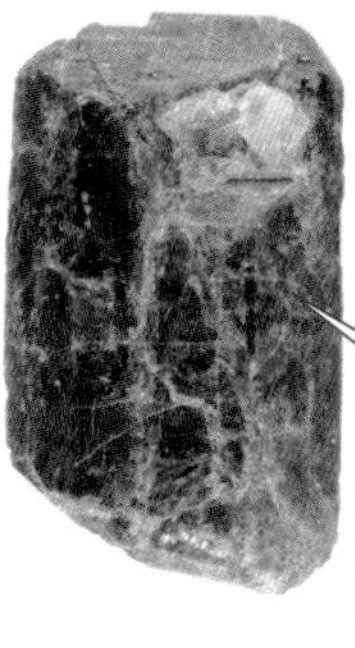

結晶の長さ：約8mm
産地：福島県石川町和久

ペグマタイト中の石英塊から分離された錐面を持つ、扁平な六角柱状の結晶。

藍鉄鉱（らんてっこう） *Vivianite*

- 化学式：$Fe^{2+}_3(PO_4)_2 \cdot 8H_2O$
- 晶　系：単斜晶系
- 比　重：2.7

鑑定要素

劈開	一方向	磁性	FM：無反応　RM：微弱な反応
光沢	ガラス、土状。真珠（劈開面上）	結晶面	菱形、長方形、六角形などの面
硬度	1½〜2：爪で傷をつけられる	条線	あり：{010}に平行
色	無（新鮮時）、すぐに青、緑青色に変化（鉄の酸化）：白色、のちに青から緑色の領域		
条痕色	白色、すぐに淡青色		

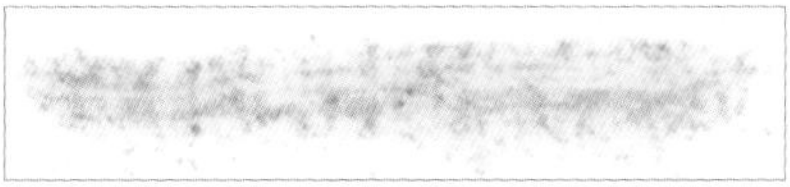

集合状態

土状、球顆状、皮膜状の集合、板状、柱状などの結晶形。

主な産状と共存鉱物

ペグマタイト（石英、白雲母、トリフィル石など）（1-2）、熱水鉱脈（石英、方解石、黄銅鉱、ラドラム鉄鉱など）（1-3）、堆積作用（菱鉄鉱、褐鉄鉱、泥炭、粘土、化石など）（2-2）。

■ 藍鉄鉱

チャート角礫層の空隙に生成された結晶群。少量の菱鉄鉱を伴う。カッターナイフの先端のようなシャープな結晶形。

左右長：約30mm
産地：愛知県犬山市入鹿

その他

日本では、堆積岩や未固結の堆積物中に産する例が多い。第四紀粘土層中には、球顆状のものが多く、内部は板状結晶が放射状に集合している。葉、貝殻、象の牙などの化石を置換したものもある。結晶形がよくわかるものは少ないが、石膏に似た板柱状結晶（カッターナイフの先端のような形）が特徴的である。空気中ですぐに酸化が始まり、色の変化とともに三斜晶系のメタ藍鉄鉱となり、最後には非晶質のサンタバーバラ石に変質することもある。

■ 藍鉄鉱

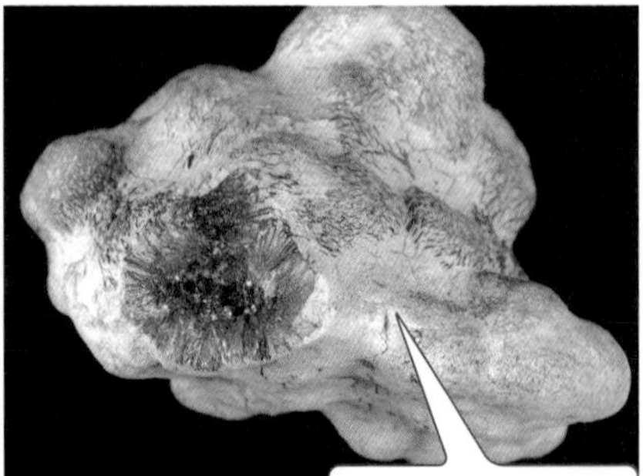

第四紀の粘土層中に見られる、奇妙な形をした藍鉄鉱からなる球顆。内部には板柱状〜葉片状結晶が放射状に集合している。

左右長：約45mm
産地：奈良県奈良市登美ヶ丘

スコロド石（せき） *Scorodite*

■化学式：$Fe^{3+}(AsO_4)\cdot 2H_2O$
■晶　系：直方晶系
■比　重：3.3

鑑定要素

劈開	なし
光沢	光沢：ガラス～亜ダイヤモンド
硬度	3½～4：ステンレス釘で傷をつけられる
磁性	FM：無反応　RM：明瞭な反応
結晶面	三角形、台形、四角形、六角形などの面
条線	なし
色	無、淡灰緑色：白色からわずかに緑色に向かう領域
条痕色	白色

■ 集合状態

土状、皮膜状、鍾乳状の集合、やや細長く伸びた八面体、複錐と柱面からなる亀の甲羅のような結晶形など。

■ 主な産状と共存鉱物

酸化帯（石英、硫砒鉄鉱、砒鉄鉱、毒鉄鉱、褐鉄鉱など）(4)。

■ その他

ほとんど、硫砒鉄鉱や砒鉄鉱の酸化分解によって形成され、土状のものはこれといって特徴がない。結晶粒が見えるものでは、光沢がよく、結晶形に特徴があるので、肉眼鑑定は容易である。

■スコロド石

左右長：約15mm
産地：岐阜県恵那市遠ヶ根鉱山

酸化した硫砒鉄鉱を含む鉱脈の空隙に、鉄重石の結晶の上を被う微細なスコロド石結晶群。やや細長い八面体の結晶形がよくわかる。

■スコロド石

左右長：約40mm
産地：大分県佐伯市木浦鉱山

酸化した硫砒鉄鉱や砒鉄鉱からなる鉱石の一部に、褐鉄鉱の上を被って産する。三角形などの結晶面がよく輝いているのがわかる。

しゃかいどうこう

斜開銅鉱 *Clinoclase*

- 化学式：$Cu_3(AsO_4)(OH)_3$
- 晶　系：単斜晶系
- 比　重：4.4

鑑定要素

劈開	一方向	磁性	FM：無反応　RM：無反応
光沢	ガラス～亜ダイヤモンド、劈開面上で真珠	結晶面	結晶は稀だが、細長い六角形、細長い台形などの面
硬度	2½～3：10円硬貨で傷をつけられる	条線	なし

色　緑黒～緑青色：緑色からわずかに青色の領域で、黒色方向に向かう

条痕色　帯緑青色

■ 集合状態

土状、皮膜状、ぶどう状の集合、板状～板柱状の結晶形など。

■ 主な産状と共存鉱物

酸化帯（オリーブ銅鉱、コニカルコ石、イットリウムアガード石、褐鉄鉱など）(4)。

■ その他

硫砒鉄鉱や砒鉄鉱を伴う黄銅鉱の酸化分解によって形成され、厚い皮膜状、ぶどう状のものの断面を見ると板柱状結晶の亜平行～放射状の集合体となっている。独特の青味や強い輝きで肉眼鑑定は容易である。

■ 斜開銅鉱

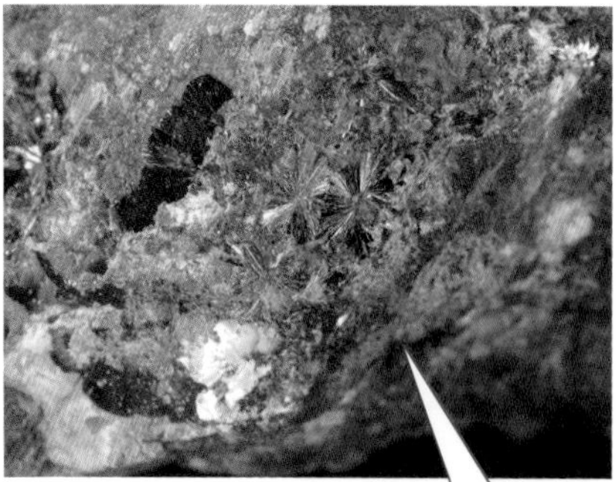

左右長：約45mm
産地：山口県美祢市
　　　大和鉱山

酸化帯の空隙に皮膜状で産し、皮膜の表面は帯緑青黒色をしている。皮膜が割れたところでは、青味が強く光沢のある針状結晶が放射状に集合しているのがわかる。

■ 斜開銅鉱

左右長：約115mm
産地：栃木県塩谷町
　　　日光鉱山

薄い皮膜状で産するものは、黒味が減り、青色が鮮やかになる。

燐灰石（りんかいせき） *Apatite*

- 化学式：$Ca_5(PO_4)_3(F,Cl,OH)$
- 晶　系：六方晶系
- 比　重：3.1～3.2

鑑定要素

劈開	なし：割れ口は貝殻状ないしでこぼこ
光沢	ガラス
硬度	5：モース硬度の標準。工具鋼で傷をつけられる
磁性	FM：無反応　RM：無反応
結晶面	六角形、三角形、長方形、台形などの面
条線	なし
色	無、白、緑、青、紫、黄、ピンク色：白色から緑色の領域が主だが、他の色を帯びることもある
条痕色	白色

■ 集合状態

塊状、鍾乳状、球顆状、土状の集合、単純な六角柱状～厚板状、錐面を持つ六角柱状などの結晶形。

■ 主な産状と共存鉱物

非常に広い産状を持つ。火成岩の副成分鉱物（共存鉱物は岩石種によって異なる）(1-1)、ペグマタイト（石英、カリ長石、白雲母、鉄電気石など）(1-2)、熱水鉱脈（石英、緑泥石、黄鉄鉱、黄銅鉱など）(1-3)、堆積岩・堆積物（方解石、石英など）(2-2)、広域変成岩（鉄礬石榴石、黒雲母、滑石、緑泥石など）(3-1)、スカルン（方解石、金雲母、透輝石、磁鉄鉱など）(3-2)。

■ その他

一般的にはフッ素が一番卓越するフッ素燐灰石（fluorapatite）が最もふつうに産出する。しかし、肉眼鑑定では塩素燐灰石（chlorapatite）と水酸燐灰石（hydroxylapatite）の区別はできないし、結晶によっては外側と内側でフッ素、塩素、水酸基の量が変化することもある。1つの結晶に2つあるいは3つの名前がついてしまうことある。したがって、化学分析（あるいは屈折率測定）をしない限りは、燐灰石としておくのが妥当である。結晶形が見えれば鑑定は容易だが、無色～淡緑色の場合には緑柱石に似ている。硬度測定か、紫外線を照射して蛍光を出すかどうか（燐灰石でも蛍光がほとんど見られないこともある）でチェックする。

■ フッ素燐灰石

左右長：約35mm
産地：栃木県日光市猪倉

黄鉄鉱を含む粘土中から分離された六角板状結晶。

■燐灰石

主に磁鉄鉱、透輝石、方解石からなるスカルン中に、錐面を持つ六角柱状の結晶として産する。化学分析の結果、外側の薄い部分はフッ素燐灰石、内側の大部分は塩素燐灰石に相当する。両者とも水酸基もけっこう含んでいるが、これが卓越することはなかった。

左右長：約45mm
産地：埼玉県秩父市中津川

■フッ素燐灰石

結晶の高さ：約50mm
産地：モロッコ

錐面のない単純な六角柱状結晶。

■フッ素燐灰石

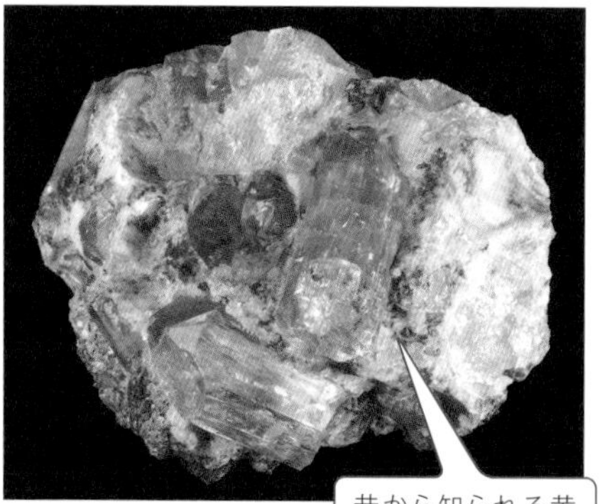

下の結晶の長さ：約45mm
産地：メキシコ、
ドゥランゴ州

昔から知られる黄色透明な結晶。磁鉄鉱の鉱床に伴って産する。

■フッ素燐灰石

左右長：約55mm
産地：栃木県日光市
足尾鉱山

日本ではよく知られるほぼ無色透明な六角厚板状〜短柱状の結晶群。

■フッ素燐灰石

左右長：約60 mm
産地：ブラジル、
ミナスジェライス州

燐灰石にも鮮やかな青色をするものがある。

緑鉛鉱（りょくえんこう） *Pyromorphite*

■化学式：$Pb_5(PO_4)_3Cl$
■晶　系：六方晶系
■比　重：7.0

鑑定要素

劈開	なし：割れ口はでこぼこないし亜貝殻状	磁性	FM：無反応　RM：無反応
光沢	樹脂～亜ダイヤモンド	結晶面	六角形、三角形、長方形、台形などの面
硬度	3½：ステンレス釘で傷をつけられる	条線	なし
色	無、白、草緑、淡褐、黄、橙黄色：緑～橙色の領域から白色に向かう		
条痕色	白色		

■集合状態

皮殻状の集合もあるが、比較的自形の結晶が多く、単純な六角柱状、錐面を持つ六角柱状などの結晶形。

■主な産状と共存鉱物

酸化帯（石英、硫酸鉛鉱、白鉛鉱、褐鉄鉱など）(4)。

■その他

明るい草緑色の結晶は他の鉱物と間違えることはないが、黄色味の強いものはミメット鉱（mimetite、$Pb_5(AsO_4)_3Cl$）と、淡褐色系のものは褐鉛鉱（vanadinite、$Pb_5(VO_4)_3Cl$）と区別が難しい。いずれも燐灰石の仲間で、基本的な外形はよく似ている。

■緑鉛鉱

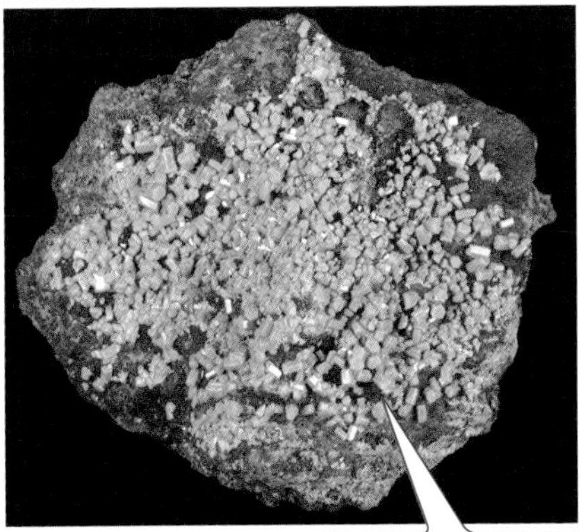

左右長：約55mm
産地：岐阜県飛騨市
神岡町二十五山

方鉛鉱を含む鉱床の酸化帯で褐鉄鉱化した母岩の割れ目に、単純な六角柱状結晶の集合体として産する。

■緑鉛鉱

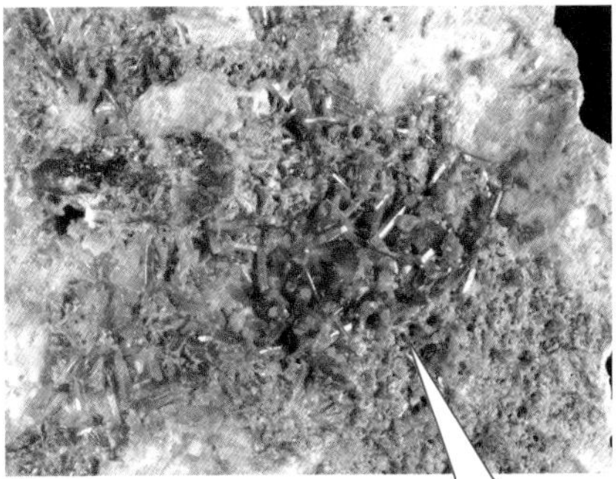

左右長：約35mm
産地：石川県小松市
尾小屋町金平

酸化帯の石英脈の空隙に淡褐色系の柱状結晶が生成されている。

てつじゅうせき
鉄重石 *Ferberite*

■化学式：$FeWO_4$
■晶　系：単斜晶系
■比　重：7.6～7.4

鑑定要素

劈開	一方向	磁性	FM：無反応　RM：明瞭に反応
光沢	亜金属～ダイヤモンド	結晶面	長方形、ゆがんだ六角形などの面
硬度	4～4½：ステンレス釘で傷をつけられる	条線	あり：主に柱面上で、c軸に平行
色	黒褐色：黒色を主とし、やや橙色の領域に向かう		
条痕色	褐色		

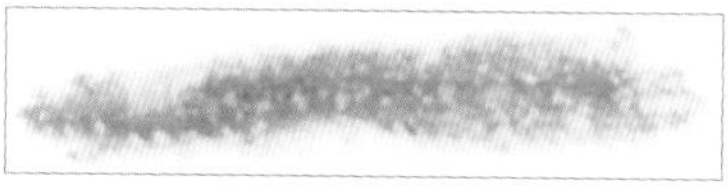

■ 集合状態

塊状の集合、ほぼ単純な直方体の板～厚板状、c軸方向に尖った板状などの結晶形。

■ 主な産状と共存鉱物

熱水鉱脈（石英、錫石、灰重石、蛍石、トパズ、紅柱石、硫砒鉄鉱、黄鉄鉱など）(1-3)。

■ その他

鉄をマンガンで置換したマンガン重石(hübnerite)とは化学組成が連続する。昔は中間的で組成幅を広くとった鉄マンガン重石（wolframite）の名前が使われ、ほとんどがこれに該当した。しかし、再定義により、組成の50%で2種に分類したため、中間組成に近いものはどちらに入るか肉眼ではわからなくなった。ただ、マンガン重石の端成分に近いものはやや透明感があり赤味が強いので肉眼でも区別できる。灰重石の結晶を鉄重石が置換したものがあり、**ライン鉱**（reinite）の俗称を持つ（山梨県乙女鉱山から産したものは有名）。

■ 鉄重石

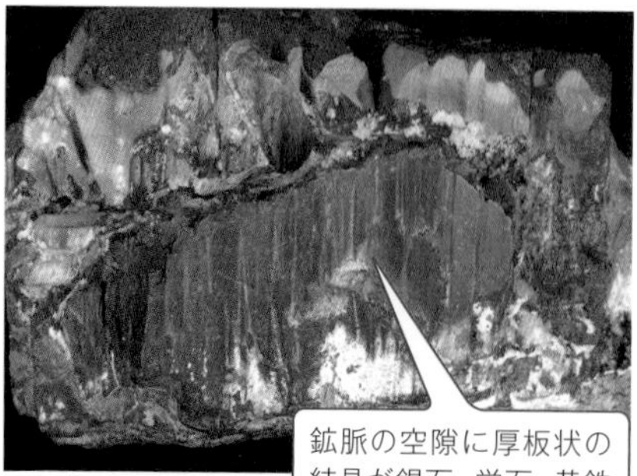

左右長：約55mm
産地：茨城県城里町
高取鉱山

鉱脈の空隙に厚板状の結晶が錫石、蛍石、黄鉄鉱などを伴って産する。かつての鉄マンガン重石。マンガン重石になるものもある。

■ 鉄重石

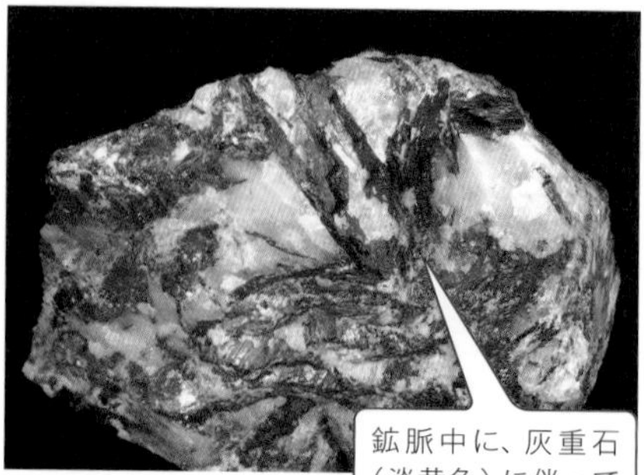

左右長：約55mm
産地：京都府京丹波町
鐘打鉱山

鉱脈中に、灰重石（淡黄色）に伴って産する。ほぼ無色のところは石英。

灰重石 *Scheelite*

■化学式：$CaWO_4$
■晶　系：正方晶系
■比　重：6.1

鑑定要素

劈開	四方向	磁性	FM：無反応　RM：無反応
光沢	ガラス～ダイヤモンド	結晶面	三角形、台形、長方形などの面
硬度	4½～5：工具鋼で傷をつけられる	条線	なし
色	無、白、黄、淡褐、淡橙色：白色を主とし、黄～橙色の領域に向かう		
条痕色	白色		

■ 集合状態

塊状、粒状の集合、細長い八面体、擬正八面体、底面を持つ八面体などの結晶形。

■ 主な産状と共存鉱物

熱水鉱脈（石英、鉄重石、錫石、鉄電気石、硫砒鉄鉱など）(1-3)、スカルン（石英、方解石、灰鉄輝石、灰鉄-灰礬石榴石、ベスブ石、緑簾石など）(3-2)。

■ その他

紫外線（短波長）で強烈な青白い蛍光を発するのが特徴。タングステンをモリブデンで置換した灰水鉛石（powellite）は黄色の蛍光を発する。しかし、灰重石も黄色味がある蛍光を出すこともあるので、蛍光色だけで区別はできない。

■ 灰重石

左右長：約25mm
産地：兵庫県養父市明延鉱山

石英脈の空隙に擬正八面体の結晶が産する。

■ 灰重石

左右長：約35mm
産地：福島県鮫川村発地岡

スカルン中の灰礬石榴石に伴って産する。無色～白色の結晶なので、結晶形がないと石英と混同してしまうこともある。

■ 灰重石

左右長：約45mm
産地：京都府亀岡市
大谷鉱山

灰重石と白雲母を含む鉱脈の空隙に小さな結晶群が見られる。

■ 灰重石（蛍光）

左の標本に暗室で紫外線を照射してみると、灰重石は青白く蛍光する。

■ 灰重石

灰重石の結晶の長さ：約35mm
産地：山梨県山梨市
乙女鉱山

乙女鉱山は水晶だけでなく、タングステン鉱石でも有名である。

■ 鉄重石

結晶の長さ：約105mm
産地：山梨県山梨市
乙女鉱山

灰重石の結晶外形を残したまま鉄重石になっていることもある。昔はライン鉱という名前で呼ばれたこともある。

苦土オリーブ石 *Forsterite*

■化学式：$(Mg, Fe^{2+})_2SiO_4$
■晶　系：直方晶系
■比　重：3.2～3.8

鑑定要素

劈開	なし：一方向に見られることもある。割れ口は貝殻状
光沢	ガラス
硬度	6½～7：石英とほぼ同じくらい
磁性	FM：無反応　RM：ほぼ無反応
結晶面	四角形、台形などの面
条線	なし
色	白、黄～緑色：緑～黄色の領域から白色に向かう
条痕色	白色（鉄の多いものはわずかに灰色）

■ 集合状態

粒状、塊状の集合、柱の先端に傾斜する面を持つ直方体の短柱状などの結晶形。

■ 主な産状と共存鉱物

超苦鉄質～苦鉄質火成岩（頑火輝石、透輝石、普通輝石、スピネル、灰長石など）（1-1）、変成岩（苦灰石、方解石、スピネルなど）（3-1、3-2）。

■苦土オリーブ石

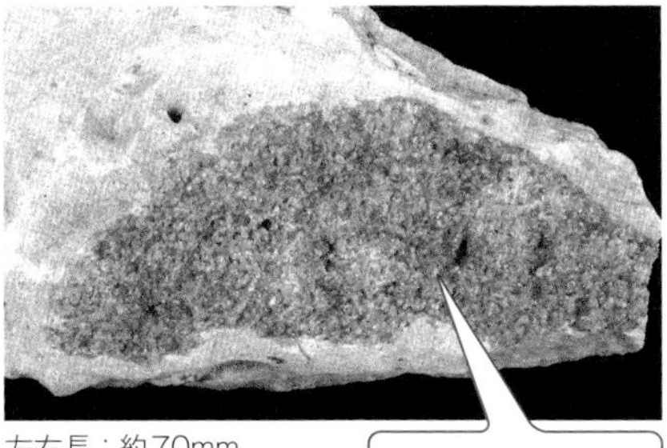

左右長：約70mm
産地：佐賀県唐津市高島

アルカリ玄武岩のマグマが上昇するときに、マントル上部のペリドット岩を捕獲してきたもの。

■ その他

マグネシウムを鉄で置換した鉄オリーブ石（fayalite）とは化学組成が連続する。この固溶体をオリーブ石（オリビン）（olivine）（オリーブの実の色に由来）という。昔はこれを細分し、6種類の名前で呼んいたが（特に古い岩石学の文献には出てくる）、現在では$Mg>Fe$と$Mg<Fe$の2つに分類するだけで、化学組成を示すときには、$Fo_{80}Fa_{20}$（苦土オリーブ石成分が80%、鉄オリーブ石成分が20%）のようにする。通常、産するのは$Fo_{95}Fa_{5}$～$Fo_{70}Fa_{30}$が多い。変成岩（特にドロマイトスカルン）中のものは、端成分に近く白色をしているが、火成岩中のものは黄緑色系である。硬度と色が識別のポイントであろう。なお、英名のforsteriteは英国人の鉱物コレクターであるA. J. Forster（フォースター）に由来するが、ドイツ語風発音のカタカナ書き「フォルステライト」をいまだに使う研究者も多い。苦土オリーブ石の宝石名は「ペリドット」（peridot）で、苦土オリーブ石を主成分とする深成岩の総称は**ペリドット岩**（**橄欖岩**）（peridotite）と呼ばれる。マントル遷移層（上部マントルと下部マントルの境界）では高密度のワズレー石に転移する。

■苦土オリーブ石

左右長：約2mm
産地：東京都三宅村三宅島

玄武岩の斑晶として形成されたもの。岩石の風化によって苦土オリーブ石が分離された。海岸の砂として見られるので、波の浸食で結晶が摩滅している。

■苦土オリーブ石

結晶の長さ：約45mm
産地：アフガニスタン

近年よく市場で見られる、変成岩中から分離された大きな結晶。

■苦土オリーブ石

左右長：約85mm
産地：北海道様似町幌満

超苦鉄質岩の一種であるレールズ岩の主成分として産する苦土オリーブ石で、淡いオリーブ色をした部分。含クロム透輝石（濃緑色）、含クロムスピネル（黒色）なども含まれる。

■鉄オリーブ石

結晶の長さ：約6mm
産地：鹿児島県垂水市海潟

鉄オリーブ石は、流紋岩などケイ酸に富む火山岩石中に産することが多い。

鉄礬石榴石（てつばんざくろいし） *Almandine*

- 化学式：$Fe^{2+}_3Al_2(SiO_4)_3$
- 晶　系：立方晶系
- 比　重：3.9～4.2

鑑定要素

劈開	なし：割れ口は貝殻状	磁性	FM：弱く反応　RM：強く反応
光沢	ガラス	結晶面	菱形、変形した四角形などの面
硬度	7～7½：トパズで傷をつけられる	条線	あり：菱形面の辺に平行な条線などが見られることがある

色　赤、赤褐、橙赤、紫赤、褐、黒色：赤色を中心に、わずかに橙色と紫色側が入る領域で、やや黒色側に向かう

条痕色　白～淡黄色

集合状態

粗粒状結晶の集合体。石英などを取り除くと結晶面が現れることがあり、十二面体や二十四面体を主とする結晶が多い。

主な産状と共存鉱物

火成岩・ペグマタイト（石英、白雲母、カリ長石、斜長石など）(1-1)、堆積物（磁鉄鉱、自然金など）(2-1)、変成岩（石英、黒雲母、普通角閃石、チタン鉄鉱、石墨など）(3-1)。

■ 鉄礬石榴石

花崗岩ペグマタイト中、白雲母に囲まれて産するやや透明感のある偏菱（へんりょう）二十四面体の結晶。

左右長：約35mm
産地：茨城県桜川市山尾

その他

鉄をマグネシウムで置換した苦礬石榴石(pyrope)、マンガンで置換した満礬石榴石(spessartine)とは化学組成が連続する。これらの固溶体を**パイラルスパイト**(pyralspite)という。苦礬石榴石成分に富むものは高圧変成岩やキンバーライトなど地球深部起原の深成岩中に、満礬石榴石成分に富むものは変成マンガン鉱床や一部のペグマタイトや流紋岩などに産出する。以上の3種はだいたい産状や色で区別することができる。

■ 鉄礬石榴石

花崗岩ペグマタイト中、石英、カリ長石に囲まれて産する偏菱二十四面体の結晶。

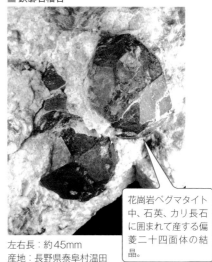

左右長：約45mm
産地：長野県泰阜村温田

満礬石榴石（まんばんざくろいし） *Spessartine*

■化学式：$Mn^{2+}_3Al_2(SiO_4)_3$
■晶　系：立方晶系
■比　重：3.9〜4.2

鑑定要素

劈開 なし：割れ口は貝殻状

光沢 ガラス

硬度 7〜7½：トパズで傷をつけられる

磁性 FM：無反応　RM：明瞭に反応

結晶面 菱形、変形した四角形などの面

条線 あり：菱形面の辺に平行な条線などが見られることがある

色 黄、橙、赤、ピンク、赤褐、褐色：橙色を中心に、赤色と黄色側が入る領域で、濃淡がある

条痕色 白色

■ 集合状態

細粒結晶の塊状、粗粒状結晶の集合体。十二面体や二十四面体を主とする結晶が多い。

■ 主な産状と共存鉱物

火成岩・ペグマタイト（石英など）（1-1）、変成岩（石英、薔薇輝石、菱マンガン鉱など）（3-1、3-2）。

■ その他

端成分に近い満礬石榴石は橙色（小さな粒の集まりは黄色）だが、苦礬石榴石成分に富むものはピンク色味が、鉄礬石榴石成分に富むものは赤味が増す。日本では変成マンガン鉱床中から産することが多い。

■ 満礬石榴石

左右長：約35mm
産地：長野県長和町和田峠

流紋岩の空隙に産する褐色味が強い満礬石榴石。風化した岩石から分離した結晶が露頭付近の川の礫中に堆積していることでも知られる。

■ 満礬石榴石

左右長：約40mm
産地：三重県伊賀市山田鉱山

変成マンガン鉱床中の石英に伴う結晶群。

灰鉄石榴石（かいてつざくろいし） *Andradite*

■化学式：$Ca_3Fe^{3+}_2(SiO_4)_3$
■晶　系：立方晶系
■比　重：3.8〜3.9

鑑定要素

劈開	なし：破面は不規則〜亜貝殻状	磁性	FM：弱く反応　RM：明瞭に反応
光沢	ガラス	結晶面	菱形、伸びた六角形など
硬度	6½〜7：石英とほぼ同じくらい	条線	菱形面の辺に平行な条線などが見られることがある

色　黄〜琥珀色、赤褐色、黄緑〜緑色：紫〜青の領域以外のほとんどの色がある

条痕色　わずかに黄色味を帯びた白色

■ 集合状態

粗粒状結晶の集合体。集合体が空隙（方解石が充填していることがある）に面している場合は、結晶面が現れる。十二面体を主とする結晶が多い。

■ 主な産状と共存鉱物

スカルン・スカルン鉱床（磁鉄鉱、方解石、ベスブ石、鉄斧石、珪灰鉄鉱、緑簾石、灰鉄輝石、緑閃石、石英、カリ長石など）(3-2)。

■ その他

Fe^{3+}とAlが置換し合い、灰礬石榴石と固溶体をなす。肉眼ではその境界を区別できない。RMでほぼ無反応なら灰礬石榴石、磁鉄鉱と共生するなら灰鉄石榴石と考えられる。

■ 灰鉄石榴石

左右長：約35mm
産地：岩手県遠野市釜石鉱山佐比内

磁鉄鉱に富む鉱石の一部に方解石を伴って十二面体面を主として、二十四面体面も伴う結晶群が産する。

■ 灰鉄石榴石

左右長：約30 mm
産地：群馬県南牧村三ッ岩岳

変成を受けた玄武岩質熔岩・凝灰岩の空隙に淡紫色の水晶などと産する。

灰礬石榴石 (かいばんざくろいし) *Grossular*

■化学式：$Ca_3Al_2(SiO_4)_3$
■晶　系：立方晶系
■比　重：3.4～3.8

鑑定要素

劈開 なし：割れ口は貝殻状

光沢 ガラス

硬度 6½～7：石英とほぼ同じくらい

色 無、白、黄、緑、橙、赤、赤褐、褐色：赤色から緑色までかなりの領域があり、濃淡もある

条痕色 白色

磁性 FM：無反応
RM：無反応～微弱な反応（鉄の含有量による）

結晶面 菱形、変形した四角形などの面

条線 あり：菱形面の辺に平行な条線などが見られることがある

■ 集合状態

細粒結晶の塊状、粗粒状結晶の集合体。十二面体や二十四面体を主とする結晶が多い。

■ 主な産状と共存鉱物

蛇紋岩・ロディン岩（蛇紋石、透輝石、ぶどう石、ベスブ石など）(3-1)、スカルン（石英、方解石、苦灰石、珪灰石、ベスブ石など）(3-2)。

■ その他

端成分に近い灰礬石榴石は無色から白色だが、鉄などを含むことで、ほぼあらゆる色になる。橙色のヘッソナイトは満礬石榴石に似ているが、産状で区別できる。カルシウムを鉄で置換した灰鉄石榴石とは連続的な固溶体をつくるので、中間的な組成のものは肉眼では区別できない。RMでほぼ無反応から微弱な反応なら灰礬石榴石に、はっきりした反応なら灰鉄石榴石にしておくのがよい。

■ 灰礬石榴石

左右長：約30mm
産地：埼玉県秩父市石灰沢

方解石と珪灰石を伴うスカルン中の、色の比較的薄い灰礬石榴石結晶群。

■ 灰礬石榴石

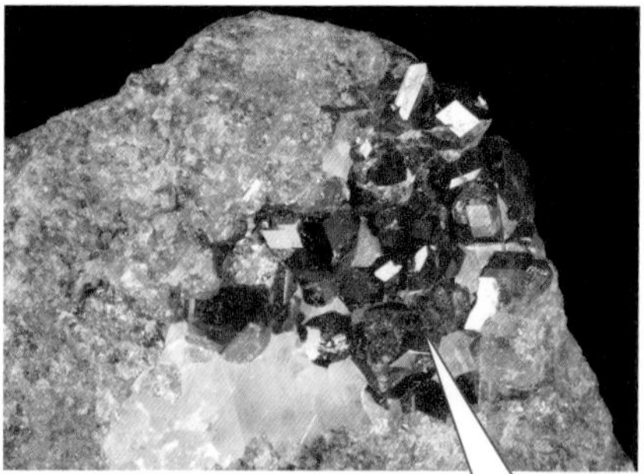

左右長：約35mm
産地：福島県古殿町戸倉内

スカルン中の灰礬石榴石の集合塊。方解石が埋めた空隙では、方解石をうまく剝がすと結晶面が現れる。

ジルコン *Zircon*

■化学式：$ZrSiO_4$
■晶　系：正方晶系
■比　重：4.7~4.0
（メタミクト化すると次第に比重が小さくなる）

鑑定要素

劈開 ほとんどなし：割れ口は貝殻状

光沢 ダイヤモンド~脂肪

硬度 7½~6：メタミクト化すると次第に硬度は低下する

磁性 FM：無反応　RM：無反応

結晶面 三角形、四角形、五角形、六角形などの面

条線 なし

色 無、黄、橙、赤褐、緑、ピンク、青、褐黒色：紫色を除くほぼあらゆる領域で、白、黒側への濃淡がある

条痕色 白色

■集合状態

粒状、柱面がほとんどない正方複錐形（ピラミッドを上下に合わせたような形）から、柱面が顕著な細長い正方複錐形、多くの結晶面よりなる球体に近い結晶形など。

■主な産状と共存鉱物

ほぼあらゆる火成岩（特に閃長岩や花崗岩中）（石英、曹長石、カリ長石、黒雲母、普通角閃石など）(1-1)、ペグマタイト（石英、カリ長石、黒雲母、ゼノタイムなど）(1-2)、堆積物（特に**ジルコン・サンド**と呼ばれるもの）（磁鉄鉱、石榴石、自然金など）(2-1)、変成岩（翡翠輝石、曹長石、カリ長石、黒雲母、透輝石など）(3-1、3-2)。

■その他

ウランやトリウムを多く含むものはメタミクト化されやすく、比重や硬度が低下し、ダイヤモンド光沢から脂肪光沢へと輝きがにぶくなって、最終的には非晶質となる。宝石分野では、新鮮なジルコンをhigh type、中間的なものをintermediate type、メタミクト化が進んだものをlow typeと呼んで区別している。ウランの放射壊変を利用して年代測定に利用される。

世界最古の年代を示すジルコンは西オーストラリアのジャック・ヒルズで発見され、約44億年前と測定されている。紫外線で発光するジルコンが多く、例えば、日本の翡翠輝石岩中に産するものは短波長紫外線で黄色の蛍光を示す。

■ジルコン

左右長：約13mm
産地：ノルウェー

閃長岩ペグマタイト中に産した大きな分離結晶。

■ ジルコン

左右長：約35mm
産地：京都府京丹後市大呂

日本の花崗岩ペグマタイト中のジルコンはメタミクト化していることが多い。中心を占めるのは、ジルコンの出す放射線で分解しつつあるカリ長石。

■ ジルコン

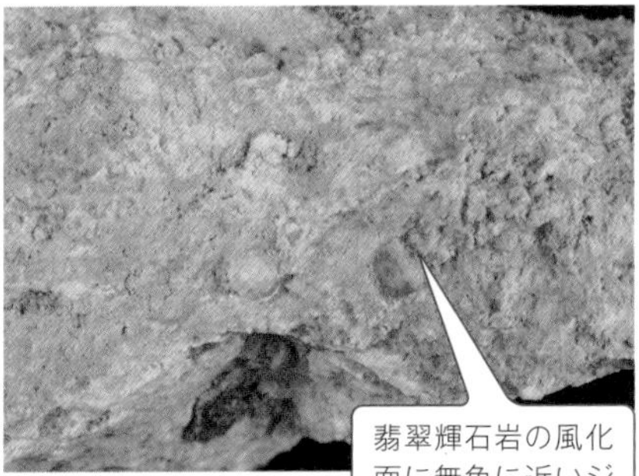

左右長：約30mm
産地：岡山県新見市大佐

翡翠輝石岩の風化面に無色に近いジルコンの結晶が見られる（写真のほぼ中央部に2個）。

■ ジルコン（蛍光）

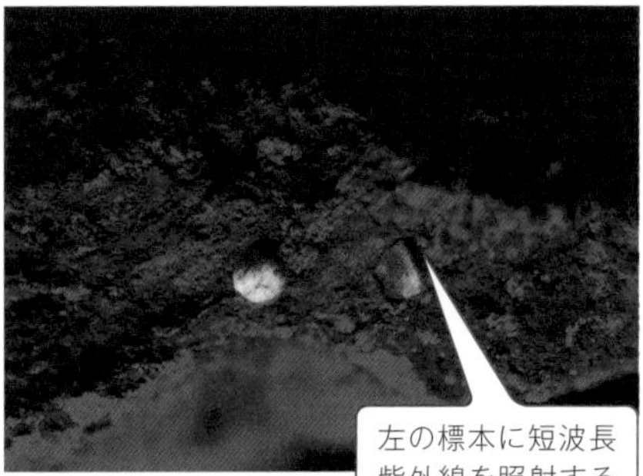

左の標本に短波長紫外線を照射すると、ジルコンは鮮やかな黄色の蛍光を発する。

■ ジルコン

左右長：約18mm
産地：茨城県かすみがうら市雪入

リン酸塩鉱物を多く産した花崗岩ペグマタイト中に見られる結晶。斜方十二面体の石榴石に近い結晶形になっている。

■ ジルコン

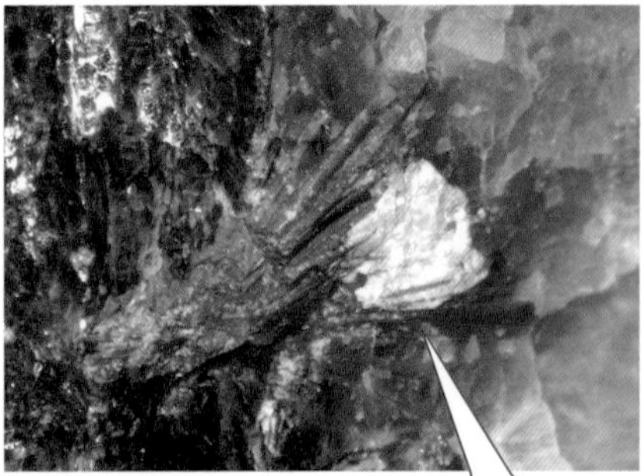

左右長：約20mm
産地：福島県郡山市愛宕山

花崗岩ペグマタイト中に見られる長柱状結晶で、トリウム、ウランを含んでいる。

珪線石 *Sillimanite*

けいせんせき

■化学式：Al_2SiO_5
■晶　系：直方晶系
■比　重：3.3

鑑定要素

劈開 一方向

光沢 ガラス、絹糸

硬度 6½〜7½：石英とほぼ同じ

色 無、白、黄、淡緑、淡紫、淡青色：基本的に白色で、黄〜紫色の領域に少し伸びる

条痕色 白色

磁性 FM：無反応　RM：無反応

結晶面 ほとんど見ることはないが、長方形の柱面など

条線 柱面上に柱と平行：大きな結晶以外はわからない。劈開による筋状の線と誤認することもある

■ 集合状態

繊維状から針状の結晶が集合、稀に四角板柱状〜柱状結晶。

■ 主な産状と共存鉱物

広域変成岩・接触変成岩・火成岩中の熱変成した泥質岩（白雲母、黒雲母、カリ長石、鉄菫青石、鉄礬石榴石、コランダム、スピネルなど）（3-1、3-2）。

■ その他

日本では繊維状結晶集合体が多く、片麻岩あるいはその中のペグマタイト的な脈や塊中でこのようなものを見たら、珪線石の可能性が高い。しかし、白雲母に置換されている場合もある。Alに富み、Siがやや乏しい泥質起原の高温変成岩中によく見られる。紅柱石、藍晶石とは多形関係にあり、珪線石は、相対的に高温領域で安定（『図説 鉱物の博物学』336ページを参照）。

■ 珪線石

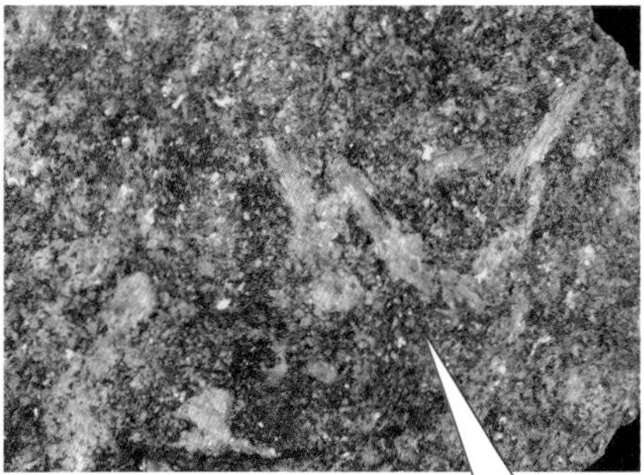

左右長：約65mm
産地：愛知県設楽町
添沢温泉付近

領家片麻岩中に柱状結晶の形態をする珪線石。一部は白雲母に置換されている。

■ 珪線石

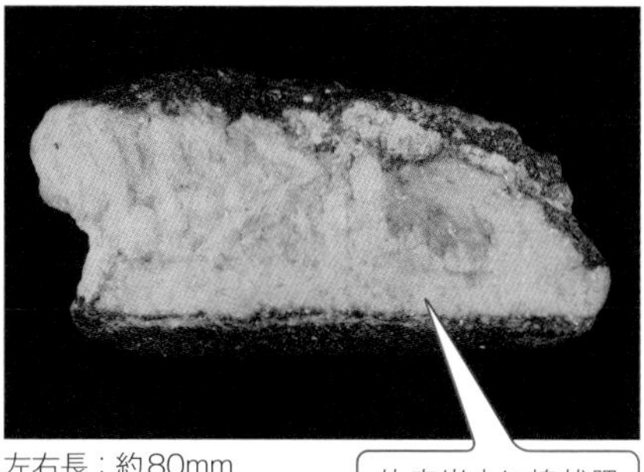

左右長：約80mm
産地：奈良県生駒市辻
ドンデン山

片麻岩中に塊状肥大部があり、そこに繊維状珪線石結晶が集まっている。

紅柱石（こうちゅうせき） *Andalusite*

- 化学式：Al_2SiO_5
- 晶系：直方晶系
- 比重：3.1

鑑定要素

劈開	二方向	磁性	FM：無反応　RM：無反応
光沢	ガラス	結晶面	菱形、長方形、台形、三角形、六角形などの面
硬度	6½〜7½：石英とほぼ同じ	条線	柱面上に柱と平行

色　無、灰、紅褐、ピンク、紫、黄、青、緑色：ほぼあらゆる領域で、白、黒側への濃淡がある

条痕色　白色

■ 集合状態

粒状、塊状の集合、断面がほぼ正方形の柱状結晶で、それらが平行状あるいは先細り状に集合する。

■ 主な産状と共存鉱物

ペグマタイト（石英、白雲母、カリ長石、コランダムなど）(1-2)、変質岩（葉蠟石、コランダム、カオリン石など）(1-3)、変成岩（石英、黒雲母、白雲母、菫青石、曹長石、カリ長石など）(3-1、3-2)。

■ 紅柱石

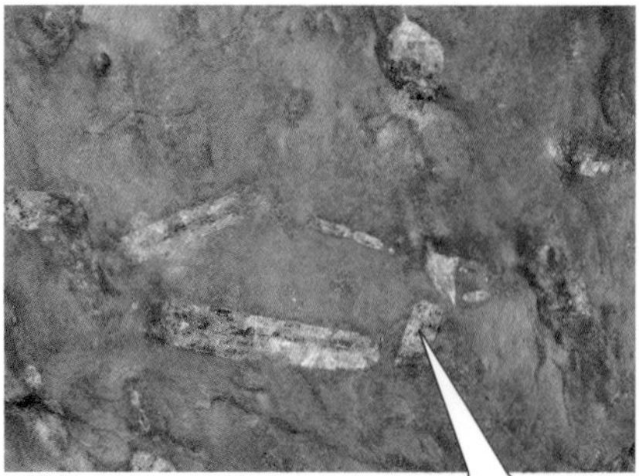

左右長：約115mm
産地：岩手県住田町奥新切

アルミニウムに富む泥質の原岩から、変成作用でできた含紅柱石ホルンフェルス。結晶の中心部には、有機物から変わった石墨が筋状に含まれている。

■ その他

石墨の包有物があるものは**空晶石**（くうしょうせき）と呼ばれ、断面には十字形が現れることもある。Mn^{3+}を含むものは緑色となり、カノナ石（kanonaite、$Mn^{3+}_2SiO_5$）と化学組成が連続する。珪線石、藍晶石とは多形関係にあり、紅柱石は、相対的に低温低圧領域で安定（『図説 鉱物の博物学』336ページを参照）。

■ 紅柱石

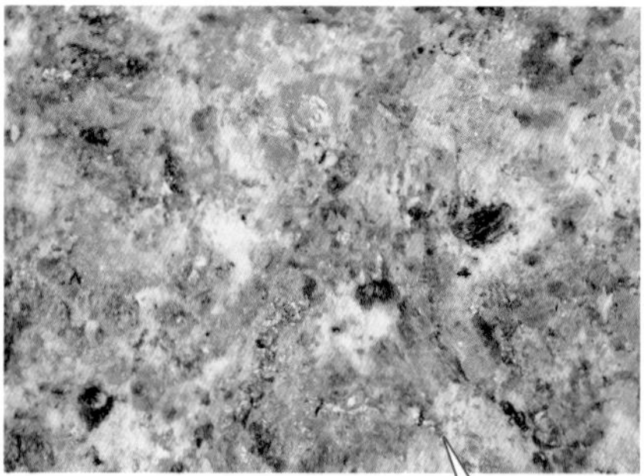

左右長：約50mm
産地：栃木県鹿沼市板荷鉱山

花崗岩が高温の熱水鉱脈で貫かれ、その周辺が変質している（いわゆる**グライゼン**と呼ばれる）。鉱脈中には鉄重石などが見られ、変質部では紅柱石が小さな結晶の集合体として産し、石英、白雲母、トパズ、黄鉄鉱などを伴っている。短波長紫外線で、淡い黄色の蛍光を発する。

藍晶石 (らんしょうせき) *Kyanite*

■化学式：Al_2SiO_5
■晶　系：三斜晶系
■比　重：3.7

鑑定要素

劈開	三方向	磁性	FM：無反応　RM：無反応
光沢	ガラス	結晶面	やや傾いた長方形などの面
硬度	4~7½：結晶面（または劈開面）の違いと傷をつける方向で大きく変化（第Ⅱ章、図Ⅱ.37を参照）	条線	柱面上に柱と平行および直交
色	無、灰、青、緑色：青~緑色の領域で、白側へ向かう		
条痕色	白色		

■ 集合状態

刃状~板柱状結晶が単独、あるいは束状、放射状に集合。

■ 主な産状と共存鉱物

広域変成岩（石英、白雲母、ソーダ雲母、十字石、灰簾石など）(3-1)。

■ その他

青色は少量含まれるFe^{2+}、Fe^{3+}、Ti^{4+}の電荷移動により、緑色はCr^{3+}の含有による。結晶内で色の濃淡があることが多い。珪線石、紅柱石とは多形関係にあり、藍晶石は、相対的に低温高圧領域で安定（『図説 鉱物の博物学』336ページを参照）。

■ 藍晶石

左右長：約50mm
産地：ブラジル、ミナスジェライス州

変成岩を切る石英脈中には大きな結晶群が産する。

■ 藍晶石

左右長：約185mm
産地：愛媛県新居浜市
鹿森ダム上流

三波川帯の結晶片岩中に見つかった、日本では稀な青色が鮮やかな柱状結晶。非常に限られた薄層（アルミニウムに富んでいた部分）中に産する。写真の標本は、この薄層に沿って割られたもの。

トパズ（トパーズ）（黄玉）
Topaz

■化学式：$Al_2SiO_4(F,OH)_2$
■晶　系：直方晶系
■比　重：3.4~3.6

鑑定要素

劈開	一方向
光沢	ガラス
硬度	8：モース硬度の標準
色	無、黄、黄褐、ピンク、赤、青、緑色：ほぼあらゆる領域の色を帯びる
条痕色	白色
磁性	FM：無反応　RM：無反応
結晶面	長方形、菱形、三角形、台形、台形に近い五角形、台形に近い六角形などの面。結晶面は非常に変化に富む
条線	あり：柱面上で*c*軸方向（一般的には伸びの方向）に平行に

■ 集合状態

粒状、塊状の集合、*c*軸方向に垂直な断面が菱形に近い長～短柱状の結晶形。

■ 主な産状と共存鉱物

流紋岩（紅色の緑柱石、赤鉄鉱、ビクスビ鉱、擬板チタン石など）（1-1）、ペグマタイト（石英、カリ長石、白雲母など）（1-2）、熱水鉱脈、変質岩（石英、白雲母、紅柱石など）（1-3）。

■トパズ

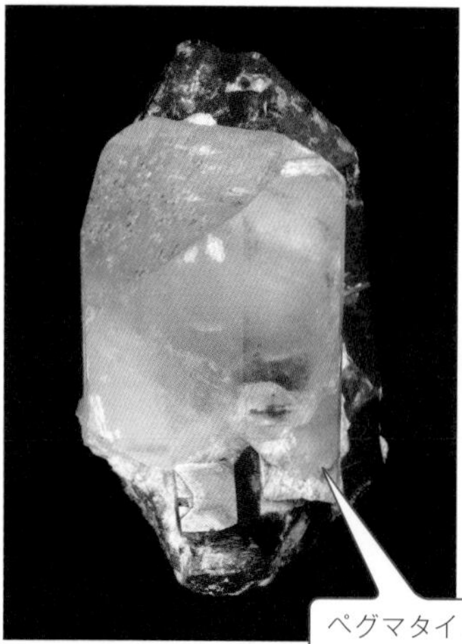

左右長：約40mm
産地：岐阜県中津川市苗木

ペグマタイト中の晶洞で煙水晶に伴って産する。色は結晶内の領域により異なり、青色や薄黄褐色を帯びる。

■ その他

高圧の合成では、OH>Fのものができるが、天然では産出が確認されていない。結晶がある程度大きいものでは、硬度や条線などの特徴で見分けることができるが、細かい結晶の集合体（**脈性トパズ**と呼ばれることも）では、脆いので見かけ上硬度が低いように感じる。日本では濃い色のトパズは産出が極めて稀で、わずかに青や黄色味などを帯びた無色に近いものがふつうである。宝石に使われるが、放射線などの処理で色が強調あるいは変色されているものも多い（特に濃青色の**ブルートパズ**と呼ばれるもの）。

■トパズ

左右長：約35mm
産地：アメリカ、ユタ州

流紋岩の空隙中に産する長柱状トパズの結晶群。

チタン石 *Titanite*

- 化学式：$CaTiSiO_5$
- 晶　系：単斜晶系
- 比　重：3.5

鑑定要素

劈開	二方向
光沢	ガラス～脂肪
硬度	5～5½：工具鋼で傷がつけられる
色	無、黄、黄褐、緑、ピンク、青、褐黒色：紫色を除くほぼあらゆる領域で白、黒側への濃淡がある
条痕色	白～わずかに黄色
磁性	FM：無反応　RM：無反応（ただし、一部のものは弱い反応があり、おそらく鉄が含まれる）
結晶面	菱形、台形、五角形（西洋凧のような）などの面
条線	なし

■ 集合状態

粒状、塊状の集合、楔のような鋭利な板状～尖った柱状（楔石の名前もある）などの結晶形。

■ 主な産状と共存鉱物

中間質～珪長質火成岩（主に深成岩中、火山岩中には稀）（曹長石、石英、ルチル、普通角閃石、普通輝石など）（1-1）、ペグマタイト（石英、カリ長石など）（1-2）、変成岩およびアルプス型脈（曹長石、透輝石、石英、方解石、緑簾石、緑泥石、カリ長石など）（3-1、3-2）。

■ チタン石

左右長：約75mm
産地：岐阜県飛騨市神岡町吉ヶ原

変成岩中に透輝石、斜長石とともに、大きな結晶が形成されている。昔はこの岩石を閃長岩と考えていたが、近年の研究で変成岩であることがわかった。

■ その他

カルシウムは希土類元素、チタンは鉄やアルミニウムで多少置換される。また、チタンをスズで置き換えたマラヤ石（malayaite）、バナジウムで置き換えたバナジウムマラヤ石（vanadomalayaite）も知られる。さらに、カルシウムがナトリウムとイットリウムに置き換えられたソーダチタン石（natrotitanite）も見つかっている。日本では黄褐色のものが多く、特徴ある結晶形態で識別しやすい。古い文献や特に岩石学の本では、**楔石**（スフェーン、sphene）という名前が使われていることが多い。

■ チタン石

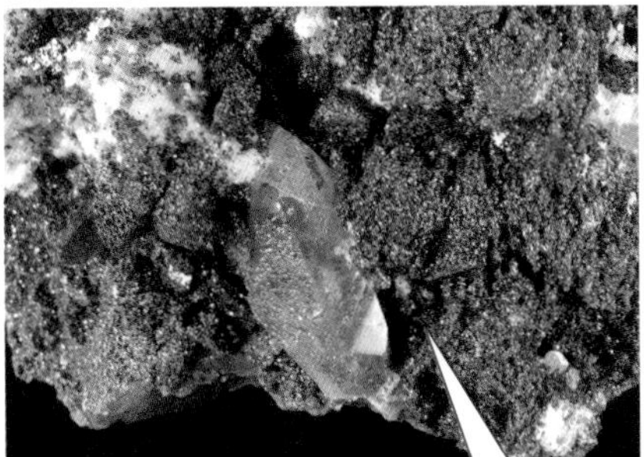

左右長：約45mm
産地：パキスタン、バルティスタン

アルプス型脈の空隙に産する緑色の結晶。カリ長石（氷長石）と緑泥石を伴っている。

ブラウン鉱（こう） *Braunite*

■化学式：$Mn^{2+}Mn^{3+}_6O_8SiO_4$
■晶　系：正方晶系
■比　重：4.8

鑑定要素

劈開 四方向：ただし、はっきりわかることは少ない

光沢 亜金属

硬度 6~6½：石英で傷がつけられる

色 黒色：ほぼ黒色の領域

条痕色 褐色

磁性 FM：弱く反応　RM：明瞭に反応

結晶面 変形した菱形、四角形などの面

条線 あり：柱面上で、*c*軸方向に直交

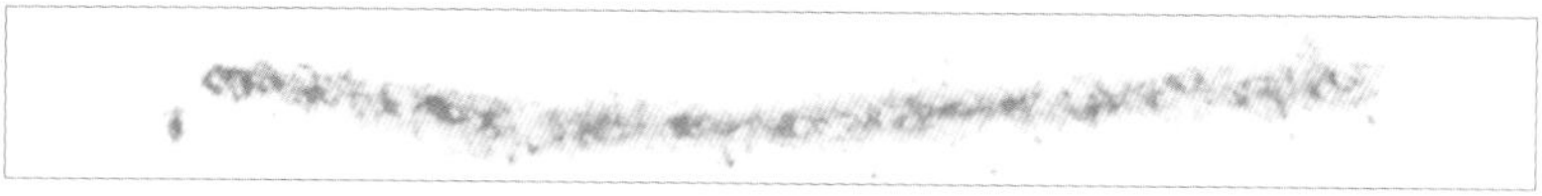

■ 集合状態

ふつう塊状、層状の集合、変形した菱形がつくる細長く伸びた二十四面体錐状などの結晶形。双晶して擬八面体になることもある。

■ 主な産状と共存鉱物

変成マンガン鉱床（石英、白雲母、薔薇輝石、南部石、紅簾石、曹長石、重土長石、菱マンガン鉱など）(3-1、3-2)。

■ ブラウン鉱

左右長：約25mm
産地：長崎県長崎市
　　　戸根鉱山

粒状ブラウン鉱の集合体の一部。マンガンを含んで淡ピンク色をした微細な白雲母集合体を取り除くと、自形結晶が見られる。

■ その他

マンガン鉱床中に、黒色緻密な不規則塊状あるいは層状でケイ酸分に富む鉱物を伴っている。しかし、ブラウン鉱自身のケイ酸分は乏しく、Danaの教科書では酸化鉱物に分類しているほどである。マンガン（Mn^{2+}）はカルシウムで置換されることもある。

■ ブラウン鉱

左右長：約65mm
産地：東京都奥多摩町
　　　白丸鉱山

赤褐色味を帯びた母岩（微細な曹長石、重土長石、キュムリ石、エジリン輝石などが含まれる）中に不規則な塊状で見られるブラウン鉱。もともとは層状であったものが、変成に伴う変形と交代作用によって現在の姿になっている。

異極鉱(いきょくこう) *Hemimorphite*

- 化学式：$Zn_4Si_2O_7(OH)_2 \cdot H_2O$
- 晶　系：直方晶系
- 比　重：3.5

鑑定要素

劈開 二方向

光沢 ガラス

硬度 4½〜5：ステンレス釘とほぼ同じ

磁性 FM：無反応　RM：無反応

結晶面 五角形（将棋の駒型）、長方形の面など

条線 なし

色 無、白、灰、淡黄、淡青、淡緑色：ほぼ白色の領域

条痕色 白色

■ 集合状態

微細な結晶の粒状、皮殻状、球状、ぶどう状などの集合、薄板状などの結晶形で、*c*軸の＋側と－側で形態が異なる対称性（異極像）を持つ。多くは、＋側が平ら、－側が尖った形をしている。

■ 主な産状と共存鉱物

酸化帯（閃亜鉛鉱、菱亜鉛鉱、針鉄鉱など）(4)。

■ その他

青色は微量のCu^{2+}によるものと考えられる。塩酸で泡を出さずに溶ける。しかし、菱亜鉛鉱を伴うものでは注意が必要。

■ 異極鉱

左右長：約40mm
産地：大分県佐伯市 木浦鉱山

酸化帯の針鉄鉱の空隙に産し、板柱状結晶が扇状に集合している。

■ 異極鉱

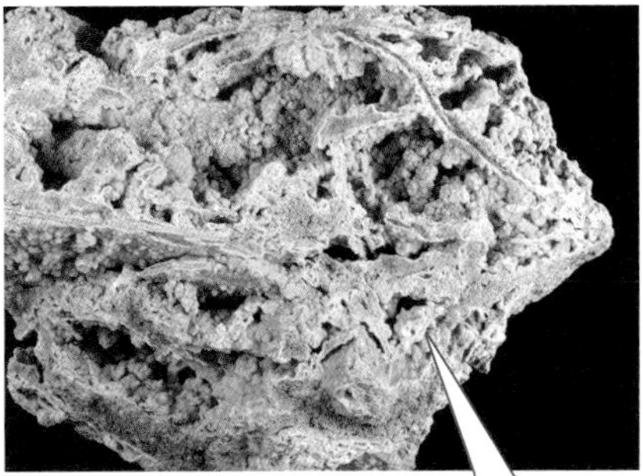

左右長：約55mm
産地：富山県富山市 池ノ山播磨谷

ほぼ全体が異極鉱。空隙には淡青色ぶどう状の集合体が見られる。

斧石（おのいし） *Axinite*

- 化学式：$(Ca,Mn^{2+})_2(Fe^{2+},Mn^{2+},Mg)Al_2BO(OH)(Si_2O_7)_2$
- 晶　系：三斜晶系
- 比　重：3.2〜3.4

鑑定要素

劈開 一方向

光沢 ガラス

硬度 6½〜7：石英とほぼ同じ

色 灰、褐、淡紫、灰青、灰緑、ピンク、黄、橙色：ほぼあらゆる領域で、白、黒側への濃淡がある

条痕色 白色

磁性 FM：無反応
RM：明瞭に反応（Fe^{2+}の含有量によって強弱あり。第Ⅱ章、表Ⅱ.9を参照）

結晶面 菱形に近い四〜八角形、長方形などの面

条線 大きく発達する面ではa軸方向に平行。その他の小さい面ではc軸方向に平行

■ 集合状態

斧のような鋭い葉片状〜板状結晶、それらが束状、花弁状に集合。

■ 主な産状と共存鉱物

変成岩およびアルプス型脈（石英、方解石、緑簾石、紅簾石、灰礬-灰鉄石榴石、鉄電気石、ダトー石、ダンブリ石など）（3-1、3-2）、緑色岩を切る脈（石英、曹長石、方解石、ダトー石など）（3-3）。

■ その他

鉱物種は、鉄斧石（axinite-(Fe)、$Ca_2Fe^{2+}Al_2BO(OH)(Si_2O_7)_2$）、苦土斧石（axinite-(Mg)、$Ca_2MgAl_2BO(OH)(Si_2O_7)_2$）、マンガン斧石（axinite-(Mn)、$Ca_2Mn^{2+}Al_2BO(OH)(Si_2O_7)_2$）、チンゼン斧石（tinzenite、$CaMn^{2+}Mn^{2+}Al_2BO(OH)(Si_2O_7)_2$）の4種があり肉眼的区別は難しい。変成マンガン鉱床から産する黄〜橙色をしたものはチンゼン斧石のことが多い。

■ マンガン斧石

左右長：約115mm
産地：大分県豊後大野市尾平鉱山

スカルン中に産するマンガン斧石。晶洞に見事な結晶群が見られる。

■ チンゼン斧石

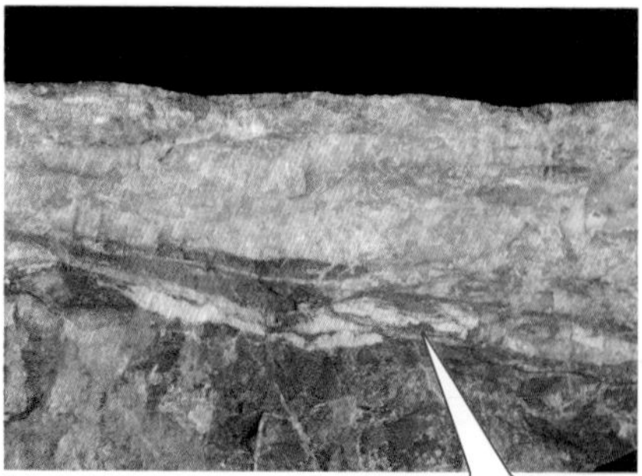

左右長：約65mm
産地：高知県香美市穴内鉱山

橙色のチンゼン斧石塊状集合体が、紅簾石などを伴ってブラウン鉱を切る脈として産する。

■ 鉄斧石

スカルン中に産する鉄斧石。周辺には方解石、緑閃石、鉄電気石、灰鉄石榴石などが伴われる。方解石が溶解されて、鉄斧石の結晶群が現れている。

左右長：約45mm
産地：岩手県奥州市
赤金鉱山磁石山

■ 鉄斧石

まさに斧を連想させる鋭利な面からなる結晶。

結晶の左右長：約45mm
産地：ロシア

■ 鉄斧石

スカルン中に産し、鋭利な結晶面を持つため端が極めて薄く、取り出すときに欠けやすい。

左右長：約40mm
産地：宮崎県日之影町
オシガハエ

■ 苦土斧石

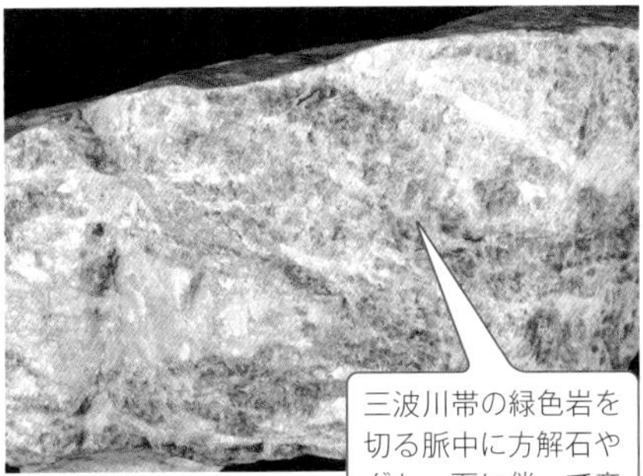

三波川帯の緑色岩を切る脈中に方解石やダトー石に伴って産する苦土斧石-鉄斧石系のもの。場所によって Mg>Fe,Mn、Fe>Mg,Mn の化学組成になっている。

左右長：約80mm
産地：長野県大鹿村鹿塩

■ マンガン斧石

スカルン中に産するマンガン斧石で、板状結晶が扇状に集合している。

左右長：約70mm
産地：大分県豊後大野市
尾平鉱山晶洞谷

■ 鉄斧石

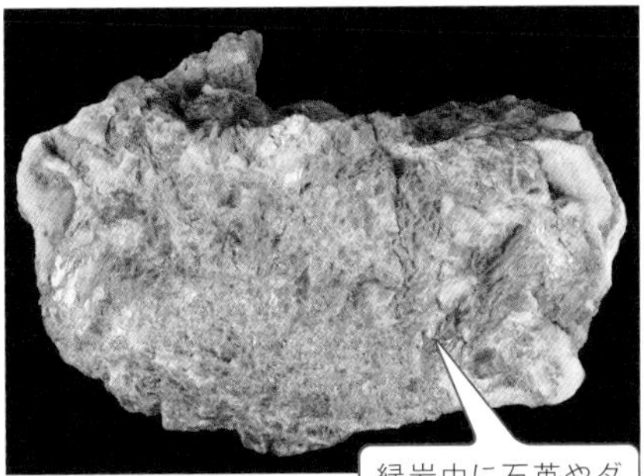

緑岩中に石英やダトー石などとともに脈をなして産する、板状結晶の集合体。

左右長：約85mm
産地：静岡県静岡市入島

緑簾石（りょくれんせき） *Epidote*

- 化学式：$Ca_2Al_2Fe^{3+}(Si_2O_7)(SiO_4)O(OH)$
- 晶　系：単斜晶系
- 比　重：3.4～3.5

鑑定要素

劈開	一方向
光沢	ガラス
硬度	6½：石英とほぼ同じ
色	黄、緑、褐緑、緑黒色：黄～緑色の領域で、白、黒側への濃淡がある
条痕色	白色
磁性	FM：無反応 RM：明瞭に反応（Fe^{3+}の含有量によって強弱あり。第Ⅱ章の表Ⅱ.9を参照）
結晶面	細長い六角形、長方形、台形などの面
条線	大きな単結晶の面上ではほとんどない：ただし、双晶あるいは平行連晶をして集合したものは、柱と平行な方向に条線に似た筋が特徴的に見える

■ 集合状態

微細な結晶が集合した塊状、針状～柱状結晶やそれらの放射状集合、厚板状結晶など。

■ 主な産状と共存鉱物

ペグマタイト（石英、白雲母、曹長石など）(1-2)、熱水鉱脈および変質岩（石英、ぶどう石、菱沸石、パンペリー石など）(1-3)、変成岩（石英、緑閃石、緑泥石、白雲母、曹長石、カリ長石、チタン石など）(3-1)、スカルン（方解石、灰礬-灰鉄石榴石、透輝石、鉄斧石、緑閃石、珪灰石、ベスブ石など）(3-2)。

■ その他

Fe^{3+}が乏しくなると、単斜灰簾石（clinozoisite）となるが、その境界は肉眼ではわからない。Caの半分程度がSrに（理想的にはCa_2がCaSrに）置換されたものは、**ストロンチウム緑簾石**（epidote-(Sr)）という別種（高知県穴内鉱山で発見）となるが、これも化学組成を調べないとわからない。緑簾石はよく見られる鉱物で、特に緑色片岩の主要構成鉱物として多産する。大きな結晶は、主にスカルン中から見つかる。

■ 緑簾石

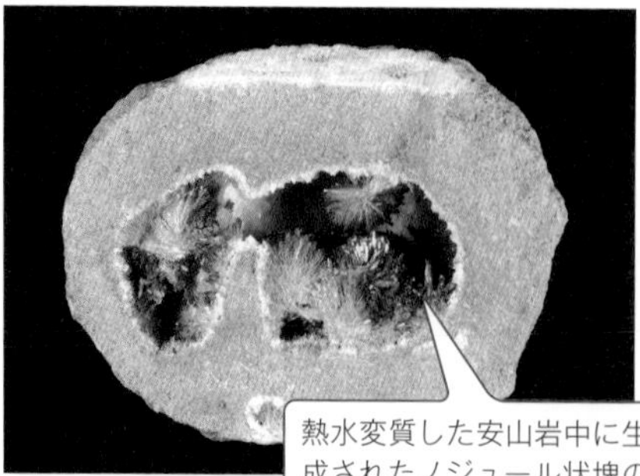

左右長：約55mm
産地：長野県上田市下本入

熱水変質した安山岩中に生成されたノジュール状塊の主成分が緑簾石。空隙の壁は微細な水晶で被われ、その上に針状の緑簾石の放射状結晶集合体が乗る。昔から「焼き餅石」として親しまれてきた。

■ 緑簾石

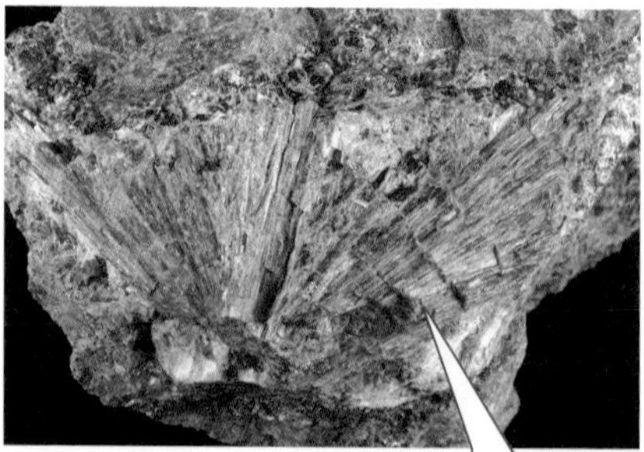

左右長：約70mm
産地：岩手県遠野市釜石鉱山佐比内

スカルンを構成する鉱物としてもよく見られ、標本では方解石や灰鉄石榴石を伴う。やや粗粒の柱状結晶が箒（ほうき）状の集合体をつくっている。

紅簾石（こうれんせき） *Piemontite*

■化学式：$Ca_2Al_2Mn^{3+}(Si_2O_7)(SiO_4)O(OH)$
■晶　系：単斜晶系
■比　重：3.4～3.5

鑑定要素

劈開 一方向

光沢 ガラス

硬度 6～6½：石英で傷をつけられる

色 ピンク、赤、赤褐、赤黒色：ほぼ赤色の領域で、白、黒側への濃淡がある

条痕色 淡紅色

磁性 FM：無反応　RM：無反応

結晶面 結晶面が見られるような大きな結晶はほとんどない。稀に細長い長方形の面が見られることもある

条線 なし：しかし、双晶あるいは平行連晶をして集合したものは、柱と平行な方向に条線に似た筋が見える

■ 集合状態

微細な結晶が集合した塊状、針状～柱状結晶やそれらの箒状、放射状集合。

■ 主な産状と共存鉱物

変成岩および変成マンガン鉱床（石英、白雲母、ブラウン鉱、満礬石榴石など）(3-1、3-2)。

■ その他

特徴的な色と条痕色で区別しやすいが、Caの半分程度がSrに置換されたものは、ストロンチウム紅簾石（strontiopiemontite、$CaSrAl_2Mn^{3+}(Si_2O_7)(SiO_4)O(OH)$）となり、さらに$Mn^{3+}$が多くなると、ツウィディル石（tweddillite、$CaSrAlMn^{3+}_2(Si_2O_7)(SiO_4)O(OH)$）になるが、それらとは化学組成を調べないと区別できない。紅簾石は主にマンガン分に富んだ珪質堆積岩（チャートなど）を原岩とする石英片岩に見られ、含有量は少なくても特徴的な色によって**紅簾石片岩**という名前で呼ばれる。

■紅簾石

左右長：約60mm
産地：群馬県藤岡市鬼石町三波川

三波川帯の模式地である三波川沿いに露出する紅簾石片岩中には、しばしばレンズ状に紅簾石が濃集している。

■紅簾石

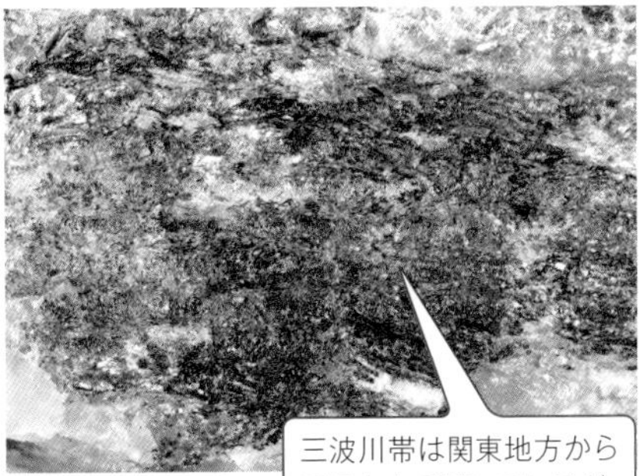

左右長：約85mm
産地：兵庫県南あわじ市沼島

三波川帯は関東地方から西日本まで続いているが、淡路島の南方にある小さな島（沼島）の海岸にきれいな露頭（ろとう）が現れている。石英片岩の一部には紅簾石のやや粗い結晶が見られる。

ベスブ石（せき） *Vesuvianite*

■化学式：$Ca_{19}(Al,Mg,Fe,Mn)_{13}(SiO_4)_{10}(Si_2O_7)_4(OH,F,O)_{10}$
■晶　系：正方晶系　■比　重：3.3〜3.4

鑑定要素

劈開	なし：割れ口は亜貝殻状ないしでこぼこ
光沢	ガラス
硬度	6½：石英で傷がつけられる
磁性	FM：無反応　RM：微弱な反応
結晶面	正方形、長方形、菱形、六角形、八角形、台形などの面
条線	あり：柱面上でc軸に平行
色	赤褐、黒褐、淡褐、黄、緑、白、ピンク、赤、紫色：ほぼすべての領域があり、濃淡もある
条痕色	白色

■集合状態

細粒結晶の塊状、針状〜柱状結晶の放射状、亜平行状集合体。柱面がほとんどない正方複錐状（ピラミッドを上下に合わせた形）から、柱面が発達して伸びた結晶まで変化に富む。錐面と柱面が同じような大きさの結晶は石榴石と似ている。

■主な産状と共存鉱物

蛇紋岩・ロディン岩（蛇紋石、透輝石、ぶどう石、灰礬石榴石など）(3-1)、スカルン（石英、方解石、苦灰石、珪灰石、灰礬石榴石、ゲーレン石など）(3-2)。

■その他

結晶形が明瞭な場合は灰礬-灰鉄石榴石と区別しやすいが、塊状の場合は困難。非常に複雑な化学組成式を持っているが、Mgと(OH,F)が少し入りSiが若干少ない点を除けば、ほぼ灰礬石榴石と同じ化学組成。Mn^{3+}が多いもの(manganvesuvianite)、Fが多いもの(fluorvesuvianite)、Bが多いもの(wiluite)があり、別種とされている。

■ベスブ石

左右長：約40mm
産地：埼玉県秩父市橋掛沢

方解石に埋没するスカルン中のベスブ石結晶群。

■ベスブ石

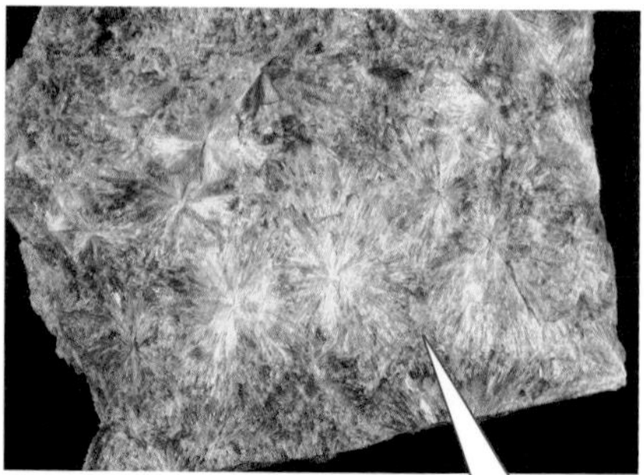

左右長：約55mm
産地：岐阜県関市洞戸鉱山

スカルン中の針状結晶の放射状集合塊。色の濃い単斜灰簾石と混同されることがある。

緑柱石(ベリル) *Beryl*

りょくちゅうせき

- 化学式：$Be_3Al_2Si_6O_{18}$
- 晶　系：六方晶系
- 比　重：2.6〜2.8

鑑定要素

劈開	なし：割れ口は貝殻状	磁性	FM：無反応　RM：無反応
光沢	ガラス	結晶面	長方形、六角形、台形などの面
硬度	7½〜8：コランダムで傷がつけられる	条線	あり：柱面上でc軸方向(一般的には伸びの方向)に平行
色	無、淡青、藍、青緑、緑、黄、ピンク、赤色など：ほぼあらゆる領域の色を帯びる		
条痕色	白色		

集合状態

自形結晶性が高く、c軸方向に垂直な断面が基本的に六角形の長〜短柱状結晶形。

主な産状と共存鉱物

流紋岩(トパズ、赤鉄鉱、ビクスビ鉱、擬板チタン石など)(1-1)、ペグマタイト(石英、カリ長石、白雲母、鉄電気石など)(1-2)、熱水鉱脈(石英、方解石、白雲母、錫石、鉄重石など)(1-3)、広域変成岩(黒雲母など)(3-1)。

その他

色によっていくつもの変種名がつけられている。**ゴッシェナイト**(無色)、**アクアマリン**(青、青緑)、**エメラルド**(緑)、**ヘリオドール**(黄)、**モルガナイト**(ピンク)、**ビキシバイト**(赤)などがある。石英や燐灰石と似ていることもあるが、結晶がある程度大きいものでは、硬度や条線などの特徴で見分けることができる。六方柱に近い結晶形のリチア電気石とは、端面が観察できないと区別が難しい(電気石の端面は3回回転軸を満たす対称性を、緑柱石の端面は6回回転軸を満たす対称性を持っている)。

■ 緑柱石

左右長：約30mm
産地：茨城県
かすみがうら市雪入

リン酸塩ペグマタイト中の石英に伴って産するほぼ白色の緑柱石。

■緑柱石

左右長：約50mm
産地：佐賀県佐賀市杉山

石英脈中に産する淡青色の緑柱石。色は微量に含まれるFe^{2+}とFe^{3+}による。

■緑柱石

左右長：約20mm
産地：パキスタン

ペグマタイト中に産する淡緑色の緑柱石（アクアマリン）。結晶の端は正六角形の単純な面になっている。このタイプの色は微量に含まれるFe^{2+}による。

■緑柱石

結晶の長さ：約10mm
産地：アメリカ、ユタ州

流紋岩の空隙に産する赤～ピンク色をした緑柱石の単純な六角短柱状結晶。

■緑柱石

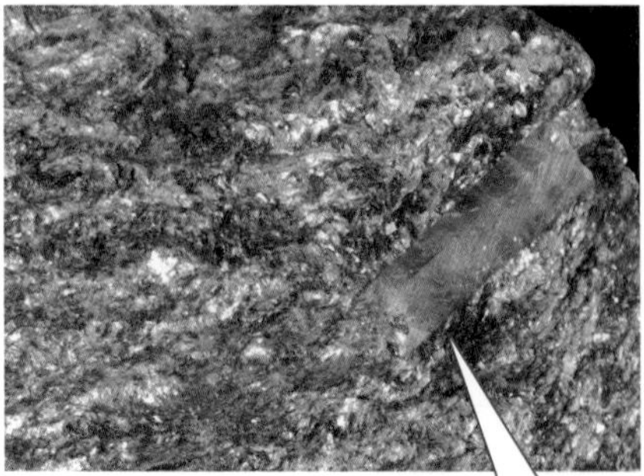

左右長：約55mm
産地：オーストリア、チロル

黒雲母片岩中に産する緑色の緑柱石（エメラルド）。エメラルドの緑色は微量に含まれるCr^{3+}あるいはV^{3+}による。

菫青石 Cordierite

■化学式：$(Mg,Fe^{2+})_2Al_3(AlSi_5)O_{18}$
■晶　系：直方晶系
■比　重：2.5～2.7

鑑定要素

劈開	なし：割れ口は貝殻状ないしでこぼこ	磁性	FM：無反応　RM：弱～明瞭な反応（鉄が多いものほど明瞭）
光沢	ガラス～脂肪	結晶面	長方形、六角形、台形などの面
硬度	7～7½：トパズで傷がつけられる	条線	なし
色	灰、灰青、青紫、黄、灰褐色など：黄から紫の領域の色を帯び、大きな透明な結晶では、見る方向によって明瞭に変化するのがわかる		
条痕色	白色		

■集合状態

粒状、塊状。擬六角柱状の結晶形。

■主な産状と共存鉱物

火成岩（石英、カミントン閃石など）(1-1)、広域変成岩・接触変成岩・火山岩中の変成捕獲岩（石英、白雲母、黒雲母、紅柱石、緑泥石、黄鉄鉱、マル石など）(3-1、3-2)。

■その他

高温型（インド石）は真の六方晶系で、低温型の菫青石は擬六方晶系の形態で現れることが多い。理由として、最初は高温のため六方晶系で生成し（芯の部分が六方晶系）、温度が低くなってその外側に直方晶系のものが被覆成長したため六方柱のようになったと考えられている。また、3つの結晶の貫入双晶という考えもある。変成末期には熱水の作用によって分解し、白雲母や緑泥石などに変質している場合がある。特に泥岩起原のホルンフェルス中に入っている六角柱状結晶は、その断面が花弁のように見えることから**桜石**（さくらいし）のニックネームがある。灰色にしか見えない粒状の菫青石は石英と似ている。

■菫青石

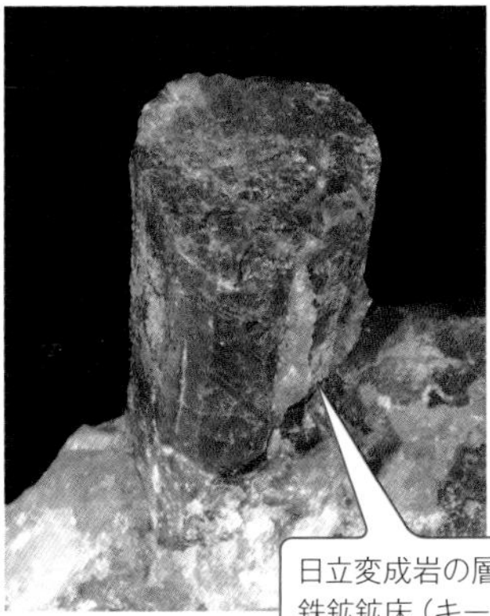

左右長：約30mm
産地：茨城県日立市日立鉱山

日立変成岩の層状含銅硫化鉄鉱鉱床（キースラーガー）中には、大きな変質していない菫青石が産する。

■菫青石（いぼ石）

左右長：約55mm
産地：神奈川県山北町ザレの沢

接触変成岩中に微細な粒状の石英、磁鉄鉱、菫青石が球状集合体をつくっている。風化に強いので母岩から突き出ている姿から**いぼ石**とも呼ぶ。

■ 菫青石の仮晶（桜石）

左右長：約40mm
産地：京都府亀岡市稗田野

風化したホルンフェルス中に見られる**桜石**。実体はほとんど微細な白雲母の集合体（セリサイト）である。

■ 鉄菫青石

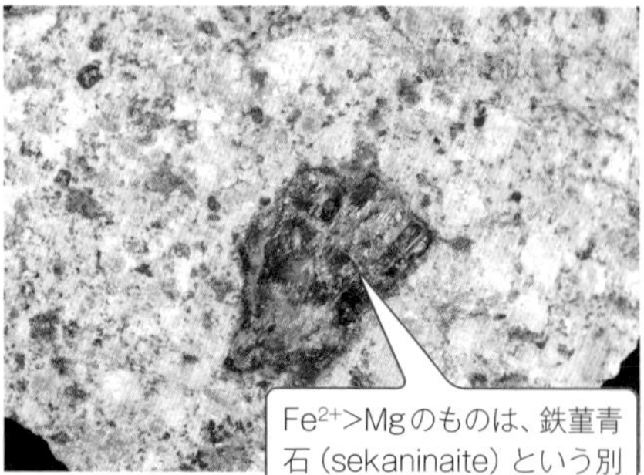

左右長：約50mm
産地：三重県熊野市新鹿

Fe^{2+}>Mgのものは、鉄菫青石（sekaninaite）という別種である。花崗岩質マグマに取り込まれた粘土質堆積物が起原で、珪線石や紅柱石などを伴うこともある。

■ 菫青石

結晶の左右長：約35mm
産地：マダガスカル

変成岩中の大粒な分離結晶の一部。黄色に見える方向からの写真。

■ 菫青石

左右長：約45mm
産地：宮城県川崎町安達

石英粒の多いトーナル岩（アルカリ長石がない花崗岩に似た深成岩）中に、六角柱状～粒状の結晶として菫青石が産する。

■ 菫青石

左右長：約60mm
産地：長野県軽井沢町浅間山

高温で変成したアルミニウムに富む捕獲岩があり、菫青石、珪線石、マル石などが形成されていることがある。

■ 菫青石

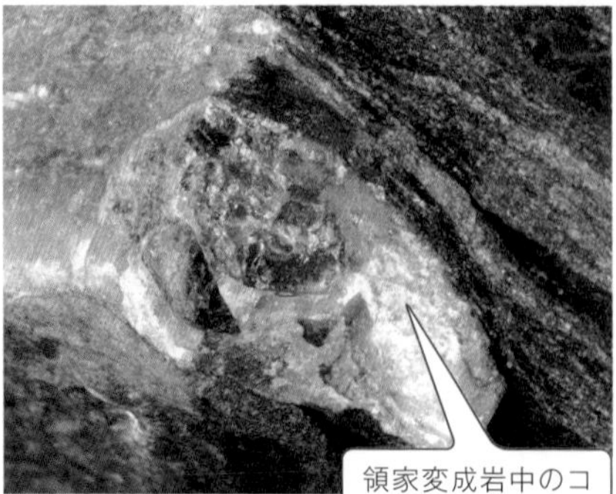

左右長：約50mm
産地：長野県飯田市八重河内

領家変成岩中のコブ状になったところに含まれる菫青石。紅柱石を伴うこともある。

リチア電気石（でんきせき） *Elbaite*

■化学式：$Na(Al_{1.5}Li_{1.5})Al_6(Si_6O_{18})(BO_3)_3(OH)_3(OH)$
■晶　系：三方晶系　■比　重：3.0〜3.1

鑑定要素

劈開 なし：割れ口は貝殻状

光沢 ガラス〜脂肪

硬度 7〜7½：トパズで傷がつけられる

色 無、緑、青、ピンク、赤、黄、橙、褐色など：白色からほぼすべての領域

条痕色 白色

磁性 FM：無反応　RM：無反応

結晶面 長方形、三角形、六角形、扁平な五角形などの面

条線 あり：柱面上で、伸びの方向（c軸方向）に平行

■ 集合状態

自形結晶性が高く、三角柱、六角柱などの針状〜柱状結晶。

■ 主な産状と共存鉱物

ペグマタイト（石英、曹長石、リチア雲母、白雲母など）（1-2）。

■ その他

緑柱石と同様に、色によって変種名がつけられている。**ルーベライト**（ピンク〜赤）、**インディコライト**（青）、**ベルデライト**（緑）、**シベライト**（赤紫）、**アクローアイト**（無）がある。また、1つの結晶が2色（両端）あるいは3色（両端と中間）に分かれたパーティ・カラー、1つの結晶が内部（赤）と外側（緑）に分かれた**ウォーター・メロン**もある。濃緑色のものは別種（クロム灰電気石など）の可能性がある。また、NaのかわりにCaが入ったフッ素リディコート電気石、NaとLiが少なくAlの多い（フォイト電気石と同タイプ）**ロスマン電気石**とは肉眼的に区別できない。

■ リチア電気石

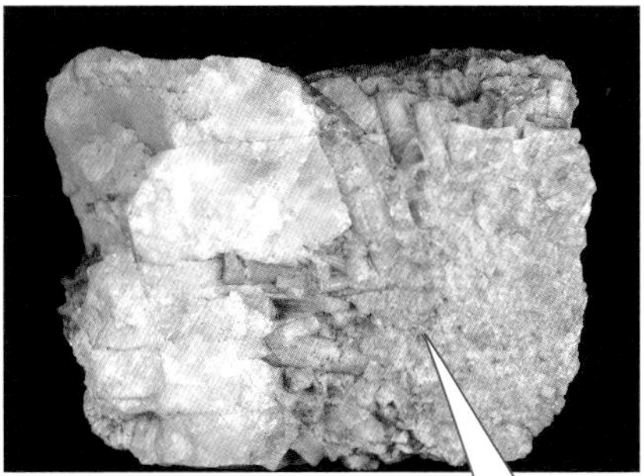

左右長：約75mm
産地：茨城県常陸太田市妙見山

リチウムペグマタイト中の石英に伴う淡青色のリチア電気石。昔の報告書では緑柱石とされていた。

■ リチア電気石

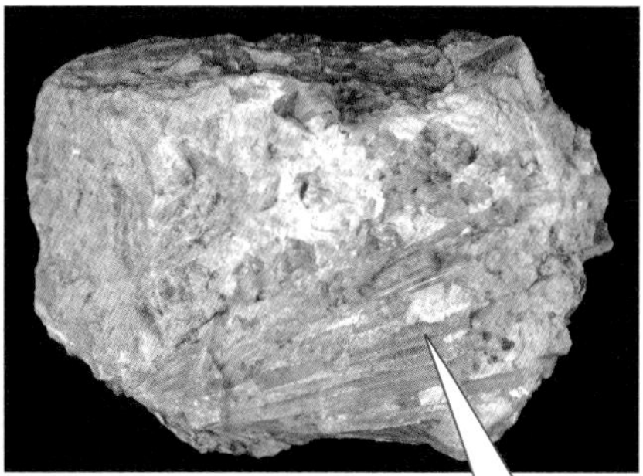

左右長：約80mm
産地：福岡県福岡市長垂

リチウムペグマタイト中の石英や曹長石などに伴うピンク色のリチア電気石。

第Ⅲ章◆鉱物図鑑

電気石（鉄電気石-苦土電気石）

Schorl - Dravite

- 化学式：$Na(Fe^{2+},Mg)_3Al_6(Si_6O_{18})(BO_3)_3(OH)_3(OH)$
- 晶　系：三方晶系
- 比　重：3.3～3.0

鑑定要素

劈開 なし：割れ口は貝殻状

光沢 ガラス～脂肪

硬度 7～7½：トパズで傷がつけられる

色 黒、黒褐、褐色など：黒色からやや橙色にかけての領域

条痕色 淡褐～灰色

磁性 FM：無反応
RM：明瞭（鉄電気石）～弱（苦土電気石）の反応

結晶面 長方形、三角形、六角形、扁平な五角形などの面

条線 あり：柱面上で、伸びの方向（c軸方向）に平行

■ 集合状態

自形結晶性が高く、三角柱、六角柱、十二角柱などの毛状～柱状結晶、毛状～細柱状結晶が放射状に集合することもある。稀に柱面がほぼなく三角錐面だけの両錐状結晶もある。結晶の先端（あるいは最外側）が、NaがほとんどなくAlのやや多いフォイト電気石-苦土フォイト電気石　系（foitite、$(\square,Na)Fe^{2+}_2AlAl_6(Si_6O_{18})(BO_3)_3(OH)_3OH$ - magnesiofoitite、$(\square,Na)Mg_2AlAl_6(Si_6O_{18})(BO_3)_3(OH)_3OH$）の場合もある（上記□は、あるべき位置に元素がないことを示す）。

■ 主な産状と共存鉱物

珪長質火成岩（石英、カリ長石など）(1-1)、ペグマタイト（石英、カリ長石、曹長石、白雲母、鉄礬石榴石など）(1-2)、変成岩（石英、斧石、灰鉄石榴石、方解石、緑泥石など）(3-1、3-2)。

■ その他

鉄電気石の外観は黒色だが、薄い破片を光にかざすと、透過光が緑色あるいは濃青色に見える。苦土電気石の外観は黒褐から褐色で、透過光は黄褐色に見える。硬いが脆いので、硬度を測るときに注意したい。電気石の形態を残したまま、白雲母や緑泥石に変質していることもある。スカルンや片麻岩などに産するものには、カルシウムに富むものがある。鉄灰電気石-灰電気石（feruvite、$CaFe^{2+}_3(Al_5Mg)(Si_6O_{18})(BO_3)_3(OH)_3OH$-uvite、$CaMg_3(Al_5Mg)(Si_6O_{18})(BO_3)_3(OH)_3OH$）と鉄電気石-苦土電気石の境界付近のものは、化学分析をしないと区別できない。

■ 鉄電気石

ペグマタイト中の石英に埋没していた鉄電気石。端面の3回回転対称と柱面に無数の条線が発達する電気石の特徴がよく現れている。

結晶の長さ：約20mm
産地：岩手県遠野市上宮守

■ 鉄電気石

結晶の両端が完璧に見えるため、電気石が異極晶であることが理解できる。

結晶の長さ：約30mm
産地：アフガニスタン

■ 鉄電気石

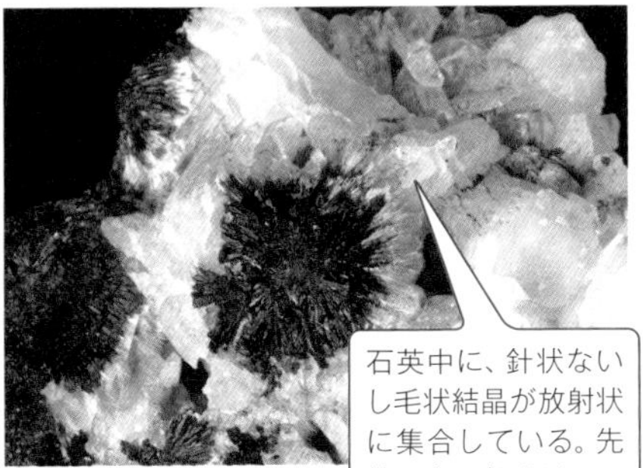

石英中に、針状ないし毛状結晶が放射状に集合している。先端の白い部分はフォイト電気石ではなく、黒い部分とほぼ同じ鉄電気石であった。

左右長：約55mm
産地：大分県豊後大野市尾平鉱山

■ 苦土電気石

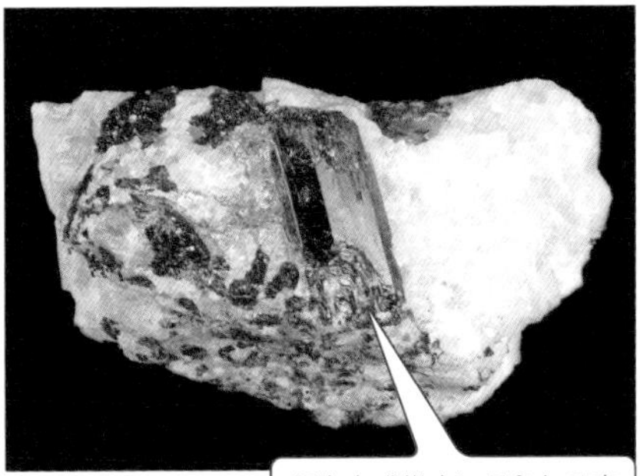

領家変成帯中に見られる変成マンガン鉱床から産した苦土電気石。柱面では黄褐色の内部反射が見られる。

左右長：約75mm
産地：愛知県豊川市久田野

■ 苦土電気石

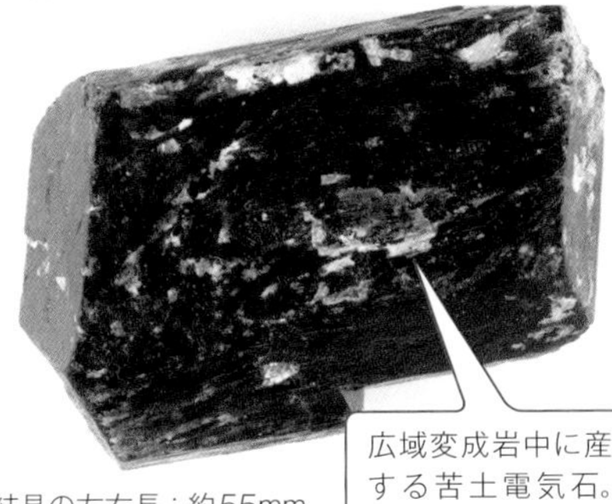

広域変成岩中に産する苦土電気石。非常に単純な結晶形態をしている。

結晶の左右長：約55mm
産地：オーストラリア、西オーストラリア州

■ 苦土電気石

滑石化した変成岩中の苦土電気石。結晶の両端が明瞭でないことが多い。

左右長：約30mm
産地：福島県石川町北山形

頑火輝石（がんかきせき） *Enstatite*

■化学式：$(Mg,Fe^{2+})_2Si_2O_6$
■晶　系：直方晶系
■比　重：3.2〜3.6

鑑定要素

劈開	二方向
光沢	ガラス〜亜金属
硬度	5〜6：石英で傷がつく
色	無、白、灰、淡黄、淡緑、緑褐、褐色など：橙から緑の領域で、白色あるいは黒色にかけて
磁性	FM：無反応 RM：弱〜明瞭な反応（鉄が多いものほど明瞭）
結晶面	細長い六角形、あるいは八角形、台形などの面
条線	なし
条痕色	白色（鉄の多いものはわずかに褐色味がかかる）

■ 集合状態

粒状、塊状、放射状。四角柱状〜板柱状の結晶形。先端が尖った結晶形もある。

■ 主な産状と共存鉱物

火成岩・隕石（苦土オリーブ石、透輝石、普通輝石、スピネル、斜長石、単斜頑火輝石、鱗珪石など）（1-1）、変成岩（灰長石、普通輝石、鉄礬石榴石、パーガス閃石、チタン鉄鉱など）（3-1、3-2）。

■ その他

Mg>Fe^{2+}のものが頑火輝石、Mg<Fe^{2+}のものは**鉄珪輝石**（てつけいきせき）（ferrosilite）という。中間組成のものには鉄が多くなる順に、古銅輝石（bronzite）、紫蘇輝石（hypersthene）、鉄紫蘇輝石（ferrohypersthene）、ユーリ輝石（eulite）の名前がつけられていたが、現在では正式種名ではない。日本の安山岩中には、頑火輝石（古銅輝石〜紫蘇輝石相当成分）と普通輝石が含まれているものが多く、**複輝石**（ふくきせき）（あるいは両輝石）**安山岩**（あんざんがん）と呼ばれている。普通輝石に比べると黒色味が乏しい。

■頑火輝石

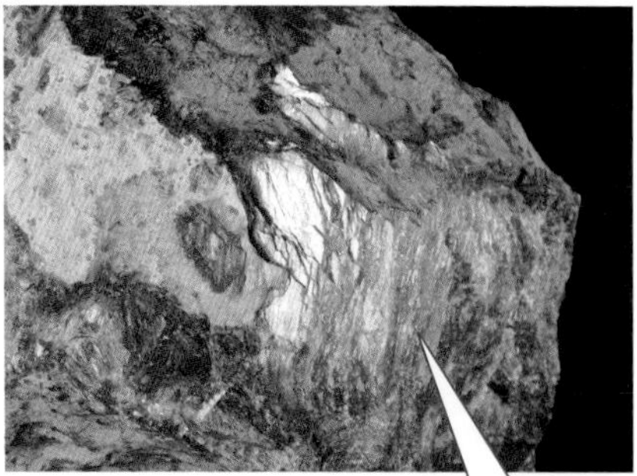

左右長：約40mm
産地：福井県高浜町フタマゼ海岸

超苦鉄質深成岩の一種。輝岩（pyroxenite）を構成する頑火輝石で、劈開面上では、独特な亜金属光沢を放つ。

■頑火輝石

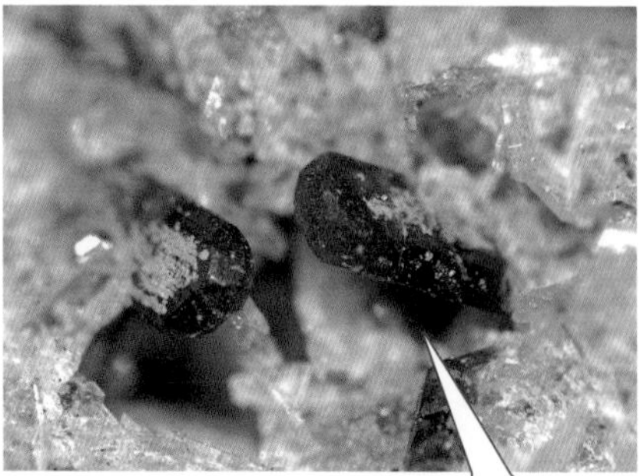

左右長：約25mm
産地：宮城県加美町大滝

安山岩の空隙に、鱗珪石（無色透明板状結晶）などに伴って自形結晶で産する。紫蘇輝石相当のもの。

■ 頑火輝石

結晶の長さ：約12mm
産地：東京都小笠原村聟島

無人岩（Mgに富む特殊な安山岩）中の斑晶で、古銅輝石に相当するもの。砂浜には無人岩が風化して分離されたこの輝石が濃集したうぐいす砂が見られる。

■ うぐいす砂

左右長：約140cm
産地：東京都小笠原村父島
釣浜

頑火輝石（昔の呼び方では古銅輝石）の結晶や破片が濃集した砂浜。このようなものを**うぐいす砂**と呼んでいる。

■ 頑火輝石

左右長：約65mm
産地：岡山県新見市
高瀬鉱山

超苦鉄質岩中の直方（斜方）輝石は、鉄が少ないので頑火輝石の端成分に近いものが多い。

■ 頑火輝石

中心の結晶の長さ：約3mm
産地：佐賀県玄海町
日ノ出松

アルカリ玄武岩とペリドット岩質捕獲岩の間にある空隙に見られる、頑火輝石（昔の呼び方では紫蘇輝石）の結晶。

透輝石-灰鉄輝石

Diopside - Hedenbergite

- 化学式：$Ca(Mg,Fe^{2+})Si_2O_6$
- 晶　系：単斜晶系
- 比　重：3.3~3.6

鑑定要素

劈開 二方向

光沢 ガラス

硬度 5½~6½：石英で傷がつく

色 無、灰、淡緑、暗緑、黄、ピンク、紫、緑褐、褐黒色など：黄から紫の領域で、透輝石は白色にかけて、灰鉄輝石は黒色にかけて

条痕色 白色～帯淡緑灰色

磁性 FM：無反応
RM：弱～明瞭な反応（鉄が多いものほど明瞭）

結晶面 五角形（細長い将棋の駒型）、六角形、台形などの面

条線 なし

■ 集合状態

粒状、塊状、織維状。四角柱状～板柱状の結晶形。透輝石には先端が尖った結晶形も見られる。

■ 主な産状と共存鉱物

火成岩（苦土オリーブ石、頑火輝石、斜長石など）(1-1)、広域変成岩・接触変成岩（方解石、苦灰石、灰礬-灰鉄石榴石、磁鉄鉱、灰重石など）(3-1、3-2)。

■ 透輝石

火山砕屑岩中に含まれ、分離して沢の土砂中に埋もれている。矢羽根型双晶も多く見られる。

中央部の結晶の長さ：約10mm
産地：佐賀県伊万里市古場（俗に西ヶ岳）

■ その他

$Mg>Fe^{2+}$のものが透輝石、$Mg<Fe^{2+}$のものが灰鉄輝石。これにMn^{2+}が加わり、$Mn^{2+}>Mg, Fe^{2+}$になったものを**ヨハンセン輝石**（johannsenite）と呼ぶ。端成分の透輝石は無色透明だが、鉄やマンガンが加わると色づく。端成分に近い灰鉄輝石は濃緑色、ヨハンセン輝石は青色味が強い緑色（あさぎ色）だが、中間的なものはさまざまな色合いを持つ。そのようなものは肉眼で区別できない。火山岩中の透輝石には、普通輝石と同じような結晶形態で産出するため、普通輝石と誤認されてきた場合がある。佐賀県伊万里市に産するものがその例で、化学分析をしたところカルシウムが多く、輝石命名法によって透輝石になることがわかった。肉眼的には緑色味が強く、普通輝石のように黒くないことで区別できる。

■ 透輝石

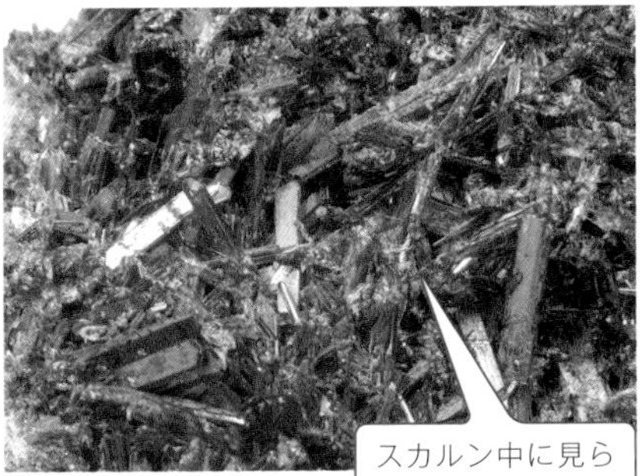

左右長：約95mm
産地：岐阜県関市洞戸鉱山

スカルン中に見られる特異な形態の透輝石群晶。板柱状結晶の先端が尖ったものが多い。

■ 灰鉄輝石

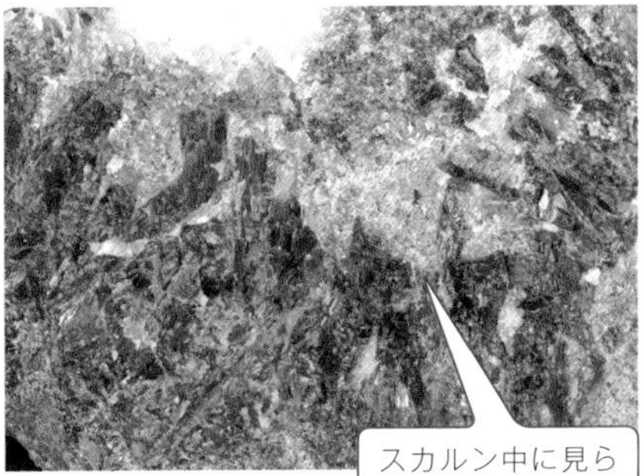

左右長：約50mm
産地：岩手県遠野市
釜石鉱山佐比内

スカルン中に見られる灰鉄輝石の柱状結晶群。灰鉄石榴石や方解石などを伴っている。

■ ヨハンセン輝石

左右長：約65mm
産地：新潟県新発田市
赤谷鉱山

スカルン中に見られる柱状結晶が束状に集合したヨハンセン輝石。ピンク色の部分は薔薇輝石。ヨハンセン輝石は、低温の熱水鉱脈中（例えば、静岡県の河津鉱山など）にも産する。

■ 灰鉄輝石

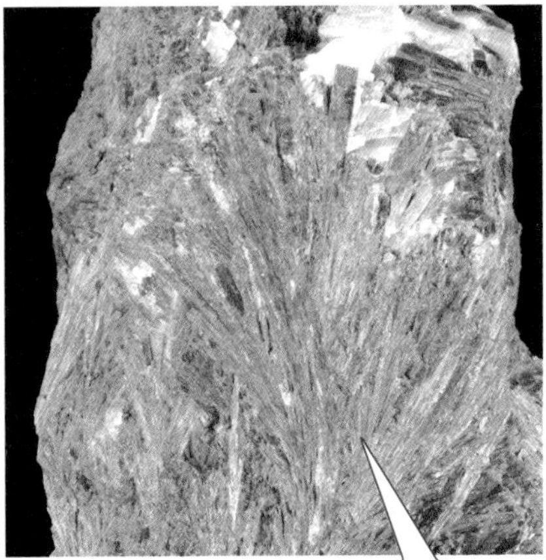

左右長：約55mm
産地：岐阜県山県市
柿野鉱山

わずかな方解石と石英を伴う灰鉄輝石の長柱状結晶集合体。割れる方向によっては花弁状に見えるため、かつては観賞石として採掘された。

■ 透輝石

左右長：約30mm
産地：神奈川県山北町
ザレの沢

スカルンを構成する透輝石の短柱状結晶。方解石やベスブ石などを伴う。

普通輝石（ふつうきせき） *Augite*

- 化学式：$(Ca,Mg,Fe^{2+})_2Si_2O_6$
- 晶　系：単斜晶系
- 比　重：3.2～3.6

鑑定要素

劈開	二方向
光沢	ガラス
硬度	5½～6：工具鋼で傷がつく
色	褐黒、黒、暗褐色など：黒から褐色の領域
条痕色	帯淡褐灰色
磁性	FM：無反応 RM：弱い反応（明瞭な場合は、磁鉄鉱の包有物がある可能性が高い）
結晶面	五角形（細長い将棋の駒型）、六角形、台形、菱形、八角形などの面
条線	なし

■ 集合状態

粒状、六角あるいは八角短柱状の結晶形。矢羽根型双晶。

■ 主な産状と共存鉱物

火成岩（主に苦鉄質～中間質）（苦土オリーブ石、頑火輝石、普通角閃石、灰長石、磁鉄鉱、チタン鉄鉱など）（1-1）。

■ その他

化学組成の幅が広く、少量のNa、Al、Ti、Fe^{3+}などを含むことがある。Caが多くなる（Mg、Fe^{2+}が乏しくなる）と透輝石-灰鉄輝石系列に、Caが乏しくなる（Mg、Fe^{2+}が多くなる）とピジョン輝石（pigeonite、$(Mg,Fe^{2+},Ca)(Mg,Fe^{2+})Si_2O_6$）に、Na、Al、$Fe^{3+}$が多くなるとオンファス輝石（omphacite、$(Ca,Na)(Mg,Fe^{2+},Al)Si_2O_6$）-エジリン普通輝石（aegirine-augite、$(Ca,Na)(Fe^{2+},Fe^{3+},Mg)Si_2O_6$）系列に近づく。Tiが多いものはアルカリ火山岩中に見られる。普通角閃石とは、2つの劈開がなす角度（輝石は約90°、角閃石は約120°）や結晶柱の断面の形（普通輝石は八角形が多く、普通角閃石は菱形か扁平な六角形が多い）で区別できる。それらが観察できない場合は色で見当をつける。黒色味が強ければ普通輝石、褐色味あるいは緑色味が強いと感じたら普通角閃石の可能性が高い。

■ 普通輝石

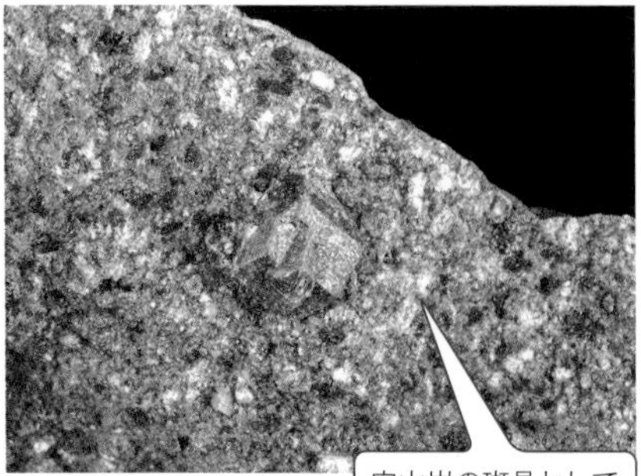

安山岩の斑晶として産する普通輝石。

結晶の長さ：約8mm
産地：神奈川県山北町谷峨

■ 普通輝石

火山砕屑物中に含まれていた普通輝石の分離群晶。

中央のやや細長い結晶の長さ：約12mm
産地：宮城県仙台市放山

翡翠輝石 *Jadeite*

（ひすいきせき）

■化学式：$NaAlSi_2O_6$
■晶　系：単斜晶系
■比　重：3.2～3.4

鑑定要素

劈開　二方向

光沢　ガラス

硬度　6～7：石英で傷がつくことがある

磁性　FM：無反応　RM：無反応

結晶面　ほとんど結晶形を示さないが、稀に長方形などの面

条線　あり：柱面上で*c*軸方向に平行

色　無、白、淡緑、淡青、淡紫色など：純粋なものは無～白色。微量成分の含有により着色

条痕色　白色

■ 集合状態

緻密塊状、針状～板柱状結晶の集合体。

■ 主な産状と共存鉱物

広域変成岩・緑色岩（曹長石、石英、オンファス輝石、藍閃石、エカーマン閃石、タラマ閃石、パンペリー石、ローソン石、ジルコン、ソーダ沸石、方沸石など）(3-1、3-3)。

■ その他

緑色はFe^{2+}あるいはCr^{3+}に、青色はFe^{2+}とTi^{4+}に、青紫色はTi^{3+}?（「?」は「可能性はあるが未確定」を示す）に、赤紫色はMn^{2+}あるいはMn^{3+}による。Crが増加し、Cr>Alとなると、濃緑色のコスモクロア輝石（kosmochlor、$NaCrSi_2O_6$）となる。Fe^{2+}やMgが多くなるとCaも増加（Naは減少）し、オンファス輝石となる。翡翠は緑色のイメージがあるが、そのようなものは翡翠輝石ではなく、鉱物学上の定義ではオンファス輝石のことが多い。翡翠は主に翡翠輝石から構成される岩石で、副成分として上記の共存鉱物など、微量成分としてチタン石やSrを主成分とする多種類の鉱物（糸魚川石、松原石、ストロナルシ石など）を含んでいる。翡翠の緻密な集合体は強靱（きょうじん）で、硬度以上に硬く感じる。新潟県糸魚川市などの翡翠産地（河原や海岸）で見られる翡翠に似たものには**曹長岩**（そうちょうがん）（ほぼ曹長石からなる白色の岩石）、**ロディン岩**（灰礬石榴石、ぶどう石、透輝石などからなる緻密な岩石）、**きつね石**（緑色の含クロム白雲母を含む菱苦土石などの炭酸塩鉱物からなる岩石）がある。

■ 翡翠輝石

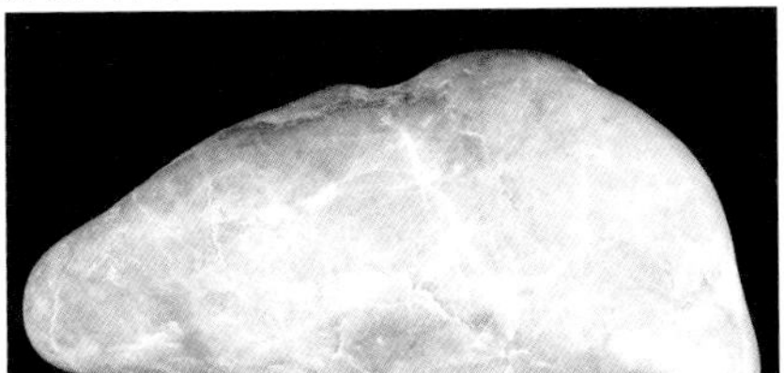

左右長：約65mm
産地：新潟県糸魚川市

白色の大部分が翡翠輝石。緑色の部分は主にオンファス輝石。

■ 翡翠輝石

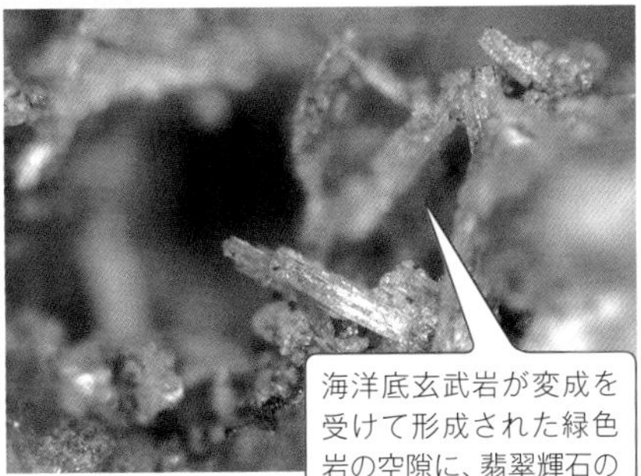

左右長：約12mm
産地：群馬県下仁田町茂垣

海洋底玄武岩が変成を受けて形成された緑色岩の空隙に、翡翠輝石の自形結晶が見られる。空隙部分は方沸石が分解されてできたもの。

けい かい せき
珪灰石 *Wollastonite*

■化学式：$Ca_3Si_3O_9$
■晶　系：三斜晶系
■比　重：2.9~3.1

鑑定要素

劈開	三方向	磁性	FM：無反応　RM：無反応
光沢	ガラス、真珠（劈開面上）、絹糸（繊維状集合体）	結晶面	ほとんど見ることはないが、稀に長方形などの面
硬度	4½~5：ステンレス釘とほぼ同じ	条線	なし：劈開の筋を誤認することもある
色	無、白、灰、淡緑、淡ピンク色など：ほとんど白色で不純物によりわずかに着色		
条痕色	白色		

■集合状態

繊維状。板柱状の結晶形。

■主な産状と共存鉱物

広域変成岩（石灰質の原岩）・スカルン（方解石、石英、透輝石、灰礬石榴石、ベスブ石など）（3-1、3-2）。

■その他

透閃石の白色繊維状集合体と似ているが、透閃石の方が高い硬度なので区別できる。類似結晶構造のペクトライト（ソーダ珪灰石）（pectolite、$Ca_2NaSi_3O_8(OH)$）、バスタム石（bustamite、$Ca_3(Mn^{2+},Ca)_3(Si_3O_9)_2$）、鉄バスタム石（ferrobustamite、$Ca_3(Fe^{2+},Ca)_3(Si_3O_9)_2$）も繊維状結晶集合体で産出することが多い。ペクトライトは変斑れい岩やアルカリ火成岩などに産する。バスタム石は変成マンガン鉱床から産し、明瞭なピンク色をしている。鉄バスタム石はスカルン中に珪灰石と同じような産状で出てくるが、わずかに褐色味を帯びている。単位格子の積み重ねの仕方で、単斜晶系（かつては**パラ珪灰石**と呼ばれた。現在では、wollastonite-2*M*と表す）や、さらに多くの積み重ね単位を持つ4種類の三斜晶系型（ふつうの型はwollastonite-1*A*と表し、以下-3*A*、-4*A*、-5*A*、-7*A*と表す）が知られている。これらは単結晶X線解析や高分解能透過型電子顕微鏡観察によって識別できる。このようなものを**ポリタイプ**と呼び、独立した種としては扱わない（雲母などでも同様）。

■珪灰石

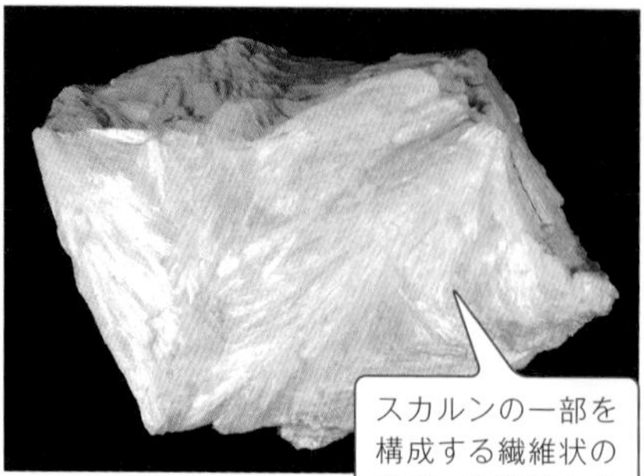

左右長：約110mm
産地：岐阜県揖斐川町川合

スカルンの一部を構成する繊維状の結晶。放射状あるいは扇状に集合。

■珪灰石

中央の結晶の長さ：約8mm
産地：埼玉県秩父市秩父鉱山道伸窪

スカルン中に産するもので、方解石が溶け、板柱状の珪灰石結晶が現れている。

薔薇輝石（ばらきせき） *Rhodonite*

■化学式：$CaMn^{2+}_4Si_5O_{15}$
■晶　系：三斜晶系
■比　重：3.6～3.8

鑑定要素

劈開 ほぼ直交する二方向

光沢 ガラス

硬度 5½～6½：工具鋼とほぼ同じくらい

色 ピンク～鮮赤色、稀に紫色を帯びる：わずかに橙からわずかに紫にかけての領域で、白との中間色に向かう方向

条痕色 白色

磁性 FM：ほぼ無反応
RM：明瞭な反応

結晶面 菱形、伸びた不規則な四～七角形など

条線 あり：隣り合う結晶面がある場合、それらの面の条線が平行になっている。柱状結晶の場合、伸びの方向と平行になっている

■ 集合状態

多くは微細～粗粒状のものが不規則塊状あるいは他鉱物と層状をなす。

■ 主な産状と共存鉱物

熱水鉱脈（石英、イネス石、菱マンガン鉱、ヨハンセン輝石、硫化鉱物など）(1-3)、変成マンガン・他金属鉱床（石英、テフロ石、菱マンガン鉱、パイロクスマンガン石、満礬石榴石、ブラウン鉱、南部石、ネオトス石、パイロファン石、マンガン重石、硫化鉱物など）(3-1、3-2)。

■ その他

野外で長く置かれると黒変する。パイロクスマンガン石とは区別できない。菱マンガン鉱とは硬度で、南部石とは色の違いで区別する。最近、薔薇輝石の定義が変更され、狭義の薔薇輝石の化学組成は$CaMn^{2+}_4Si_5O_{15}$となる。$CaMn^{2+}_3Fe^{2+}Si_5O_{15}$は鉄薔薇輝石、$Mn^{2+}_5Si_5O_{15}$はビッティンキ薔薇輝石とされた。

■ 薔薇輝石

左右長：約80mm
産地：京都府木津川市
法花寺野鉱山

淡灰緑色のテフロ石（マンガンオリーブ石）と帯状に繰り返す薔薇輝石。

■ 薔薇輝石

左右長：約40mm
産地：オーストラリア、
ブロークンヒル鉱山

高い温度圧力の変成作用を受けた堆積岩中に発達する鉛・亜鉛・銀鉱床中の方鉛鉱に伴う薔薇輝石。

透閃石(とうせんせき) - 緑閃石(りょくせんせき)

Tremolite - Actinolite

■化学式：$Ca_2(Mg,Fe^{2+})_5Si_8O_{22}(OH)_2$
■晶　系：単斜晶系
■比　重：3.0～3.2

鑑定要素

劈開 二方向：柱面に対し直角な裂開が現れることも

光沢 ガラス、絹糸（繊維状集合体）

硬度 5～6：工具鋼で傷がつく

磁性 FM：無反応
RM：弱い反応（緑閃石）

結晶面 長方形（柱面）などの面：端面が現れることはほとんどない

条線 あり：柱面上でc軸に平行

色 無、白、淡黄緑、淡緑、暗緑色など：白から緑色の領域。鉄が多いものほど緑色味が強くなる傾向がある

条痕色 白色（透閃石）～
非常に淡い緑色（緑閃石）

■ 集合状態

繊維状結晶の塊状集合、菱形あるいは扁平な六角柱状の結晶形。

■ 主な産状と共存鉱物

変成岩（石英、方解石、苦灰石、緑簾石、普通角閃石、滑石、蛇紋石など）（3-1、3-2）。

■ 透閃石

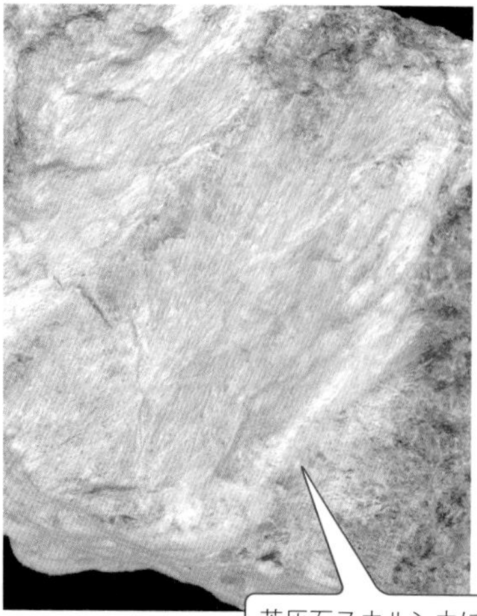

左右長：約45mm
産地：岐阜県揖斐川町川合

苦灰石スカルン中に産する繊維状の透閃石結晶集合体。

■ その他

緑色片岩やスカルンに特徴的な角閃石であり、蛇紋岩に伴って出てくることもある。変成マンガン鉱床には、少量のMn^{2+}を含むものがある。化学組成により、$Mg/(Mg+Fe^{2+})=1.0\text{-}0.9$を透閃石、$Mg/(Mg+Fe^{2+})=0.9\text{-}0.5$を緑閃石と定義される。白色の場合は透閃石でよいが、やや緑色がかった境界付近のものは化学分析によってしか区別できない。緑閃石より鉄が多い（$Mg/(Mg+Fe^{2+})<0.5$）ものを**鉄緑閃石**(てつりょくせんせき)（ferro-actinolite）と呼ぶが、これも化学分析でしか区別できない。鉄鉱石を伴うスカルンに産することがある。

■ 緑閃石

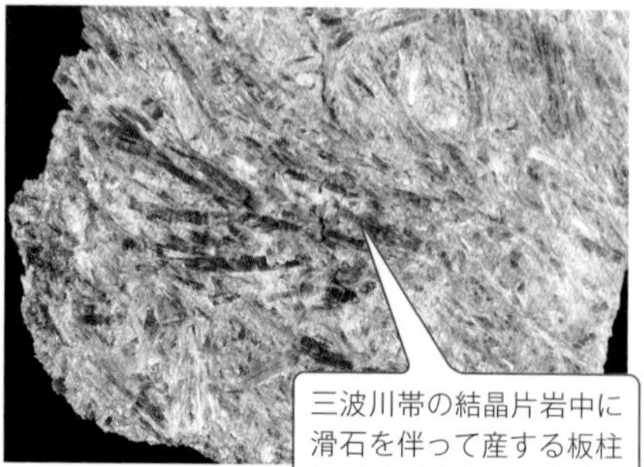

左右長：約60mm
産地：兵庫県南あわじ市沼島

三波川帯の結晶片岩中に滑石を伴って産する板柱状結晶。結晶の先端は刃状ないし針状に細くなる。

普通角閃石（ふつうかくせんせき） *Hornblende*

■化学式：$Ca_2(Mg,Fe^{2+})_4Al(Si_7Al)O_{22}(OH)_2$
■晶　系：単斜晶系
■比　重：3.0～3.5

鑑定要素

劈開	二方向
光沢	ガラス
硬度	5～6：工具鋼で傷がつく
磁性	FM：無反応 RM：弱い反応（明瞭な場合は、磁鉄鉱の包有物がある可能性が高い）
結晶面	長方形、菱形、台形などの面
条線	なし
色	暗緑、褐～黒色など：黒からやや緑色あるいは橙色の領域に向かう
条痕色	淡い帯緑灰色

■ 集合状態

柱状結晶の塊状集合、菱形あるいは扁平な六角柱状の結晶形。

■ 主な産状と共存鉱物

火成岩（石英、黒雲母、斜長石、普通輝石、苦土オリーブ石など）（1-1）、変成岩（石英、黒雲母、斜長石、緑簾石、透輝石、緑閃石、鉄礬石榴石など）（3-1、3-2）。

■ 普通角閃石

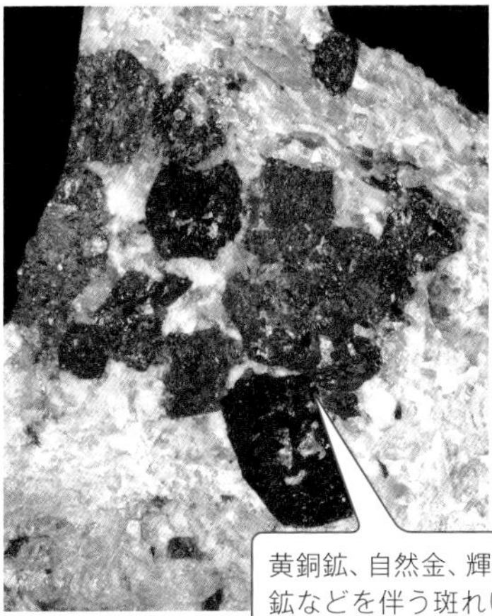

左右長：約55mm
産地：岩手県一関市矢越鉱山

黄銅鉱、自然金、輝コバルト鉱などを伴う斑れい岩中の普通角閃石。大部分が鉄普通角閃石に該当するが、一部は鉄パーガス閃石である。

■ その他

火成岩や変成岩の重要な造岩鉱物であるが、化学組成の変化に富み、外観は同じでも、カミントン閃石（cummingtonite、$(Mg,Fe^{2+})_7Si_8O_{22}(OH)_2$）、パーガス閃石（pargasite、$NaCa_2(Mg,Fe^{2+})_4Al(Si_6Al_2)O_{22}(OH)_2$）、ケルスート閃石（kaersutite、$NaCa_2(Fe^{2+},Mg)_3Ti^{4+}Al(Si_6Al_2)O_{22}(O,OH)_2$）などの組成になっていることもある。化学組成により、$Mg>Fe^{2+}$を苦土普通角閃石（magnesio-hornblende）、$Mg<Fe^{2+}$を鉄普通角閃石（ferro-hornblende）と定義される。厳密には化学分析によってしか区別できない。

■ 普通角閃石

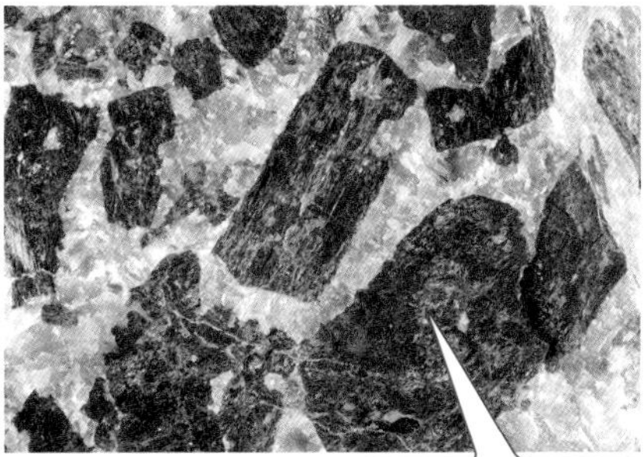

左右長：約65mm
産地：千葉県鴨川市西

変斑れい岩中に斜長石（灰長石成分が多い）を伴う苦土普通角閃石。

藍閃石-鉄藍閃石
Glaucophane - Ferro-glaucophane

- 化学式：$\square Na_2(Mg,Fe^{2+})_3Al_2Si_8O_{22}(OH)_2$
- 晶　系：単斜晶系
- 比　重：3.0

鑑定要素

劈開	二方向
光沢	ガラス
硬度	5～6：工具鋼で傷がつく
磁性	FM：無反応　RM：弱い反応
結晶面	ほとんど見られない：稀に長方形（柱面）
条線	あり：柱面上でc軸に平行
色	灰青、青紫、暗藍色など：青から紫色の領域で、やや白色に向かう
条痕色	淡い青紫色

■ 集合状態

繊維状、針状結晶の塊状集合。菱形長柱状結晶。

■ 主な産状と共存鉱物

広域変成岩（翡翠輝石、オンファス輝石、ローソン石、緑簾石、緑泥石、鉄礬石榴石など）(3-1)。

■ その他

主に低温高圧で形成された結晶片岩中に産し、藍閃石-鉄藍閃石が主な造岩鉱物の場合は、全体的に青色味があるので**青色片岩**（blue schist）と呼ばれる。乾いた状態ではわかりにくいこともあるが、水でぬらすと明瞭な紫色を帯びた藍青色に見えるのでわかりやすい。色の濃いものほど鉄が多いが、厳密には化学分析をしないと藍閃石か鉄藍閃石かはわからない。しかも、AlをFe^{3+}で置換した苦土リーベック閃石（magnesio-riebeckite、$\square Na_2(Mg,Fe^{2+})_3Fe^{3+}_2Si_8O_{22}(OH)_2$）-リーベック閃石（riebeckite、$\square Na_2(Fe^{2+},Mg)_3Fe^{3+}_2Si_8O_{22}(OH)_2$）の系列があり、外観はあまり変らないため、これら4種の肉眼鑑定を困難にしている。ただし、苦土リーベック閃石-リーベック閃石系列は変成岩以外（例えば花崗岩や閃長岩）でも産する。

■ 藍閃石

左右長：約70mm
産地：熊本県八代市東陽

非常に微細な藍閃石針状結晶とローソン石（白色部）からなる変成岩。

■ 鉄藍閃石

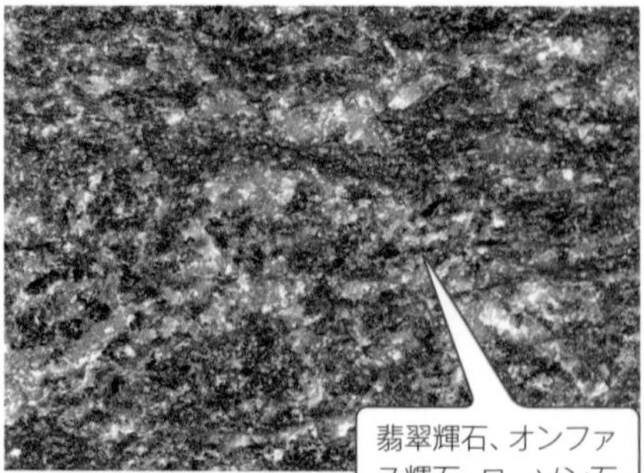

左右長：約45mm
産地：高知県高知市三谷

翡翠輝石、オンファス輝石、ローソン石など（淡緑色～白色部）を伴う微細な鉄藍閃石針状結晶集合体。

イネス石（せき） *Inesite*

■化学式：$Ca_2Mn^{2+}_7Si_{10}O_{28}(OH)_2 \cdot 5H_2O$
■晶　系：三斜晶系
■比　重：3.0

鑑定要素

劈開	一方向	磁性	FM：無反応　RM：弱い反応
光沢	ガラス：繊維状結晶集合体では絹糸光沢	結晶面	ほとんど見られない：稀に長方形（柱面）
硬度	6：工具鋼で傷がつく	条線	あり：柱面上で伸びの方向に直角
色	ピンク、肉紅色：赤色の領域で、白色に向かう		
条痕色	白色		

■ 集合状態

繊維状、針状結晶の放射状、塊状集合。先端が細くなった板柱状結晶。

■ 主な産状と共存鉱物

熱水鉱脈（石英、菱マンガン鉱、方解石、ヨハンセン輝石、薔薇輝石など）(1-2)、変成マンガン鉱床（石英、薔薇輝石、カリオピル石など）(3-2)。

■ その他

ピンク色の繊維状集合体が特徴。熱水性金銀鉱脈中に産する場合は、似たほかの鉱物がないので鑑定が容易。しかし、変成マンガン鉱床では繊維状の薔薇輝石、バスタム石、セラン石（séra ndite、$NaMn^{2+}_2Si_3O_8(OH)$）と間違うこともある。バスタム石とセラン石はイネス石より低硬度なので硬度をチェックするが、薔薇輝石とは物理的性質が似ているので肉眼鑑定は難しい。

■イネス石

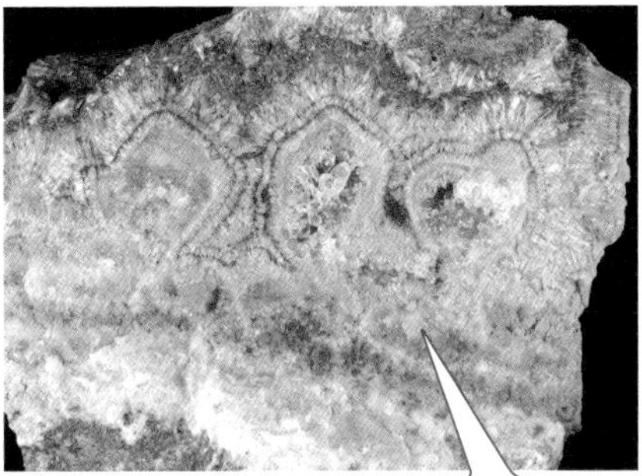

左右長：約75mm
産地：静岡県下田市
河津鉱山

金銀鉱脈中に産するイネス石のリング状集合体。

■イネス石

左右長：約20mm
産地：静岡県伊豆市
湯ヶ島鉱山

金銀鉱脈の空隙には、板柱状自形結晶が見られることもある。結晶の先端が平タガネのように薄くなっている。

滑石（かっせき） Talc

■化学式：$Mg_3Si_4O_{10}(OH)_2$
■晶　系：単斜・三斜晶系
■比　重：2.8

鑑定要素

劈開 一方向

光沢 真珠：微細結晶の緻密塊状のものは樹脂

硬度 1：モース硬度の標準

磁性 FM：無反応　RM：無反応

結晶面 六角形などの面

条線 なし

色 無、白、淡緑色など：白で、やや緑色の領域に向かう

条痕色 白色

■ 集合状態

鱗片～葉片状結晶の塊状集合、稀に六角板状の結晶形。

■ 主な産状と共存鉱物

熱水鉱脈（石英、白雲母、テルル蒼鉛鉱など）（1-1）、変成岩（石英、緑泥石、緑閃石、蛇紋石、苦灰石、方解石など）（3-1、3-2）。

■滑石

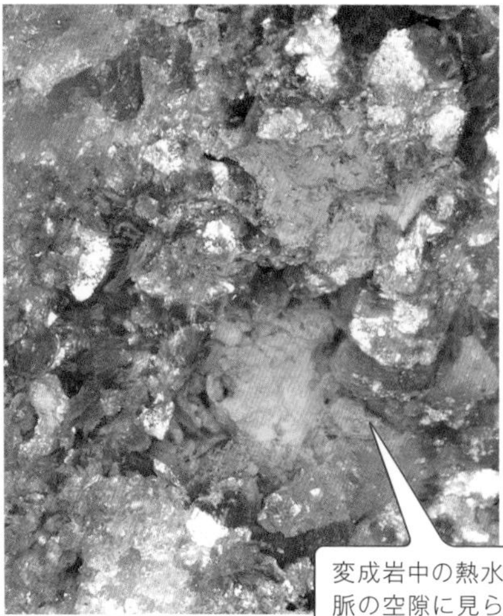

変成岩中の熱水鉱脈の空隙に見られる微細な自形結晶。

左右長：約15mm
産地：長野県茅野市
　金鶏鉱山

■ その他

三斜晶系（talc-1*A*）と単斜晶系（talc-2*M*）のポリタイプが知られているが、もちろん肉眼での鑑定は不可能。変成岩中の大きな結晶は湾曲していることがある。最も軟らかいので鑑定は容易と思いがちだが、緻密な塊は葉蠟石（pyrophyllite、$Al_2Si_4O_{10}(OH)_2$）と区別が難しい。化学的には、$3Mg^{2+} \Leftrightarrow 2Al^{3+}$の置換関係にあり、結晶構造もよく似ている。葉蠟石は主に熱水変質岩（蠟石鉱床となる）に産し、Alに富んだ鉱物（ダイアスポア、コランダム、紅柱石など）を伴って産する。

■滑石

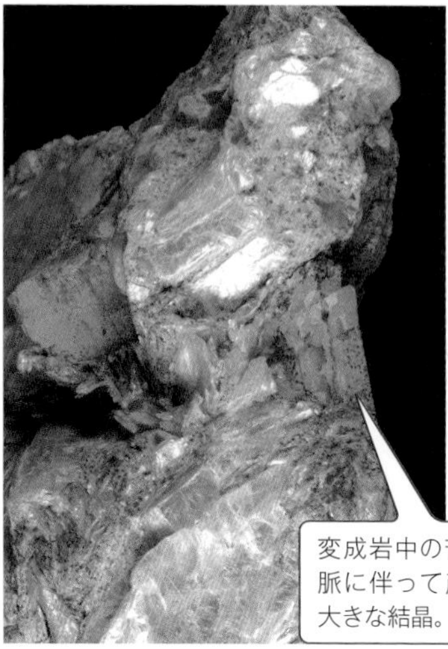

変成岩中の苦灰石脈に伴って産する大きな結晶。

左右長：約35mm
産地：茨城県常陸太田市
　長谷鉱山

白雲母 *Muscovite*

■化学式：$KAl_2(Si_3Al)O_{10}(OH)_2$
■晶　系：単斜晶系
■比　重：2.8

鑑定要素

劈開 一方向

光沢 ガラス：劈開面上では真珠、微細粉状のものは絹糸

硬度 2½（劈開方向に平行）～3½（劈開方向に垂直）。3（劈開面上）

磁性 FM：無反応　RM：無反応

結晶面 菱形、六角形などの面

条線 なし：劈開による筋が条線のように見える

色 無、白、灰、淡黄、淡緑、淡ピンク色など：白で、やや赤～緑色の領域に向かう

条痕色 白色

■ 集合状態

鱗片～葉片状結晶の塊状集合、六角板状～短柱状の結晶形。

■ 主な産状と共存鉱物

火成岩（特に花崗岩）（石英、カリ長石、曹長石、黒雲母など）（1-1）、ペグマタイト（石英、カリ長石、曹長石、鉄電気石、鉄礬石榴石など）（1-2）、熱水鉱脈・熱水変質岩（特に絹雲母として）（石英、カオリン石など）（1-3）、変成岩（石英、曹長石、緑簾石、紅簾石、緑泥石、コランダムなど）（3-1、3-2）。

■ その他

いろいろなポリタイプが知られているが、もちろん肉眼での鑑定は不可能。大きな結晶は花崗岩ペグマタイトから産する。微細な鱗片状結晶の集合体を**絹雲母**（きぬうんも）（**セリサイト**、sericite）と呼ぶ。クロムを含んで緑色になったものを**フクサイト**（fuchsite）と呼び、変成岩やそれを貫く熱水鉱脈中に産する。Siが少量増加し（四面体層のAlは減少）、八面体層のAlが少量のMgやFe^{2+}に置換されたものを**フェンジャイト**（phengite）と呼び、変成岩中によく見られる。

■ 白雲母

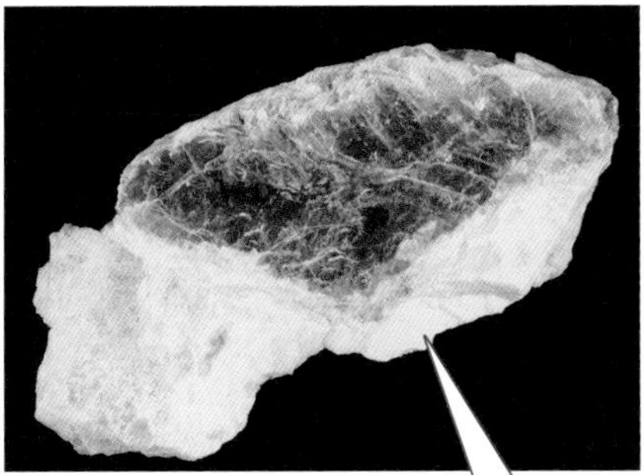

左右長：約55mm
産地：福島県郡山市愛宕山

花崗岩ペグマタイト中の結晶。曹長石や石英に伴っている。矢羽根型の双晶をしている。

■ 白雲母（含クロム）

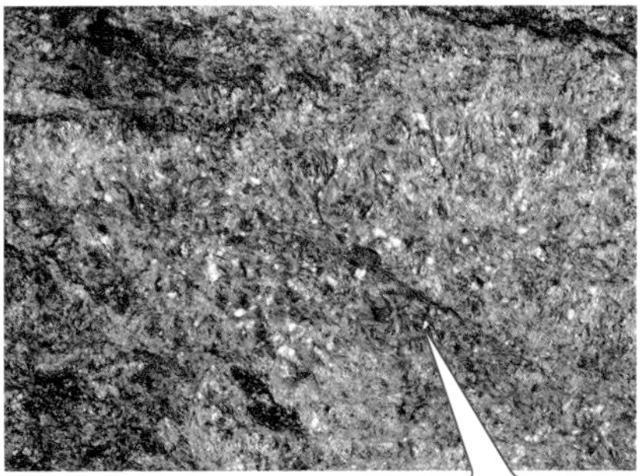

左右長：約40mm
産地：兵庫県南あわじ市沼島

三波川変成帯の結晶片岩中に、緑色の白雲母（フクサイト）が滑石、緑閃石などに伴って産する。

金雲母-鉄雲母
Phlogopite - Annite

- 化学式：$K(Mg,Fe^{2+})_3(Si_3Al)O_{10}(OH,F)_2$
- 晶　系：単斜晶系
- 比　重：2.8～3.4

鑑定要素

- **劈開** 一方向
- **光沢** ガラス：劈開面上では真珠
- **硬度** 2～3：鉄の多いものの方がやや硬い
- **色** 淡黄褐、暗褐、褐黒、緑黒色など：橙～緑色の領域で白および黒色に向かう
- **条痕色** 白色～淡褐色（鉄が多いもの。いわゆる黒雲母）

- **磁性** FM：無反応 RM：無反応（鉄のほとんどないもの）～弱い反応（鉄の多いもの）
- **結晶面** 菱形、六角形などの面
- **条線** なし：劈開による筋が条線のように見える

■ 集合状態

鱗片～葉片状結晶の塊状集合、六角板状～柱状の結晶形。

■ 主な産状と共存鉱物

火成岩（金雲母は超苦鉄質～中間質岩、鉄雲母は珪長質岩）（苦土オリーブ石、普通輝石、石英、カリ長石、曹長石など）（1-1）、花崗岩ペグマタイト（石英、カリ長石、曹長石、鉄電気石、鉄礬石榴石など）（1-2）、変成岩（石英、カリ長石、普通角閃石、方解石、苦灰石、スピネルなど）（3-1、3-2）。

■ その他

いろいろなポリタイプが知られているが、肉眼での鑑定は不可能。主に金雲母（$Mg>Fe^{2+}$）と鉄雲母（$Mg<Fe^{2+}$）の中間的な広い化学組成（AlやFe^{3+}がやや多くなることもある）を持つ雲母を**黒雲母**（biotite）という。正式種名ではないが、便利なためフィールド名としてよく使われる。少し分解すると、Kが失われ水分が多く入る。加水黒雲母（hydrobiotite、$K(Mg,Fe^{2+})_6(Si,Al)_8O_{20}(OH)_4 \cdot nH_2O$）となっている場合がある。このような雲母のうち、俗に**蛭石**（ひるいし）といわれるものは、加熱すると層間が膨張する。一般的に色が薄いのが**金雲母**で、黒色に近くなると**鉄雲母**となる。水辺でキラキラ輝く「黒雲母」を砂金と間違えることもある。

■ 金雲母

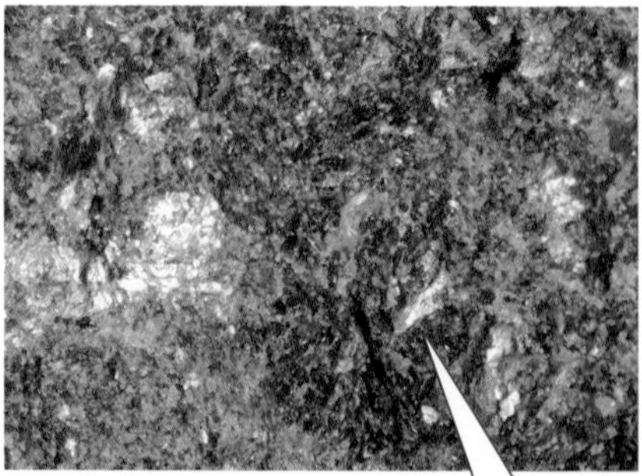

左右長：約45mm
産地：岐阜県揖斐川町春日鉱山

苦灰石スカルン中に産する金雲母。反射光が金のように見える。

■ 黒雲母

ランプロファイアーという岩脈中に鉄雲母の六角柱状結晶が含まれている。

左右長：約35mm
産地：北海道浦河町乳呑川

■ 水辺で輝く黒雲母

花崗岩の風化によって流された黒雲母が川の中に集積し、水辺で輝いている。

左右長：約150mm
産地：岩手県遠野市
猿ヶ石川

■ 蛭石

加熱して層間が膨張した蛭石。

左右長：約10mm
産地：南アフリカ

■ 金雲母

石灰質片麻岩中の分離結晶。実際は柱状結晶だが、劈開で割れるため板状のように見える。

左右長：約35mm
産地：マダガスカル

■ 加水黒雲母（蛭石）

風化した花崗岩に含まれる黒雲母。実際には加水黒雲母（いわゆる蛭石）に変質している。

左右長：約50mm
産地：岩手県岩泉町乙茂上

リチア雲母（ポリリチオ雲母－トリリチオ雲母）
Polylithionite - Trilithionite

- 化学式：$KLi_2AlSi_4O_{10}(F,OH)_2$－$KLi_{1.5}Al_{1.5}(Si_3Al)O_{10}(F,OH)_2$
- 晶　系：単斜晶系
- 比　重：2.8～2.9

鑑定要素

劈開	一方向	磁性	FM：無反応　RM：無反応
光沢	ガラス：劈開面上では真珠	結晶面	菱形、六角形などの面
硬度	2½～3½	条線	なし：劈開による筋が条線のように見える

色	無、白、灰、淡黄、ピンク、赤紫色など：黄～赤色、紫色の領域で白に向かう
条痕色	白色

■ 集合状態

鱗片～葉片状結晶の塊状、球状、ぶどう状集合、六角板状の結晶形。

■ 主な産状と共存鉱物

ペグマタイト（特にリチウム・ペグマタイト）（石英、曹長石、リチア電気石、緑柱石、リチア輝石、マイクロ石など）（1-2）。

■ その他

色から紅雲母、鱗状の形態から**鱗雲母**という和名も使われる。リチア雲母（lepidolite）という正式種名はなくなり、ポリリチオ雲母かトリリチオ雲母のどちらかになるが、便利なためフィールド名として使われる。**益富雲母**（masutomilite、$KLi(Mn^{2+},Fe^{2+})Al(Si_3Al)O_{10}(F,OH)_2$）もペグマタイト中に産し、鱗状にならないのだが色が似ている。ただし、リチア電気石などのリチウム鉱物群を伴っていない。

■ リチア雲母

左右長：約50mm
産地：茨城県常陸太田市妙見山

ペグマタイト中の主に石英、曹長石とともに鱗片状結晶が散点する。

■ リチア雲母

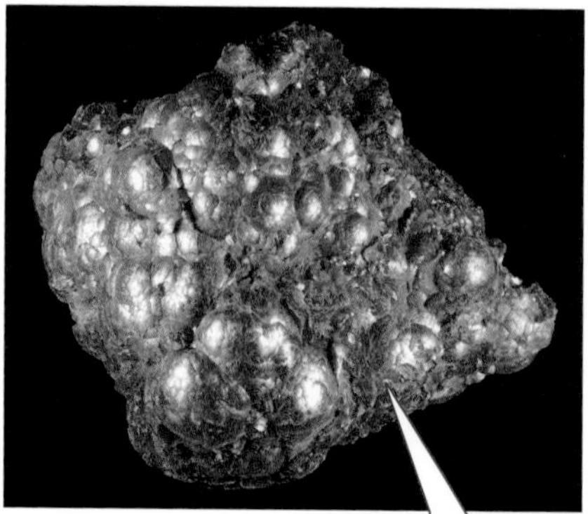

左右長：約120mm
産地：マダガスカル

ペグマタイト中に産し、鱗雲母の名にふさわしい典型的な集合状態をしている。

クリノクロア石 シャモス石（緑泥石）

Clinochlore - Chamosite (Chlorite)

■化学式：$(Mg,Fe)_5Al(Si_3Al)O_{10}(OH)_8$
■晶　系：単斜晶系
■比　重：2.3〜3.3

鑑定要素

劈開 一方向

光沢 脂肪〜ガラス、土状、劈開面上では真珠

硬度 2〜3

色 白、淡緑、暗緑、緑黒、赤紫色など：緑色の領域で白および黒色に向かう。クロムを含むものは赤紫色の領域

磁性 FM：無反応
RM：無反応（鉄のほとんどないもの）〜明瞭な反応（鉄の多いもの）

結晶面 非常に稀にしか結晶面は見られないが、六角形（三角形に近いものも）、長方形などの面

条線 なし：柱面上には劈開による筋が条線のように見える

条痕色 帯緑白色（鉄の乏しいもの）〜淡灰緑色（鉄が多いもの）

クリノクロア石

シャモス石

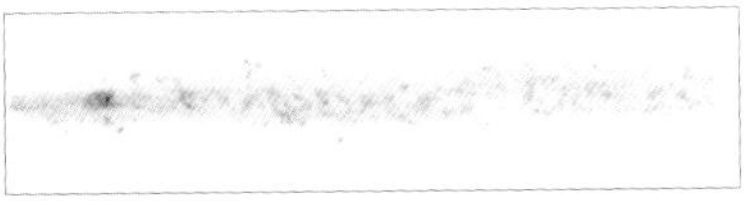

■ 集合状態

土状、鱗片状、葉片状結晶の塊状集合、稀に六角板状〜短柱状の結晶形。

■ 主な産状と共存鉱物

熱水鉱脈・熱水変質岩（石英、白雲母、カオリン鉱物、黄銅鉱、黄鉄鉱など）(1-3)、変成岩・緑色岩（曹長石、石英、緑簾石、方解石、蛇紋石など）(3-1、3-2、3-3)。

■ その他

一般的には緑泥石（**クロライト**）と呼ばれ、苦鉄質鉱物の変質などによって容易に生成するので、微細なものはやや変質が進んだあらゆる火成岩中に存在する。まとまって見られるのが上記の産状中のものである。主にクリノクロア石（$Mg>Fe^{2+}$）とシャモス石（$Mg<Fe^{2+}$）の系列であるが、マンガン、ニッケル、亜鉛、リチウムなどを主成分とする仲間もある。クリノクロア石のアルミニウム（八面体層）の一部をクロムで置換したものは、緑泥石のイメージとはまったく異なる赤紫（菫）系統の色をするため、**菫泥石**という変種名で呼ばれることもあり、蛇紋岩中のクロム鉄鉱-クロム苦土鉱に伴って産する。

■クリノクロア石

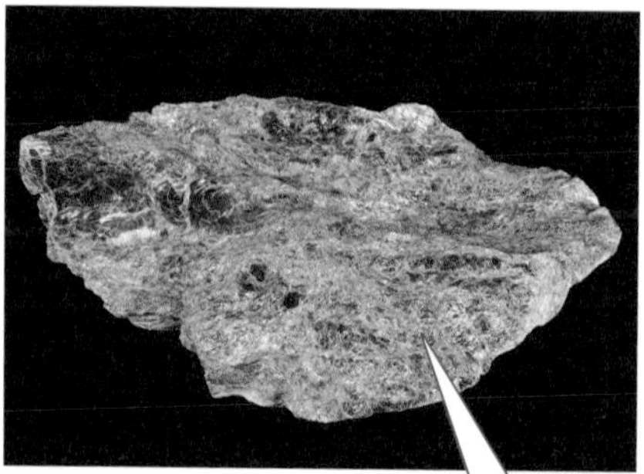

左右長：約75mm
産地：群馬県下仁田町茂垣

緑泥石片岩の大部分を占めるクリノクロア石。やや粗粒部では雲母に似た外観を持つ。

■シャモス石

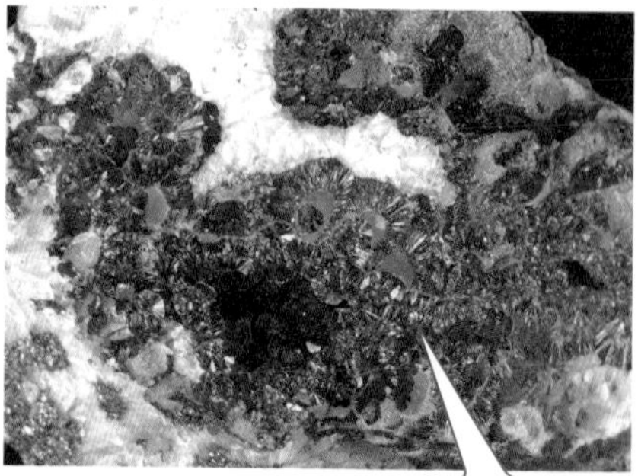

左右長：約55mm
産地：秋田県大仙市
荒川鉱山

熱水鉱脈中の石英、黄銅鉱などに伴い、シャモス石の葉片状結晶が放射状集合してぶどう状の塊をつくっている。

■菫泥石

左右長：約30mm
産地：トルコ、
コップクロム鉱山

緑泥石のイメージとかけ離れた鮮やかな赤紫色の含クロムクリノクロア石（菫泥石）の結晶集合。

■クリノクロア石

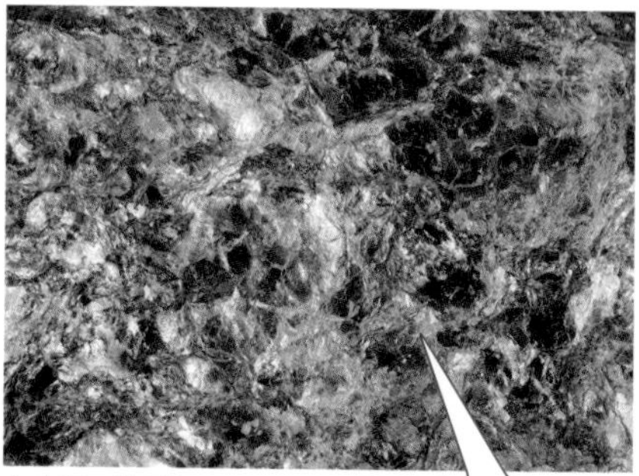

左右長：約55mm
産地：長崎県西海市
鳥加郷

緑泥石片岩の結晶粒が大きな部分で、色の違いは鉄などの微量成分によると思われる。

ぶどう石（せき） *Prehnite*

■化学式：$Ca_2Al(Si_3Al)O_{10}(OH)_2$
■晶　系：直方・単斜晶系
■比　重：2.9

鑑定要素

劈開	一方向	磁性	FM：無反応　RM：無反応
光沢	ガラス、劈開面上では真珠	結晶面	稀に細長い八角形、長方形などの面
硬度	6 ～ 6½：石英で傷をつけられる	条線	なし
色	無、白、淡緑色など：白色の領域が中心で、少し緑色に向かう		
条痕色	白色		

■ 集合状態

主に葉片状、板状結晶が集まり、球状、ぶどう状の集合体をつくる。稀に直方体に近い板柱状の結晶形。

■ 主な産状と共存鉱物

火成岩＋熱水変質（斑れい岩、玄武岩、閃緑岩、安山岩、曹長岩など）（緑簾石、石英、方解石、曹長石、菱沸石など）（1-1、1-3）、変成岩・緑色岩（灰礬石榴石、単斜灰簾石、パンペリー石、緑泥石、濁沸石など）（3-1、3-2、3-3）。

■ ぶどう石

左右長：約60mm
産地：山梨県身延町岩欠

玄武岩質の熔岩や火砕岩が弱い変成を受けてできたぶどう石。わずかな鉄を含んで淡い緑色をしている。晶洞の壁には微細なパンペリー石を伴う。

■ その他

苦鉄質火山岩物質に富む砂質岩起原の低度変成岩には、ぶどう石とパンペリー石が広く含まれているので、「ぶどう石-パンペリー石相」の変成岩と呼ばれる。緑色の原因は、アルミニウム（八面体層）を置換する鉄と考えられている。中には、Fe^{3+}>Alとなっているものが知られている。理論的には、四面体層のケイ素とアルミニウムが不規則に入ると直方晶系（無秩序型）に、ケイ素とアルミニウムが規則的に入ると単斜晶系（秩序型）になる。しかし、結晶の成長方位によっては両者が混在することもあり、歪みが生じて湾曲し、球状の集合体となる傾向がある。無色透明な不定形の塊は肉眼鑑定が困難。魚眼石よりは硬度が高く、劈開の完全さはそれより弱い。

■ ぶどう石

左右長：約7mm
産地：新潟県糸魚川市小滝

曹長岩の空隙に産する、鉄を含まない無色透明なぶどう石の結晶。ぶどう石のイメージからほど遠いが、これが本来の姿。

魚眼石（ぎょがんせき） *Apophyllite*

- 化学式：$KCa_4Si_8O_{20}(F,OH)\cdot 8H_2O$
- 晶　系：正方晶系
- 比　重：2.4

鑑定要素

劈開 一方向

光沢 ガラス：劈開面上では真珠

硬度 4½～5：工具鋼で傷をつけられる

磁性 FM：無反応　RM：無反応

結晶面 菱形、正方形～長方形、細長い六角形、三角形などの面

条線 なし

色 無、白、淡緑、淡黄、淡青、淡ピンク色など：白色の領域が中心で、少し各色の領域に向かう

条痕色 白色

■ 集合状態

塊状の集合体、先端の尖った正方複錐柱状～細長い八面体に近い形状、先端が平らで錐面が小さな正方柱状～厚板状、立方体に近い形状の結晶形など。

■ 主な産状と共存鉱物

火成岩＋熱水変質（斑れい岩、玄武岩、閃緑岩、安山岩など）（石英、方解石、ダトー石、方沸石、ソーダ沸石、束沸石、輝沸石など）（1-1、1-3）、スカルン（方解石、灰鉄輝石など）（3-2）。

■ その他

F>OHのものは**フッ素魚眼石**（fluorapophyllite-(K)）、F<OHのものは**水酸魚眼石**（hydroxylapophyllite-(K)）と呼ばれるが、肉眼での区別は不可能。1つの結晶に両方が混在していることも稀でない。さらに、カリウムがナトリウムで置換された**ソーダ魚眼石**（fluorapophyllite-(Na)）も知られる（岡山県高梁市山宝鉱山が原産地）。劈開は著しく、劈開面は著しい真珠光沢を放つ。晶洞で沸石類の結晶の隙間を埋めるような塊状のものは肉眼鑑定が難しい。

■ 魚眼石

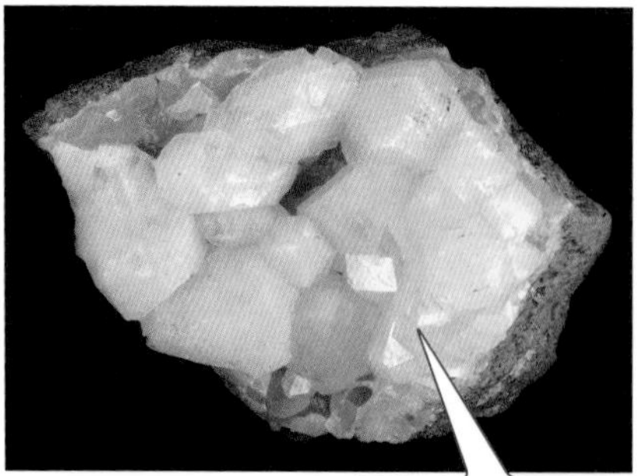

左右長：約120mm
産地：愛媛県久万高原町槙野川

安山岩の空隙に産する無色透明～白色の魚眼石の結晶群。母岩との境には、淡ピンク色ダトー石のぶどう状集合体が見える。

■ 魚眼石

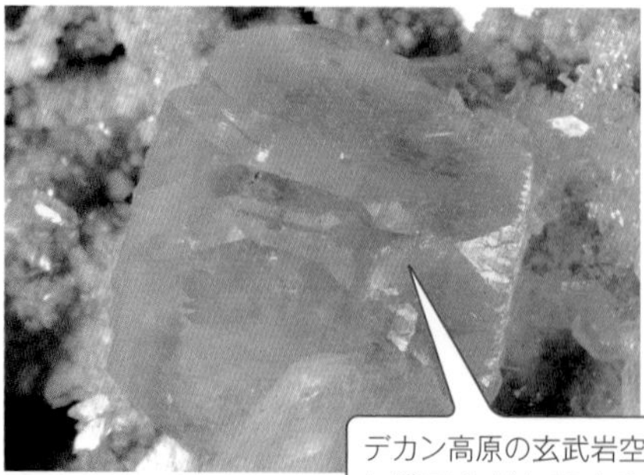

結晶の長さ：約10mm
産地：インド、マハーラーシュトラ州プーナ

デカン高原の玄武岩空隙中に沸石などと産する魚眼石。これは立方体に近い結晶形をしていて、稜は三角形の面で切られている。まるで蛍石のように見える。緑～青色は、1つの原因としてバナジウムが含まれることが考えられる。

石英（せきえい） Quartz

■化学式：SiO_2
■晶　系：三方晶系
■比　重：2.7

鑑定要素

劈開 なし：貝殻状あるいはギザギザの割れ口

光沢 ガラス

硬度 7：モース硬度の標準

磁性 FM：無反応　RM：無反応

結晶面 三角形、長方形、台形、菱形、八角形などの面

条線 あり：柱面上で、*c*軸方向に直交

色 無、白、黄、煙、黒、ピンク、紫色など：白色を基本とし、緑から藍色を除く領域に向かう。さらに黒色方向にも伸びる

条痕色 白色

■集合状態

粒状、塊状、六角柱状あるいは三角柱に近い六角柱状の結晶形。先端が2種類の錐面が3つ交互に隣り合って6錐面となっている。先端が平らな面（c{0001}）はほとんどない。ブラジル式、日本式などいろいろな双晶がある。

■主な産状と共存鉱物

火成岩（主に珪長質）（カリ長石、曹長石、黒雲母、白雲母、磁鉄鉱、チタン鉄鉱など）(1-1)。ペグマタイト（カリ長石、曹長石、黒雲母、白雲母、ルチル、トパズ、鉄電気石、鉄礬石榴石、緑柱石など）(1-2)、熱水鉱脈（方解石、黄銅鉱、黄鉄鉱、閃亜鉛鉱、方鉛鉱など）(1-3)、堆積岩（主にチャート、正珪岩）(2-1)、広域変成岩（カリ長石、黒雲母、白雲母、鉄礬石榴石、緑簾石、紅簾石、緑泥石など）(3-1)、スカルン（方解石、苦灰石、灰鉄石榴石-灰礬石榴石、緑簾石、ベスブ石、鉄斧石-マンガン斧石、鉄電気石、磁鉄鉱、赤鉄鉱など）(3-2)。

■その他

超苦鉄質～中間質火成岩、ケイ酸分に乏しい原岩からの変成岩の初生的鉱物として存在しないが、それ以外のほぼすべての岩石中に産出する。結晶形があれば容易に鑑定できるが、塊状のものは硬度のチェックと劈開がないことを確かめる。純粋なものは無色透明だが、微量成分（Na、Al、Ti、Mn、Feなど）を含むため色に影響する。また、包有物（液体や鉱物粒）によって透明感が失われ（白濁している）、あるいは包有鉱物の色がついて見える（緑色系統の石英〈水晶〉のほとんど）こともある。色、結晶の大きさ、集合状態などでさまざまな変種名（最近では商品名も多くなった）があるが、昔から使われてきたものは、**紫水晶**（アメシスト）、**黄水晶**（シトリン）、**煙～黒水晶**（スモーキー・コーツ）、**薔薇石英**（ローズ・コーツ）、**玉髄**（ぎょくずい）（カルセドニー）、**瑪瑙**（めのう）（アゲート）、**碧玉**（へきぎょく）（ジャスパー）などである。玉髄、瑪瑙、碧玉などは非常に微細な石英粒が集合して塊（不定形、皮殻状、鍾乳状、球状など）をつくっている。粒間に化学成分が染み込みやすく、天然でも着色（例えば、鉄酸化物などで赤くなった瑪瑙）するが、人工的にも着色が容易で、土産屋の安価な「美石」の多くは**着色瑪瑙**である。

■ 石英（水晶）

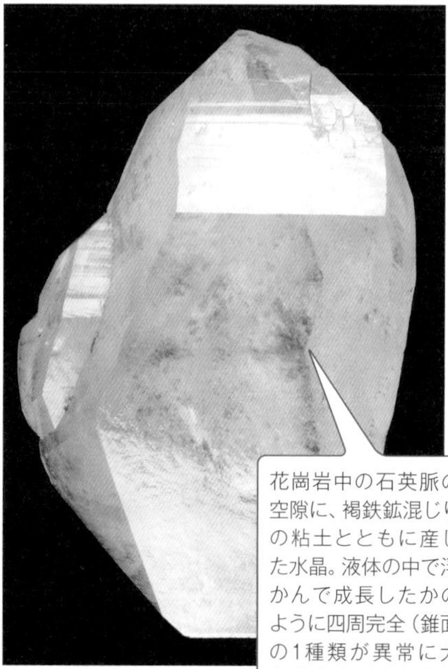

結晶の長さ：約60mm
産地：京都府亀岡市行者山

花崗岩中の石英脈の空隙に、褐鉄鉱混じりの粘土とともに産した水晶。液体の中で浮かんで成長したかのように四周完全（錐面の1種類が異常に大きく発達して単斜晶系のような形に見える）に近い形状。

■ 石英（煙水晶）

結晶の長さ：約75mm
産地：岐阜県中津川市蛭川

花崗岩ペグマタイト中に産する煙水晶。微量成分のほか放射線の影響を受けて黒化したものと考えられている。

■ 石英（紫水晶）

結晶の長さ：約65mm
産地：秋田県大仙市
荒川鉱山

比較的低温で形成された金、銀、銅などを含む熱水鉱脈中には、色の濃淡は別にして紫水晶がよく見られる。

■ 石英（日本式双晶）

左右長：約40mm
産地：大分県豊後大野市
豊栄鉱山

日本式双晶は、やや平らな水晶が2つ双晶することが多く、互いのc軸は84°33′で交わっている。

■ 石英（ジオード）

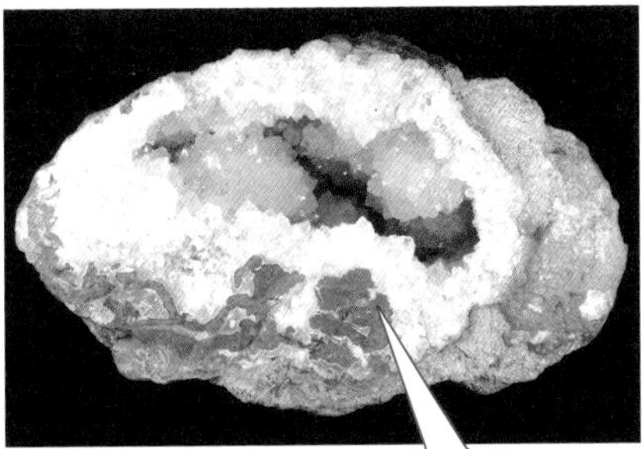

左右長：約160mm
産地：群馬県下仁田町相沢

火山岩中の球顆には、ほぼ石英でできているものがあり、中心部が空隙になって水晶が群生し、球顆の縁部が瑪瑙や玉髄になっていることもある。このようなものを**ジオード**（geode）と呼んでいる。

■ 石英（瑪瑙）

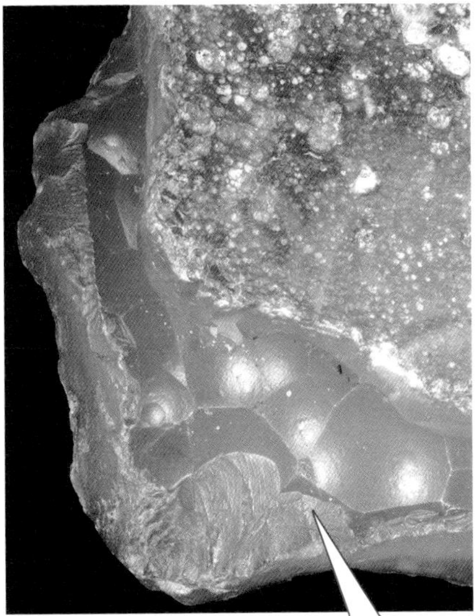

左右長：約40mm
産地：茨城県常陸大宮市後坪

礫層に入っているうちに、水酸化鉄が染み込んで赤褐色になった瑪瑙。

■ 石英（櫻水晶）

左右長：約8mm
産地：大分県豊後大野市尾平鉱山

水晶をc軸に垂直に切断したもの。白濁した部分はブラジル式双晶ラメラ（一種の葉片状組織）、透明感のある部分はドフィーネ式双晶、という複雑な構造になっている。変質した菫青石（桜石）と同じような形に見えることから、発表者達（岡田ほか）はこの構造を**櫻**（桜）**構造**と命名。したがって、この水晶を**櫻水晶**と呼んでおく。

■ 石英（ローズ）

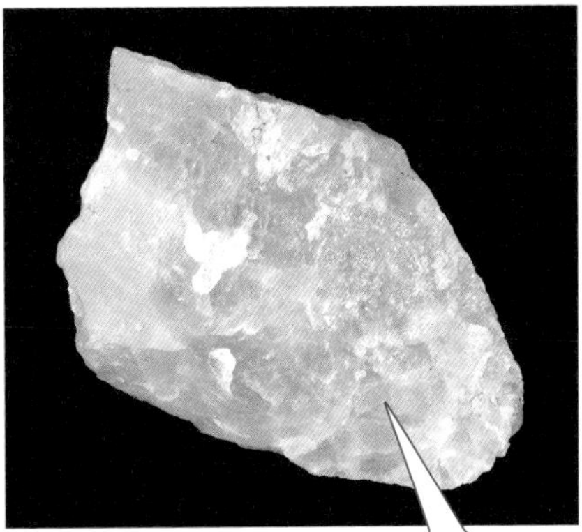

左右長：約35mm
産地：福島県いわき市三和町

ピンク色味が強い石英。微量なチタンやアルミニウムの影響で着色している。花崗岩中に脈をなし、無色のところもあるなど色の濃淡が激しい。

オパル(オパール)(蛋白石) *Opal*

■化学式：$SiO_2 \cdot nH_2O$
■晶　系：非晶質
■比　重：2.1

鑑定要素

劈開 なし：貝殻状あるいはギザギザの割れ口

光沢 ガラス～樹脂

硬度 5½～6½：石英で傷がつけられる

磁性 FM：無反応　RM：無反応

結晶面 なし

条線 なし

色 無、白、黄、橙、褐、青、緑、赤色など：白色を基本とし、色の領域に向かう。光の干渉によって、虹色の遊色がある

条痕色 白色

■ 集合状態

脈状、塊状、球顆状。化石を置換するものがある。

■ 主な産状と共存鉱物

火山岩（主に珪長質）（石英、クリストバル石など）(1-1)、ペグマタイト（石英、カリ長石など）(1-2)、火山噴気・温泉沈殿物（針鉄鉱、霰石など）(1-4)、堆積岩（砂岩などの割れ目を満たす）(2-1)。

■ オパル

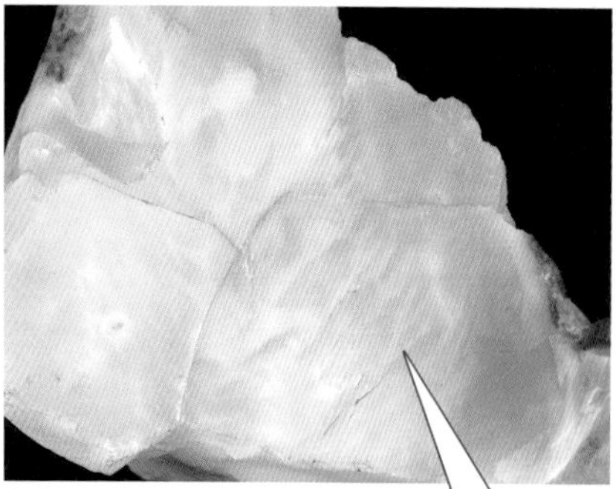

左右長：約35mm
産地：石川県小松市赤瀬

流紋岩中にオパルが不規則な塊状で含まれる。稀に虹色の遊色を放つものがある。

■ その他

電子顕微鏡サイズのケイ酸でできた球と少量の水分からできている。ケイ酸球のサイズがそろい、それが規則正しく配列すると、光の干渉を起こして虹色の遊色が現れる。このようなものを**貴蛋白石**（きたんぱくせき）（**プレシャス・オパル**あるいは**ノーブル・オパル**）と呼ぶ。遊色を示さないものは**コモン・オパル**と呼ばれるが、さまざまな色のものがあり、それも宝石として使われる。完全な非晶質から、低温構造のクリストバル石や鱗珪石を混在するもの、オパルのように見える玉髄などもあり、それらと硬度がほぼ同じこともあって肉眼で区別するのは難しい。

■ オパル

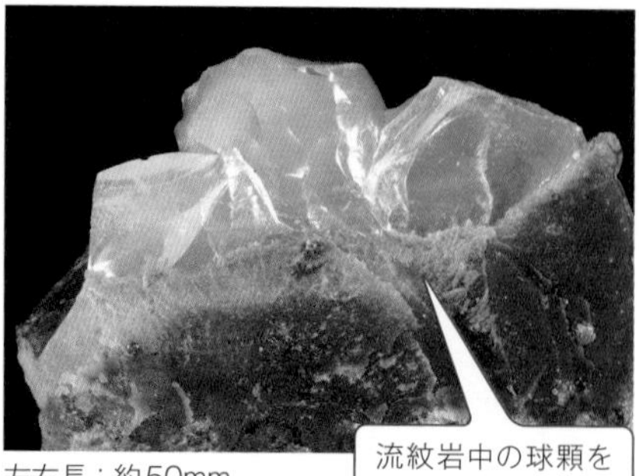

左右長：約50mm
産地：福島県西会津町宝坂

流紋岩中の球顆を割ると中にオパルや玉髄が見られることがある。稀に遊色を示すオパルが現れる。

■ オパル（玉滴石）

球の直径：約2.5mm
産地：富山県立山町
　　　立山新湯

温泉沈殿物として堆積した、魚卵に似た球状オパル（玉滴石、hyalite）。無色透明なもの、少し色がついて半透明になったものなどがある。

■ オパル（緑色蛍光）

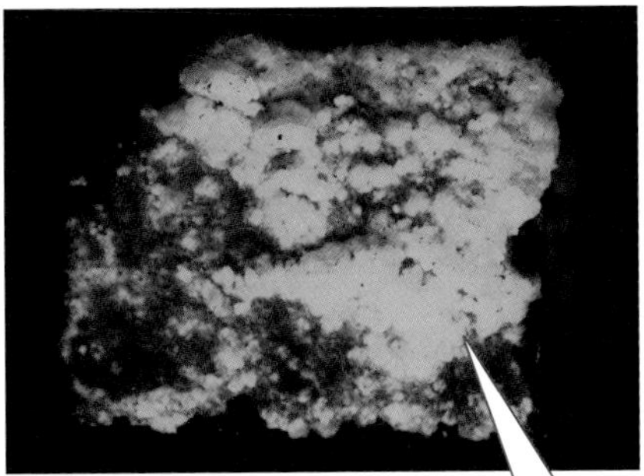

左右長：45mm
産地：岐阜県中津川市蛭川

玉滴石が鮮やかな緑色の蛍光を発している。

■ オパル

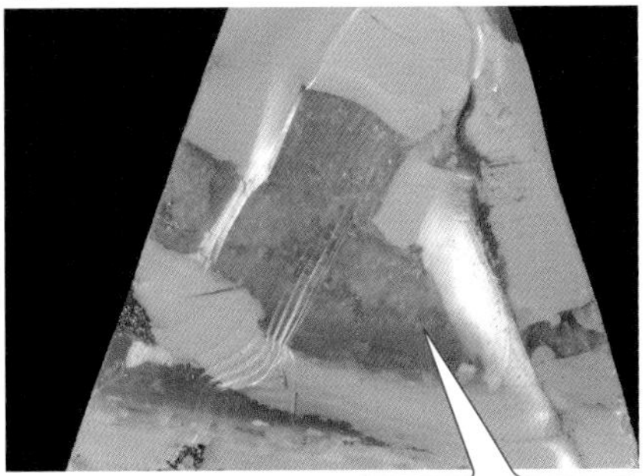

左右長：約35mm
産地：オーストラリア、
　　　クイーンズランド州

褐鉄鉱が染み込んだ砂岩の割れ目を満たす、遊色を示すオパルで、昔から世界的に有名。貝殻や恐竜の骨などの化石を置換するものも産する。

■ オパル（玉滴石）

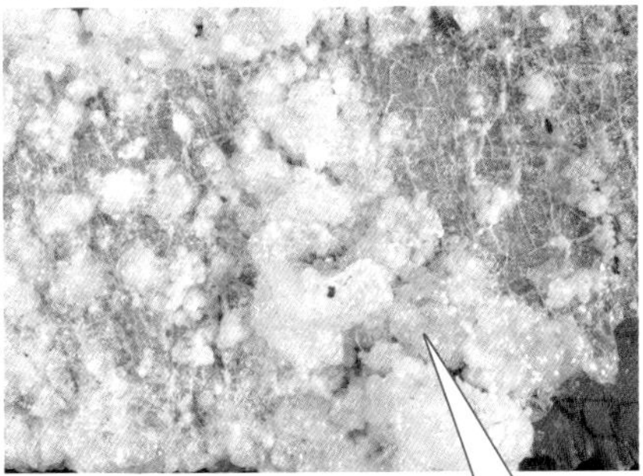

左右長：30mm
産地：岐阜県中津川市蛭川

ペグマタイト中のカリ長石の上に沈積する玉滴石。特に短波長の紫外線で鮮やかな緑色の蛍光を示す。

カリ長石（サニディン、正長石、微斜長石）
K-feldspar (Sanidine,Orthoclase,Microcline)

■化学式：$KAlSi_3O_8$
■晶　系：単斜晶系、三斜晶系
■比　重：2.6

鑑定要素

劈開 二方向

光沢 ガラス

硬度 6：モース硬度の標準

磁性 FM：無反応　RM：無反応

結晶面 細長い五、六、七、九角形、長方形、菱形、台形などの面

条線 なし

色 無、白、黄、ピンク、赤褐、緑、青緑色など：白色を基本とし、藍色を除く領域に向かう

条痕色 白色

■ 集合状態

塊状、柱状、厚板状、菱形の結晶形。いろいろな双晶が知られている。カールスバド式（*c*軸方向に長く、*b*軸方向に扁平）、バベノ式（*a*軸方向に長い角柱状）、マネバッハ式（*c*軸方向に扁平な厚板状）がよく知られている。

■ 主な産状と共存鉱物

火成岩（主に珪長質）（石英、曹長石、黒雲母、白雲母、クリストバル石、普通角閃石など）（1-1）。ペグマタイト（石英、曹長石、黒雲母、白雲母、トパズ、鉄電気石、鉄礬石榴石など）（1-2）、熱水鉱脈（石英、白雲母、自然金など）（1-3）、広域変成岩（石英、黒雲母、白雲母、鉄礬石榴石、普通角閃石、緑泥石、緑簾石など）（3-1）、スカルン（方解石、灰鉄石榴石-灰礬石榴石など）（3-2）。

■ その他

超苦鉄質～中間質火成岩、ケイ酸分に乏しい原岩からの変成岩の初生的鉱物として存在しないが、それ以外のほぼすべての岩石中に産出する。完全な単斜晶系のものはサニディン（玻璃長石）で主に流紋岩や花崗斑岩中に産する。微斜長石は三斜度の高いものから低いものがあり、ほぼ単斜晶系に近いものを**正長石**と呼んでいる。緑～青色の微斜長石は**アマゾナイト**（**天河石**）、菱形六面体の正長石を**アデュラリア**（**氷長石**）というよく使われる変種名もある。結晶形があれば容易に鑑定できるが、塊状のものは硬度のチェックと二方向に完全な劈開があることを確かめる。純粋なものは無色透明だが、花崗岩や片麻岩などのカリ長石は微量なFeを含むためピンク～赤色になっていることがある。共存する曹長石は白色のことが多いので区別できる。 また、大きなカリ長石の結晶面や劈開面に、モヤモヤとした波打った縞模様などが見えることがあるが、その部分は斜長石（ほぼ曹長石）である。これを**パーサイト**という（斜長石の方が多いと、**アンチパーサイト**という）。このような構造は主に、高温時でカリウムとナトリウムは共存していたのに、冷えていくと分かれて別の鉱物となったためである。

■カリ長石（玻璃長石）

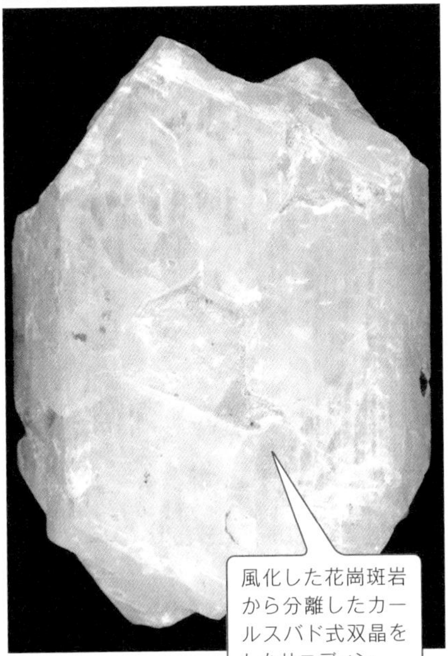

風化した花崗斑岩から分離したカールスバド式双晶をしたサニディン。

結晶の長さ：約20mm
産地：和歌山県太地町太地

■カリ長石（氷長石）

左右長：約45mm
産地：オーストリア、ザルツブルク

アルプス型脈の空隙に産する氷長石。アルプス型脈は広域変成岩に伴う熱水脈で、鋭錐石、チタン石、斧石、ぶどう石などの結晶を伴う。

■カリ長石（微斜長石）

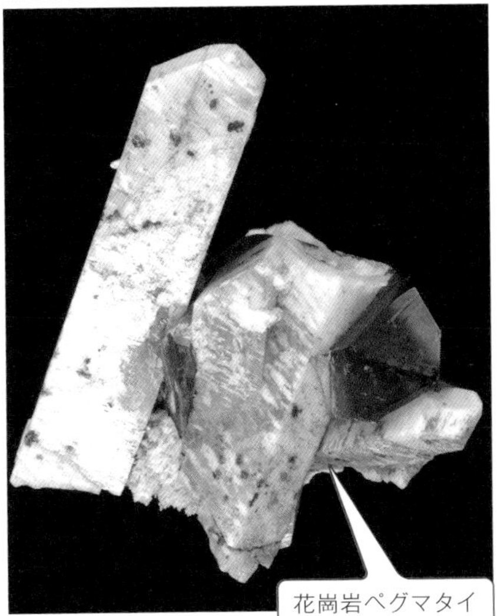

左の結晶の長さ：約50mm
産地：岐阜県中津川市蛭川

花崗岩ペグマタイトの空隙でよく見られるバベノ式双晶をしたカリ長石。結晶面角の測定で三斜度が明瞭な微斜長石。

■カリ長石（天河石）

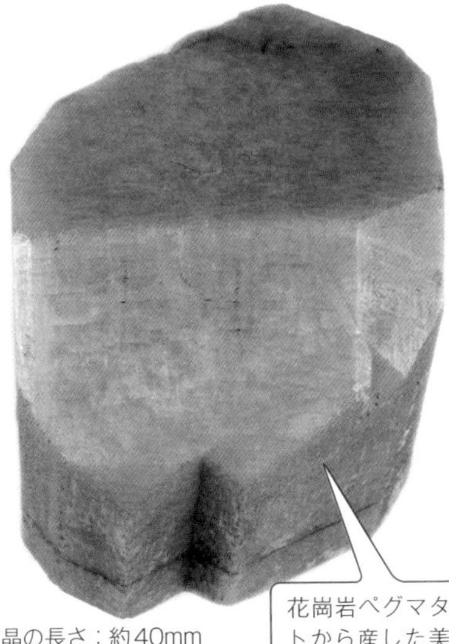

結晶の長さ：約40mm
産地：アメリカ、コロラド州

花崗岩ペグマタイトから産した美しい青緑色のアマゾナイト。

斜長石（曹長石-灰長石）

しゃちょうせき（そうちょうせき-かいちょうせき）

Plagioclase (Albite-Anorthite)

■化学式：$NaAlSi_3O_8$ - $CaAl_2Si_2O_8$
■晶　系：三斜晶系
■比　重：2.6～2.8

鑑定要素

劈開 二方向

光沢 ガラス

硬度 6～6½：石英で傷がつけられる

磁性 FM：無反応　RM：無反応

結晶面 細長い五、六、七、九角形、長方形、菱形、三角形などの面

条線 なし

色 無、白、黄、青、赤色など：白色を基本とし、藍色を除く領域に向かう

条痕色 白色

■集合状態

塊状、葉片状の集合、柱状、厚板状の結晶形。アルバイト式（{010}が双晶面で繰り返す）をはじめ、カールスバド式、バベノ式、マネバッハ式、ペリクリン式（*b*軸で180°回転し*c*軸方向に扁平な厚板状）がよく知られている。

■主な産状と共存鉱物

火成岩（石英、カリ長石、黒雲母、白雲母、普通角閃石、普通輝石、苦土オリーブ石など）(1-1)、ペグマタイト（石英、カリ長石、黒雲母、白雲母、トパズ、鉄電気石、鉄礬石榴石など）(1-2)、広域変成岩（石英、白雲母、緑閃石、緑泥石、緑簾石など）(3-1)。

■曹長石

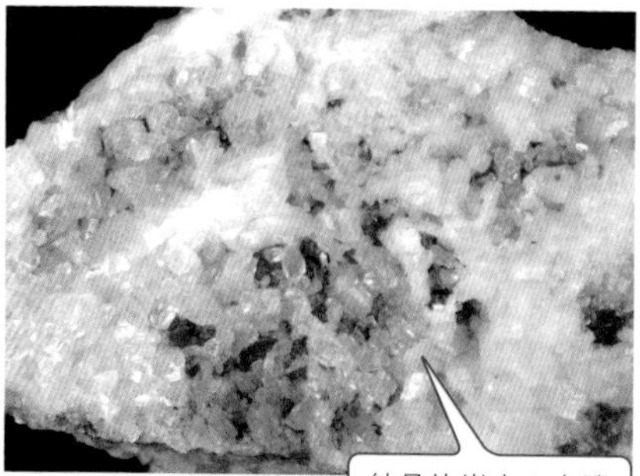

左右長：約30mm
産地：埼玉県越生町小杉

結晶片岩中の空隙に緑簾石と共存する曹長石。ほとんどCaを含まない。

■その他

昔から行われていた斜長石の細分では、曹長石成分をAb、灰長石成分をAnで表したとき、曹長石（$Ab_{100\text{-}90}An_{0\text{-}10}$）、灰曹長石（$Ab_{90\text{-}70}An_{10\text{-}30}$）、中性長石（$Ab_{70\text{-}50}An_{30\text{-}50}$）、曹灰長石（ラブラドライト）（$Ab_{50\text{-}30}An_{50\text{-}70}$）、亜灰長石（$Ab_{30\text{-}10}An_{70\text{-}90}$）、灰長石（$Ab_{10\text{-}0}An_{90\text{-}100}$）となり、現在の分類では灰曹長石と中性長石も曹長石に、曹灰長石と亜灰長石も灰長石にする。珪長質から中間質火成岩では曹長石、中間質から超苦鉄質火成岩では灰長石が優勢である。中～低変成度の変成岩や緑色岩では曹長石、変成度の高い変成岩には灰長石が多い。曹長岩はほぼ曹長石から構成された特殊な閃長岩質の岩石で、石英、白雲母、苦土リーベック閃石などを含むことがある。日本で見られる曹長岩の多くは、翡翠輝石岩に伴われている。**カリ長石**とは、結晶形態や産状である程度区別できるが、ほぼ白色のカリ長石とは肉眼での区別は難しい。

■ 曹長石

左右長：約45mm
産地：宮崎県延岡市
上祝子

花崗岩ペグマタイトの空隙に見られる曹長石の結晶群。

■ 曹長石

左右長：約85mm
産地：岐阜県恵那市
毛呂窪

ペグマタイトで産する曹長石は、ややCaを含む昔の灰曹長石の成分に近い。葉片状の集合をして煙水晶と共存している。

■ 灰長石（ラブラドライト）

左右長：約60mm
産地：フィンランド、
ラッペーンランタ

Naの多い灰長石は、光の干渉で虹色の光彩を放つものがある。このような光彩を**ラブラドレッセンス**と呼ぶ。

■ 灰長石

奥の結晶の長さ：約40mm
産地：北海道白老町倶多楽
カルデラ外輪山

苦鉄質マグマ中で形成された灰長石の結晶。噴火のときに放出され、火山砕屑物中に見つかる。

■ 灰長石

結晶の左右長：約40mm
産地：東京都八丈町
石積ヶ鼻

火山噴出の灰長石巨晶で、内部には自然銅を含み、赤く染まったように見える。

柱石（曹柱石-灰柱石）

ちゅうせき　そうちゅうせき　かいちゅうせき

Scapolite（Marialite-Meionite）

- 化学式：$Na_4Al_3Si_9O_{24}Cl$-$Ca_4Al_6Si_6O_{24}(CO_3)$
- 晶　系：正方晶系
- 比　重：2.5～2.8

鑑定要素

劈開	四方向
光沢	ガラス
硬度	5½～6：工具鋼で傷をつけられる
色	無、白、黄、橙、ピンク、紫色など：白色を基本とし、緑～藍色を除く領域に向かう
条痕色	白色
磁性	FM：無反応　RM：無反応
結晶面	長方形、細長い六角形、三角形に近い六角形などの面
条線	なし：ただし、細かい柱状結晶の集合体では、*c*軸に平行な辺が条線のように見える

■ 集合状態

塊状、傾斜の緩い錐面を持つ四角（小さな柱面を入れると十二角）柱状の結晶形など。

■ 主な産状と共存鉱物

広域変成岩（方解石、燐灰石、ジルコン、普通輝石、普通角閃石、金雲母など）(3-1)、スカルン（方解石、灰鉄輝石など）(3-2)。

■ その他

柱石は、3曹長石＋NaCl、3灰長石＋$CaCO_3$の関係にあり、斜長石と同じように互いの50％成分を境界にする。なお、3灰長石＋$CaSO_4$のシルビア石（silvialite）もあるが、日本ではまだ発見されていない。結晶形が見られるものでは、*c*軸に垂直な断面が正方形（小さな柱面によって、角が切られていることもある）なので、長石類と区別しやすい。微細なもの、不定形のものは肉眼で区別できない。昔から使われていた名前（ヴェルナー石、ダイパイアー、ミッツォナイト）があるが、今は種名には用いない。長波の紫外線で明瞭な黄色の蛍光を放つものに、**ヴェルナー石**の名前をつけていることがある。

■ 柱石（曹柱石）

左右長約40mm
産地：長野県川上村川端下

灰鉄輝石を主とするスカルン中に見られる透明～半透明の曹柱石群晶。

■ 柱石（曹柱石）

結晶の長さ約25mm
産地：アフガニスタン、バダクシャン

紫色の緩い傾斜の錐面を持つ曹柱石の結晶。

方沸石（ほうふっせき） *Analcime*

■化学式：$NaAlSi_2O_6 \cdot H_2O$
■晶　系：立方晶系、正方晶系など
■比　重：2.3

鑑定要素

劈開 なし：亜貝殻状の割れ口

磁性 FM：無反応　RM：無反応

光沢 ガラス

結晶面 変形した四角形、正方形などの面

硬度 5～5½：工具鋼で傷がつけられる

条線 なし

色 無、白、淡黄、淡緑、淡青、淡ピンク色など：白色を基本とし、藍～紫色を除く領域に少し向かう

条痕色 白色

集合状態

粒状、塊状、偏菱二十四面体の結晶形（石榴石に似ている）、稀に立方体に近い結晶形など。

主な産状と共存鉱物

火成岩（超苦鉄質～中間質）（脈ないし空隙）（方解石、ソーダ沸石、魚眼石など）（1-1）、閃長岩ペグマタイト（霞石、エジリン輝石、セラン石など）（1-2）、堆積岩（低温水からの沈殿、火山ガラスの結晶化、化石を置換など）（2-1）。

その他

結晶形が明らかな場合は、非常にわかりやすい沸石である。NaをCaが置換した**ワイラケイ沸石**（wairakite、$CaAl_2Si_4O_{12} \cdot 2H_2O$）は、方沸石と似ているので肉眼での区別は難しいが、Caが主成分の沸石（例えば濁沸石）と共存していれば、方沸石ではなく、ワイラケイ沸石の可能性がある。

■ 方沸石

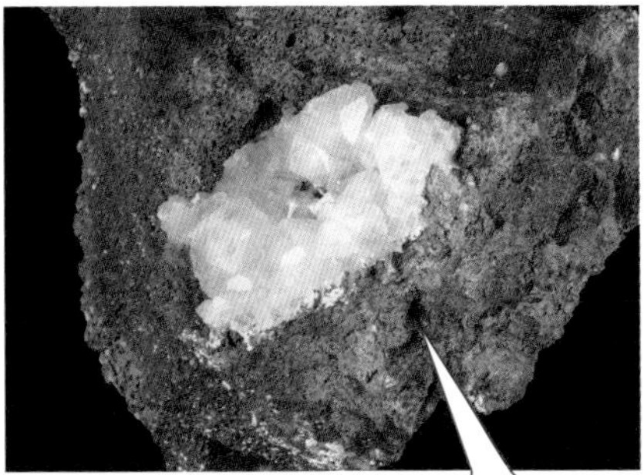

左右長：約45mm
産地：新潟県新潟市間瀬

玄武岩の空隙に産する方沸石群晶。この場合は他の沸石を伴っていない。この産地では淡緑色の魚眼石や針状のソーダ沸石を伴うものがある。

■ 方沸石

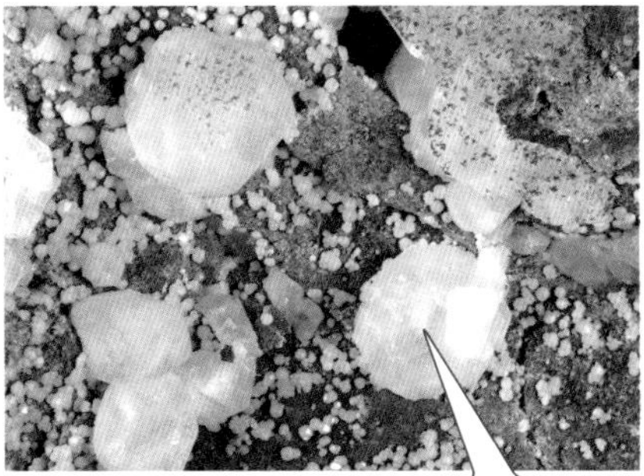

左右長：約55mm
産地：群馬県富岡市南蛇井

新第三紀の化石を含む砂岩の割れ目に形成された、大小さまざまな方沸石の群晶。

菱沸石（りょうふっせき） *Chabazite*

- 化学式：$(Ca,Na_2,K_2)_2Al_4Si_8O_{24}\cdot 10\text{-}13H_2O$
- 晶　系：三方晶系
- 比　重：2.0〜2.2

鑑定要素

劈開	なし：亜貝殻状の割れ口
光沢	ガラス
硬度	4〜5：ステンレス釘で傷がつけられる
磁性	FM：無反応　RM：無反応
結晶面	菱形、細長い五角形、三角形（双晶している場合）などの面
条線	なし
色	無、白、黄、褐、橙、ピンク、赤、淡緑色など：白色を基本とし、青〜紫色を除く領域に少し向かう
条痕色	白色

■ 集合状態

粒状、塊状、立方体に近い菱形六面体の結晶形など。貫入双晶して算盤玉（そろばんだま）型（六方複錐のような形）（ファコライトの変種名がある）に、六方晶系のグメリン沸石（gmelinite、$(Ca,Na_2,K_2)_2Al_4Si_8O_{24}\cdot 11H_2O$）と平行連晶して六角厚板状になることも。

■ 主な産状と共存鉱物

火成岩（苦鉄質〜中間質）（脈ないし空隙）（方解石、石英、ぶどう石、トムソン沸石、束沸石、濁沸石、モルデン沸石など）（1-1）、ペグマタイト（カリ長石、曹長石、石英、白雲母など）（1-2）、低温水からの沈殿物（湖水堆積物）（2-2）、変成岩（脈ないし空隙）（カリ長石、緑簾石など）（3-1、3-2）。

■ その他

菱形あるいは算盤玉型の結晶形が明らかな場合は、非常にわかりやすい沸石である。似ているものとして、方解石と氷長石があるが、菱沸石の方がより立方体に近い。沸石の化学組成式の最初に書かれているNa、K、Mg、Ca、Sr、Baなどは置換が自由な元素で、これらを**交換性陽イオン**と呼んでいる。これらのうちどれが一番多いかで種名を細分する。菱沸石の場合は、Na、K、Mg、Ca、Srの5種類がある。例えば、Ca>Na、K、Mg、Srのものは、chabazite-Ca（灰菱沸石）とする。日本では今のところ、灰菱沸石とchabazite-Na（ソーダ菱沸石）の2種が産する。形態的には三方晶系であるが、SiとAlの配置の仕方で、三斜晶系にまで対称性が下がっていることもある。

■ 菱沸石

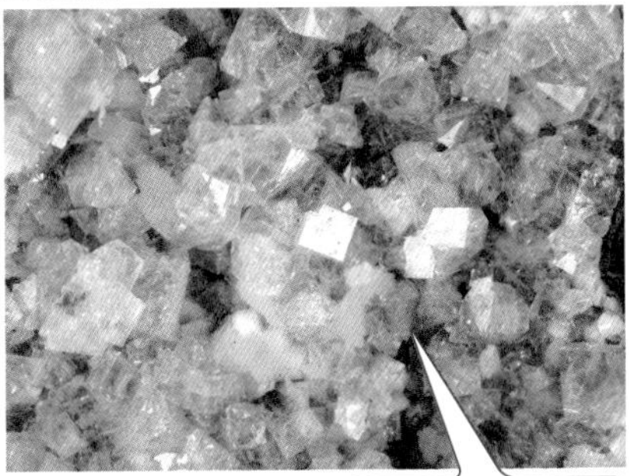

左右長：約55mm
産地：福島県飯舘村
　　　ネタバ林道

玄武岩質火山岩の空隙に産する菱沸石群晶。トムソン沸石などを伴う。

■ 菱沸石（双晶）

左右長：約45mm
産地：オーストラリア、
　　　ビクトリア州

玄武岩質火山岩の空隙に産する菱沸石の双晶。算盤玉のような形で現れる。

■ 菱沸石

左右長：約55mm
産地：静岡県清水町
　　　徳倉

変質した安山岩の空隙に、ぶどう石、緑簾石などと産する。

■ 菱沸石

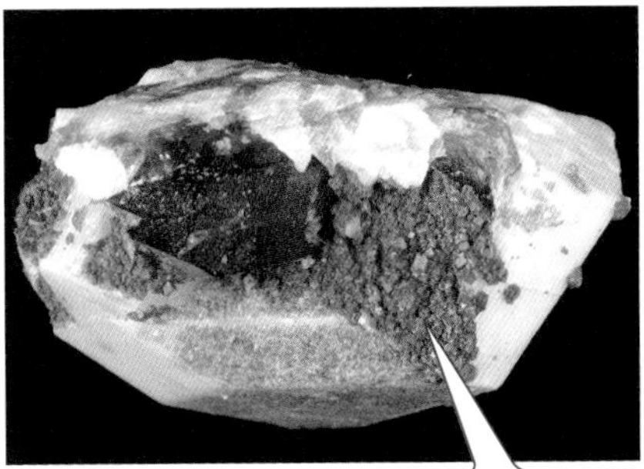

左右長：約50mm
産地：岐阜県中津川市蛭川

ペグマタイト中の煙水晶、カリ長石、曹長石などの上に付着する菱沸石。

■ 菱沸石

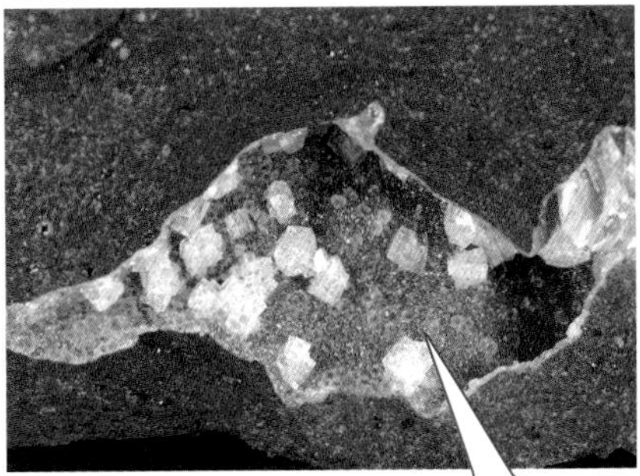

左右長：約95mm
産地：山口県長門市
　　　川尻岬

玄武岩の空隙に見られる菱沸石の結晶群。下にあるのは微細なオフレ沸石の集合体。

そくふっせき
束沸石 *Stilbite*

■化学式：$(Ca,Na_2)_4(Na,K)Al_9Si_{27}O_{72} \cdot 28H_2O$
■晶　系：単斜晶系
■比　重：2.1〜2.2

鑑定要素

劈開	一方向
光沢	ガラス、劈開面上で真珠
硬度	3½〜4：蛍石とほぼ同じくらい
磁性	FM：無反応　RM：無反応
結晶面	将棋の駒型の五角形、長方形などの面
条線	あり：{001}面上でa軸方向に平行
色	無、白、黄、褐、橙、ピンク、赤、淡緑、淡青色など：白色を基本とし、紫色を除く領域に少し向かう
条痕色	白色

■ 集合状態

将棋の駒型の板柱状結晶（b軸方向に薄く、a軸方向に伸びる）、双晶して蝶ネクタイのような形態をとる。また、板柱状結晶が球状の集合体をつくる。

■ 主な産状と共存鉱物

火成岩（苦鉄質〜珪長質）（空隙）（方解石、輝沸石、菱沸石、濁沸石、モルデン沸石、魚眼石、石英など）（1-1）、ペグマタイト（カリ長石、曹長石、石英など）（1-2）、熱水鉱脈（石英など）（1-3）、温泉、低温水、海水からの沈殿物（2-2）、変成岩（脈あるいは空隙）（方解石、カリ長石、緑簾石など）（3-1、3-2）。

■ その他

結晶形や独特な集合形態が明らかな場合は、基本的にわかりやすい沸石であるが、似ていて肉眼的に区別が困難なものとして、**ステラー沸石**（stellerite、$Ca_4Al_8Si_{28}O_{72} \cdot 28H_2O$、直方晶系）や**バレル沸石**（barrerite、$Na_8Al_8Si_{28}O_{72} \cdot 26H_2O$、直方晶系）がある。stilbite-Ca（$Ca_4(Na,K)Al_9Si_{27}O_{72} \cdot 28H_2O$）とstilbite-Na（$Na_9Al_9Si_{27}O_{72} \cdot 28H_2O$）の２種が知られている。

■ 束沸石

中心の結晶の長さ：約15mm
産地：愛媛県久万高原町槙野川

安山岩の空隙に産する束沸石群晶。輝沸石の上に成長している。

■ 束沸石

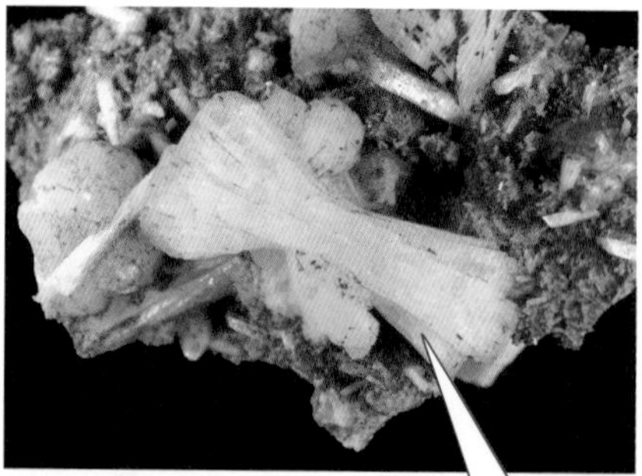

中心の結晶集合体の長さ：約30mm
産地：栃木県日光市御沢

独特な蝶ネクタイの形態をした束沸石。濁沸石などを伴っている。

ソーダ沸石（ふっせき） *Natrolite*

■化学式：$Na_2Al_2Si_3O_{10} \cdot 2H_2O$
■晶　系：直方晶系
■比　重：2.2

鑑定要素

劈開	二方向	磁性	FM：無反応　RM：無反応
光沢	ガラス、絹糸	結晶面	長方形、三角形などの面
硬度	5〜5½：ステンレス釘とほぼ同じくらい	条線	あり：柱面上でc軸方向に平行

色　無、白、黄、褐、ピンク、赤、淡緑色など：白色を基本とし、青〜紫色を除く領域に少し向かう

条痕色　白色

■ 集合状態

針状結晶の放射状集合、正方四角柱状結晶など。

■ 主な産状と共存鉱物

火成岩（超苦鉄質〜苦鉄質、アルカリ岩）（空隙）（トムソン沸石、方沸石、菱沸石、方解石、石英、魚眼石など）（1-1）、閃長岩ペグマタイト（霞石、中沸石、アーベゾン閃石など）（1-2）、アルカリ性低温水からの沈殿物（2-2）、変成岩（蛇紋石、ベニト石、ペクトライト、トムソン沸石、翡翠輝石など）（3-3）。

■ その他

ピラミッド型の錐面を持つ比較的単純な正方四角柱状の結晶形があれば、わかりやすいが、針状、毛状になると中沸石（mesolite、$Na_2Ca_2Al_6Si_9O_{30} \cdot 8H_2O$）、トムソン沸石（thomsonite、$NaCa_2Al_5Si_5O_{20} \cdot 6H_2O$）、スコレス沸石（scolecite、$CaAl_2Si_3O_{10} \cdot 3H_2O$）などと区別しにくい。中沸石とトムソン沸石はやや扁平な四角柱状だが、スコレス沸石はソーダ沸石と似たほぼ正方四角柱状なので難しい。球状集合体などでは、内部はソーダ沸石でも縁部はトムソン沸石などといったように、種類が異なっていることもある。

■ソーダ沸石

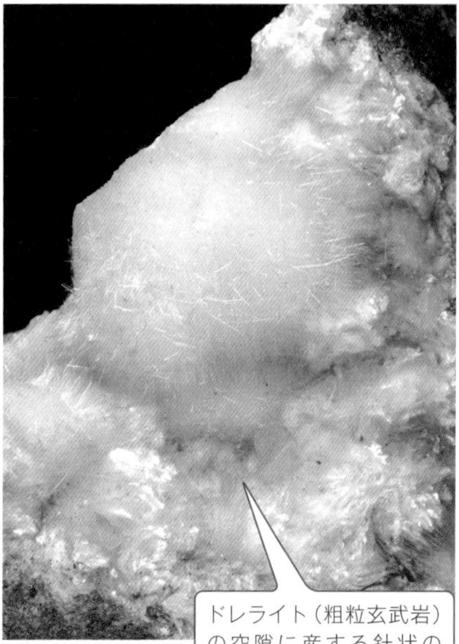

左右長：約35mm
産地：山形県鶴岡市
五十川

ドレライト（粗粒玄武岩）の空隙に産する針状のソーダ沸石球状集合体。ガイロル石、方沸石などを伴っている。

■ソーダ沸石

左右長：約45mm
産地：ノルウェー

アルカリ閃長岩のペグマタイトから産したソーダ沸石の結晶群。小さな方沸石の結晶を伴っている。

■ソーダ沸石

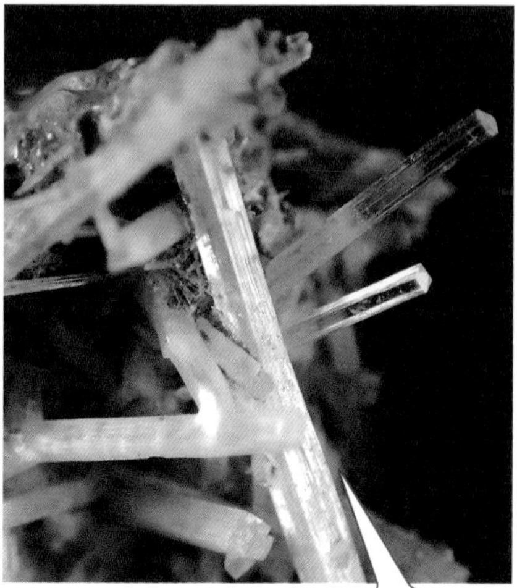

左右長：約15mm
産地：千葉県南房総市
平久里

玄武岩の空隙に見られる無色透明な柱状結晶。非常に単純な結晶面からできている。

■ソーダ沸石

左右長：約20mm
産地：愛知県新城市
八名井

変質した斑れい岩の空隙に見られた非常にシャープな結晶群。結晶面の上に見える細かい結晶は魚眼石。

モルデン沸石（ふっせき） *Mordenite*

- 化学式：$(Na_2,Ca,K_2)_4Al_8Si_{40}O_{96}\cdot 28H_2O$
- 晶　系：直方晶系
- 比　重：2.1

鑑定要素

劈開	二方向	磁性	FM：無反応　RM：無反応
光沢	ガラス、絹糸	結晶面	微細でわからないことが多い。稀に長方形の柱面が見える程度
硬度	4～5：ステンレス釘とほぼ同じくらいだが、硬度を測れるほどの結晶はまずない。	条線	不明：柱面上でc軸方向に平行な筋が見えることがあるが、劈開によるものかもしれない

色　無、白、黄、ピンク、赤色など：白色を基本とし、赤～黄色領域に少し向かう

条痕色　白色

■ 集合状態

毛状、針状結晶（c軸方向に伸び、b軸方向に薄く、a軸方向にやや厚い、直方長柱状）が平行、亜平行、放射状、綿のように不規則に絡み合った集合。

■ 主な産状と共存鉱物

火成岩（中間質～珪長質）（空隙）（方解石、輝沸石、菱沸石、濁沸石、束沸石、石英など）(1-1)、熱水鉱脈・変質岩（石英など）(1-3)、アルカリ性塩湖からの沈殿物 (2-2)。

■ その他

毛状になる沸石には、ソーダ沸石、エリオン沸石（erionite、$(Na,K,Ca_{0.5},Mg_{0.5})_9Al_9Si_{27}O_{72}\cdot 28H_2O$）、フェリエ沸石（ferrierite、$(Mg_{0.5},K,Na,Ca_{0.5})_6Al_6Si_{30}O_{72}\cdot 18H_2O$）などがあり、結晶が微細だと肉眼での区別はできない。エリオン沸石は六方柱状、フェリエ沸石はモルデン沸石より薄い四角板柱状の結晶になる。

■ モルデン沸石

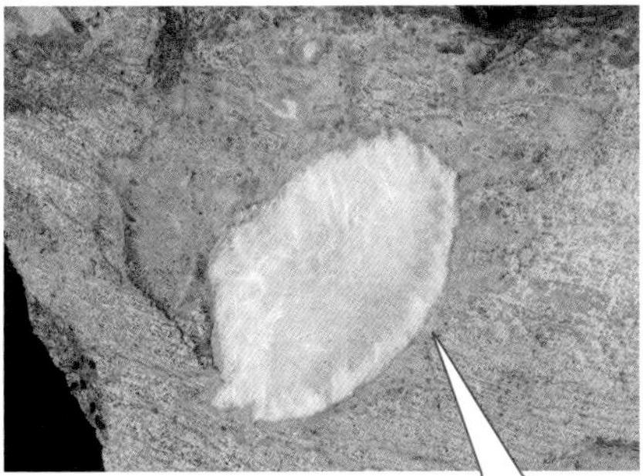

左右長：約50mm
産地：岩手県八幡平市赤坂田

流理構造が顕著な流紋岩の空隙に産するモルデン沸石。一般的には、このような空隙はオパルや玉髄などのシリカ鉱物で充填されていることが多い。

■ モルデン沸石

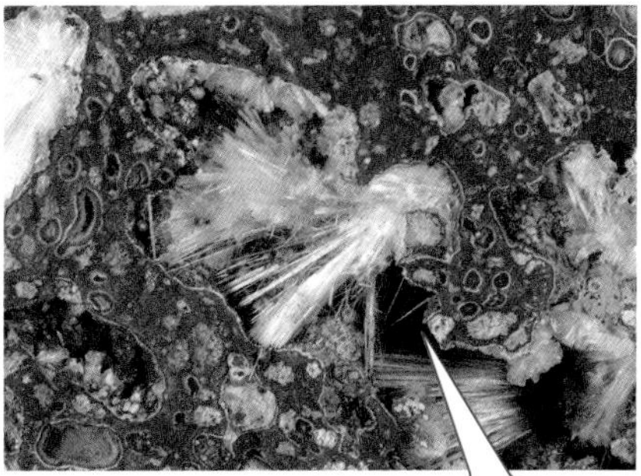

左右長：約35mm
産地：長野県長野市保基谷岳林道

結晶形がルーペでもわかるほどの大きさを持つ、モルデン沸石の集合体。かなり変質した安山岩の空隙に産し、ダキアルディ沸石を伴う。

Column

鉱物採集の準備

鉱物の採集には、念入りな準備が必要です。また、採集の仕方や標本の整理にもいくつかの留意事項があります。ここでは詳細を省きますが、採集にあたっては以下のような装備が必要です。

◯鉱物採集のための基本装備

保護メガネ
プラスチック製の簡易なもので十分
帽子
状況によってはヘルメットが必要
リュックサック
軽くて丈夫なものがよい
ハンマー
採集時には専用ハンマーが必要
デジタルカメラ
今や必須アイテムといえる。GPS機能があると便利
手袋
革製の手袋がおすすめ
シャツ
安全のため夏でも長袖がおすすめ
ベスト
軽くてポケットが多いと便利
地図
国土地理院の地形図を用意したい
記録用のペンとノート
パンツ
丈夫で屈伸しやすいものがよい
その他あるとよいもの
ルーペ、タガネ、ふるい、ウエストバッグ、磁石、ポリ袋、不要な新聞紙
靴（くつ）
防水性が高く滑りにくいもの

『図説 鉱物の博物学』（秀和システム刊）本文430ページより流用。

第IV章

産状と鉱物集合のルール

1. 産状にはどのようなものがあるか

あらゆる鉱物は、単独に存在しているわけではありません。その周囲には別の鉱物や物質が必ず存在しています。標本には、水晶だけ、石榴石だけ、という状態のものが多く見られます。そのようなものは周囲に何があったか不明なので、肉眼鑑定の情報が乏しくなります。

熔融体あるいは液体から鉱物ができるには、それらの環境が変化しなければなりません。最も考えやすいのは、マグマのような高温の熔融体や熱水であれば温度や圧力が低下する、海水や湖水のような液体であれば水分が蒸発する、などといった環境変化です。

理論的には、変化する段階で最初に、途中に、最後に、と結晶化するものが現れます。出発物質の化学組成によりますから、最初から最後まで同じ鉱物ということもありえます。

純水に塩化ナトリウムを溶かした溶液なら、結晶化したものは岩塩だけになります。海水ではいろいろな化学成分が入っているため、干上がった海底には、岩塩のほかにもいろいろな鉱物が共存しています。また、どのような組成のマグマが発生するかにもよりますが、マグマが冷えていくときには、オリーブ石、輝石、角閃石、黒雲母といった順序で結晶ができていきます。

上記の結晶化と並行して、斜長石はカルシウムの多いものからナトリウムの多いものへとできていきます。石英は最後に結晶化します。

表Ⅳ.1に、産状の概略を示しました。本書の第Ⅲ章（鉱物図鑑）に出てくる産状は、この表の左欄（1-1、1-2、1-3、1-4、2-1、2-2、3-1、3-2、3-3、4）をもとにしています。

■ 1　火成作用

1-1　火成活動	超苦鉄質岩	苦鉄質岩	中間質岩	珪長質岩
1-2　ペグマタイト	巨晶	レアメタル		
1-3　熱水	鉱脈	変質岩		
1-4　火山噴気	昇華物			

■ 2　堆積作用

2-1　堆積	堆積物	堆積岩
2-2　析出	沈殿物	蒸発岩

■ 3　変成作用

3-1　広域変成岩	片麻岩	結晶片岩
3-2　接触変成岩	ホルンフェルス	スカルン
3-3　緑色岩化作用		

■ 4　酸化・風化作用

4　大気などとの反応	二次鉱物	粘土鉱物

▲鉱物の産状（表Ⅳ.1）

■ 1 火成作用

1-1 火成活動

マグマが固化する過程で鉱物が形成され、岩石ができます。元のマグマの化学組成により、岩石の構成鉱物の種類や量比が変わります。

オリーブ石、輝石、角閃石、黒雲母といったマグネシウムや鉄を主成分とする苦鉄質鉱物（マフィック鉱物、有色鉱物）と、長石、準長石、石英などのケイ素、アルミニウム、ナトリウム、カリウムに富む珪長質鉱物（フェルシック鉱物、無色鉱物）との割合で、超苦鉄質岩、苦鉄質岩、中間質岩、珪長質岩に分類されます（『図説 鉱物の博物学』327ページ参照）。

また、冷却速度の違いによって、鉱物組織の違いが現れます。ゆっくり冷却して、全体が粗粒の結晶によって構成されている深成岩、早く冷却して、粗粒の結晶（斑晶）と微細な結晶の集合体、あるいはガラス質になった部分（石基）で構成される火山岩があります。深成岩と火山岩の中間的な組織を持つ岩石を**半深成岩**と呼ぶことがあります。

マグマがマントル物質を取り込んで上昇し、それが熔け残って、苦土オリーブ石や輝石を主体とする岩片として火山岩中に含まれていることがあります。これは**捕獲岩**（**ゼノリス**）の1つです（図Ⅳ.1）。

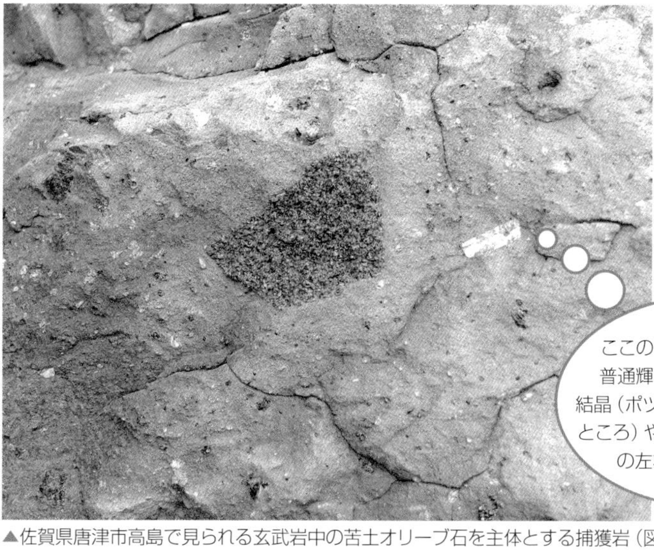
ここのアルカリ玄武岩には
普通輝石などの小さな捕獲
結晶（ポツポツと見える色の濃い
ところ）や捕獲岩が多い。捕獲岩
の左右長約200 mm。

▲佐賀県唐津市高島で見られる玄武岩中の苦土オリーブ石を主体とする捕獲岩（図Ⅳ.1）

1-2　ペグマタイト

深成岩の中には、その岩体中に、脈状・塊状をした、構成鉱物はほぼ同じで特に結晶が粗くなった部分を含むことがあります。これを**ペグマタイト**と呼びます（図Ⅳ.2）。

ペグマタイトはマグマ固化末期に形成されるために、その中に通常の構成鉱物には含まれにくいレアメタルなどの元素が集中し、珍しい鉱物が出現することもあります。

特に花崗岩ペグマタイト中には、リチウム、ベリリウム、ホウ素、フッ素、ルビジウム、イットリウムなどの希土類元素（レアアース）、ニオブ、タンタル、セシウム、トリウム、ウランなどを主成分とする鉱物がつくられます。

例えば、リチア雲母、リチア電気石、リチア輝石、鉄電気石、緑柱石、蛍石、トパズ、ガドリン石、フェルグソン石などです。

そのため、単にペグマタイトといえば**花崗岩ペグマタイト**のことを指すことが多いようです。

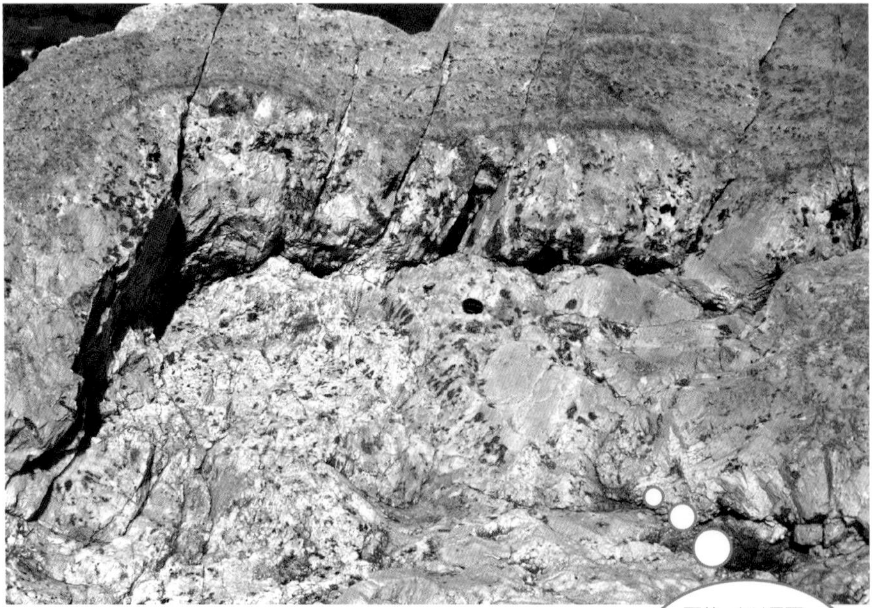

▲岩手県大船渡市崎浜の花崗岩ペグマタイト（図Ⅳ.2）

石英、カリ長石、黒雲母、電気石などが見られる。左右長約2 m。

1-3　熱水

多量の揮発性成分（水、炭酸ガス、硫化水素、亜硫酸ガスなど）を含んだ高温の溶液で、岩石の割れ目に沿って浅い部分に上昇します。

その中に鉱物をつくる成分が溶け込んでいる場合、低温・低圧になると、鉱物として沈殿します。ケイ酸分が多ければ、石英脈として固化します。

例えば、鉄、銅、亜鉛、鉛など他の成分もあれば、黄鉄鉱、黄銅鉱、閃亜鉛鉱、方鉛鉱などもできて、石英脈中に共存しています。このようなものを特に**鉱脈**と呼びます（図Ⅳ.3）。

北海道鴻之舞鉱山・豊羽鉱山・手稲鉱山、秋田県院内鉱山・尾去沢鉱山、宮城県細倉鉱山、新潟県佐渡鉱山、栃木県足尾鉱山、静岡県河津鉱山、京都府鐘打鉱山・大谷鉱山、兵庫県生野鉱山・明延鉱山、大分県鯛生鉱山、鹿児島県串木野鉱山・菱刈鉱山などが鉱脈型鉱床で有名です。

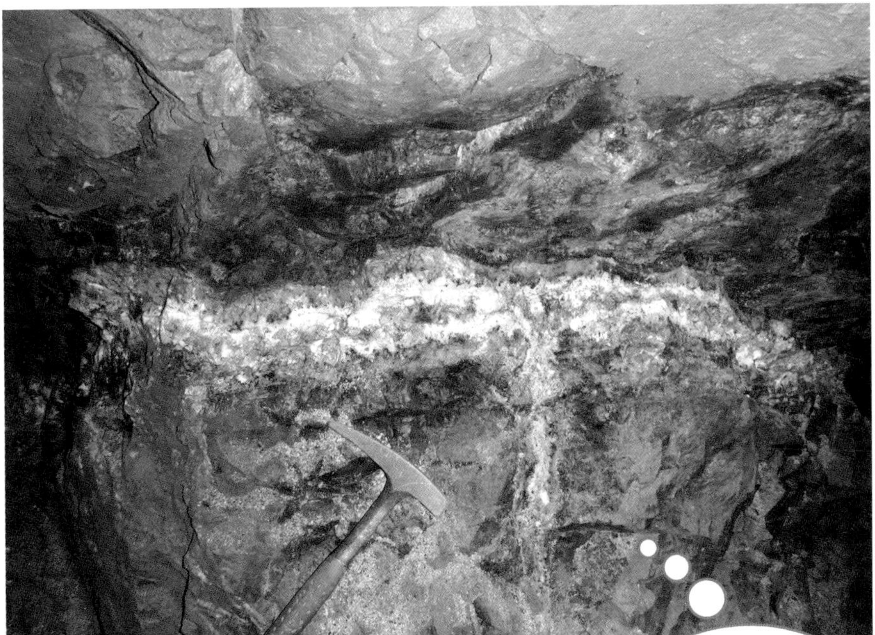
鉱脈が地表から浅い
ので、方鉛鉱が分解して、
褐鉛鉱（バナジン鉛鉱）
などもできている。

▲福岡県岡垣町三吉野鉱山の鉱脈（緑色の銅の二次鉱物も見える）（図Ⅳ.3）

熱水は、マグマ固化の最終残液の場合もありますが、雨水や海水が地下にしみ込み、地下で熱せられてできる場合も多くあります。そして、上昇する過程で通り道の岩石中から金属などを取り込めば、鉱脈を形成します。

多量の金属を含んだ熱水が海底で噴出し、そこに金属鉱物を沈殿させると塊状の鉱石が形成されます。主に閃亜鉛鉱、方鉛鉱、黄銅鉱、黄鉄鉱、重晶石、石膏などが見られます。特に閃亜鉛鉱や方鉛鉱の多い鉱石が黒く見えることで、**黒鉱**（くろこう）と呼ばれ、このような鉱床を**黒鉱鉱床**（くろこうこうしょう）と呼びます。

日本海側に多く、特に秋田県の小坂鉱山（図Ⅳ.4）、花岡鉱山、釈迦内鉱山が有名です。

ここ元山鉱床は
古い時代から露天掘りが
行われ、江戸時代には
銀や銅が採掘された。

▲秋田県小坂町小坂鉱山の露天掘跡（図Ⅳ.4）

熱水が岩石全体あるいは鉱脈に沿った一部を変質させることがあります。岩石中の鉱物（造岩鉱物）によっては、熱水によって変質されやすいものと、そうでないものがあります。一般に、苦鉄質鉱物と長石類は変質されやすく、石英はされにくいのです。

このような変質によって、蠟石（葉蠟石、ダイアスポアなど）、粘土（白雲母［いわゆる絹雲母］、カオリン石など）、明礬石の仲間（明礬石、ソーダ明礬石など）、緑泥石（クリノクロア石など）といったアルミニウムに富む鉱物あるいは石英にも富む岩石が形成されます。

1-4　火山噴気

これは熱水と連続的なものとして考えられます。特に高温のガスが地上まで到達し、空気中に噴き出します。そのとき、噴出孔付近に含まれていた成分によって、鉱物が形成されます。ガスから液体を経ないで固体ができる現象を昇華、その逆の現象も昇華といいます。

噴出孔付近には、昇華物あるいは昇華に近い状態、つまり液体を経たとしても非常に短い時間で結晶化したものが形成されます。

自然硫黄、鶏冠石、石黄、銅藍、輝蒼鉛鉱、黒銅鉱、石英やオパル（ケイ酸ゲル）、アタカマ石、アルノーゲン、テナルド石、三笠石、石膏、舎利塩などがあります（図Ⅳ.5）。

▲群馬県草津町殺生河原の噴気（図Ⅳ.5）

鬼の口のような
不気味な噴気孔は、有毒な
硫化水素も多く出てくるので、
現在では立ち入り禁止に
なっている。

2 堆積作用

2-1 堆積

十分に固化しない状態のものが**堆積物**、固化（岩石化）したものが**堆積岩**です。

堆積物が岩石化していく作用を**続成作用**（ぞくせいさよう）と呼びます。ここの産状の鉱物は、大きく2種類に分けられます。

1つは、風化や摩耗に対して抵抗力の強い鉱物が運ばれ単に集積しただけのものです。とはいえ、有用鉱物が自然に濃集（自然による比重選鉱）するため重要な機構です。ダイヤモンドをはじめとする多くの宝石鉱物、自然金、自然白金、自然オスミウム、磁鉄鉱、チタン鉄鉱、錫石などです（図Ⅳ.6）。以上のような鉱物が採掘に値するほど砂礫中に集まっている場所を**漂砂鉱床**（ひょうさこうしょう）と呼びます。

もう1つは、続成作用中に形成されていく鉱物です。主に間隙水から沈殿してできるもので、堆積物の粒と粒を接着させていく石英、方解石、苦灰石など限られた種類しかありません。**自生鉱物**という呼び方もされます。

木地盆で川砂を
パンニング*すると多量の
砂鉄（主に磁鉄鉱）が集まる。
その中に砂金が見られる
こともある。

▲石川県金沢市犀川の砂鉄と砂金（図Ⅳ.6）

＊**パンニング**　比重の違いを利用して、パンという皿で砂金を選り分けること。

2-2　析出

常温常圧下で海水や湖水に溶け込んでいた鉱物成分が、濃度の変化などによって析出されます。一般に沈殿物として底に集積されていきます。海底のマンガンノジュールもその1つです（図Ⅳ.7）。

いったん形成されると、簡単に溶解しないものもありますが、例えば、多量の雨水が流れ込めば、湖底にできていたものが再び溶解してしまうこともあります。

完全に干上がって、そこに別の堆積物が沈殿物を被ってしまえば、続成作用の結果、岩石化することもあります。これは**蒸発岩**と呼び、岩塩、カリ岩塩、方解石、石膏、硬石膏、硼砂（ほうさ）、コールマン石、チリ硝石などがあります。

このような現象は乾燥地帯でのみ起こることで（図Ⅳ.8）、日本のように雨の多い場所では、ほとんど形成されることはありません。海辺の潮溜（しおだ）まりで、干潮時に岩塩が析出されているのを見かけるくらいです（図Ⅳ.9）。

▲鹿児島県大東海嶺で見つかったマンガンノジュール（図Ⅳ.7）

▲塩湖　レフロイ湖（図Ⅳ.8）

オーストラリアの内陸部で見られる塩湖。水が干上がり、岩塩が析出している。

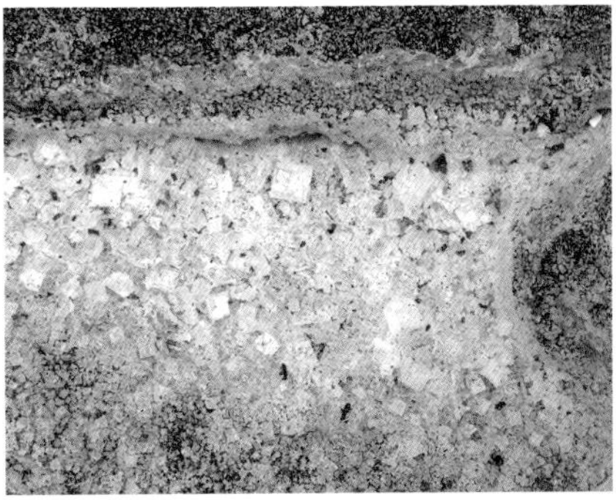

▲和歌山県串本町の海岸で干潮時に見られた岩塩（図Ⅳ.9）

3 変成作用

3-1 広域変成作用

さまざまな岩石や堆積物が地下に沈み込み、広範囲にわたって変成作用を受けます。その結果できるのが、主に片麻岩や結晶片岩です。

片麻岩は、輝石、角閃石、黒雲母など有色鉱物の多い部分と、石英、長石など無色鉱物の多い部分が縞状になっているのが特徴です。比較的、高温高圧で形成され、鉱物粒が粗いのも特徴です。

結晶片岩は、**片理**(へんり)と呼ばれる面状に割れやすい性質を持つ広域変成岩です。雲母や緑泥石などの鱗片状結晶の配列、角閃石や緑簾石などの柱状結晶の配列によって片理が発達します。一般に片麻岩に比べると、低温で形成されたと考えられます。

片麻岩や結晶片岩中には、脈やレンズ状の塊が含まれている場合もあります。原岩の化学組成と受けた温度圧力によってさまざまな鉱物が形成されます。石墨、コランダム、スピネル、鉄礬石榴石、満礬石榴石、珪線石、紅柱石、藍晶石、十字石、ローソン石、緑簾石、紅簾石、緑柱石、菫青石、苦土電気石、透輝石、緑閃石、滑石、白雲母、金雲母(黒雲母)、クリノクロア石(緑泥石)、石英、曹長石、カリ長石などがあります(図Ⅳ.10)。

また、結晶片岩中に多量の黄鉄鉱、磁硫鉄鉱、黄銅鉱などが層状に集合した部分が見つかることがあります(図Ⅳ.11)。これを採掘対象とする鉱床を**層状含銅硫化鉄鉱鉱床**(そうじょうがんどうりゅうかてっこうこうしょう)(**キースラーガー**)と呼びます。茨城県日立鉱山、愛媛県別子鉱山が有名です。

▲埼玉県皆野町親鼻の紅簾石片岩(図Ⅳ.10)

▲茨城県日立市諏訪鉱山の層状含銅硫化鉄鉱(図Ⅳ.11)

海底に集積したマンガンノジュールを含む堆積岩や堆積物が沈み込み、変成作用を受けると、マンガンの酸化物、炭酸塩、ケイ酸塩鉱物の集合体が層状に形成されることがあります。このような鉱床を**変成層状マンガン鉱床**と呼びます（図Ⅳ.12）。

これがさらに接触交代作用を受ける場合もあり、多様な鉱物が形成されます。岩手県野田玉川鉱山・田野畑鉱山、福島県御斎所鉱山、栃木県加蘇鉱山、群馬県茂倉沢鉱山、東京都白丸鉱山、愛知県田口鉱山、京都府園鉱山、愛媛県古宮鉱山・鞍瀬鉱山、大分県下払鉱山、熊本県種山鉱山、鹿児島県大和鉱山などから珍しい鉱物（日本産新鉱物も含む）が産しました。

片麻岩や結晶片岩とは異なる組織の広域変成岩もあります。その代表が蛇紋岩です。**蛇紋岩**は、ペリドット岩（主成分は苦土オリーブ石）が加水変成を受けてできた塊状の岩石で、結晶片岩などに伴って産出します。主成分は、蛇紋石鉱物（クリソタイル石、アンチゴリオ石［葉蛇紋石］、リザード石など）で、原岩に含まれていた鉱物の残留物（クロム鉄鉱など）、磁鉄鉱、ニッケル硫化物（ペントランド鉱、ヒーズルウッド鉱など）その他も含まれています。

翡翠輝石岩は、溶液から沈殿してできるものもありますが、変成（交代）作用によってもできる、ほぼ翡翠輝石からできている緻密な塊状岩石で、蛇紋岩に伴って産出します（図Ⅳ.13）。

ルチル、ジルコン、チタン石、緑閃石、エッケルマン閃石、ストロンチウム鉱物（糸魚川石、蓮華石、松原石など）、ソーダ沸石などを含んでいます。

▲変成層状マンガン鉱石（図Ⅳ.12）

ブラウン鉱を主体とする変成層状マンガン鉱石。産地：栃木県佐野市野峰鉱山。

▲新潟県糸魚川市青海川の翡翠大塊（図Ⅳ.13）

3-2 接触変成作用

マグマが既存の岩石と接触して行われる変成作用で、比較的狭い範囲に見られます。原則的にマグマの熱だけが影響して、周囲の岩石が変成されたものを**接触変成岩**と呼びます。

しかし、実際には規模の大小はありますが、化学成分のやりとりも伴うことが多いので、**接触交代岩**と呼んだ方が適当かもしれません。特に石灰岩や苦灰岩などの炭酸塩岩との接触では、マグマ側から炭酸塩岩へケイ素、アルミニウム、鉄などを含んだ熱水が、炭酸塩岩からマグマ側にはカルシウムやマグネシウムが移動します。

そのため接触部付近には、カルシウム、マグネシウム、アルミニウム、鉄などを主成分とするケイ酸塩鉱物がつくられます。

例えば、珪灰石、灰礬石榴石、灰鉄石榴石、ベスブ石、緑簾石、透輝石、灰鉄輝石、斧石などです。

このような鉱物群を**スカルン鉱物**、スカルン鉱物からできた岩石を**スカルン**と呼びます（図Ⅳ.14）。スカルンは、スウェーデンの鉱山用語から学術用語として使われるようになったものです。もし有用な金属鉱物（黄銅鉱、磁鉄鉱、赤鉄鉱、閃亜鉛鉱、方鉛鉱、灰重石など）が伴う場合には、それを**スカルン鉱床**と呼びます。

岩手県釜石鉱山・和賀仙人鉱山・赤金鉱山、新潟県赤谷鉱山、福島県八茎鉱山、埼玉県秩父鉱山、岐阜県神岡鉱山、山口県長登鉱山・大和鉱山、大分県尾平鉱山・木浦鉱山、宮崎県土呂久鉱山が有名です。

明瞭な交代作用を受けていない石灰岩、チャート、砂岩などでは、方解石や石英が再結晶して粗くなるだけの場合もあります。

泥質岩やラテライト質岩の場合では、化学組成によって、コランダム、スピネル、珪線石、紅柱石、菫青石、金雲母（黒雲母）、白雲母などもできることがあります。

▲スカルン、埼玉県秩父市石灰沢（図Ⅳ.14）

灰色の方解石（再結晶して結晶粒が粗くなっている）、白色の珪灰石（最も単純なスカルン鉱物）、淡褐色の灰礬石榴石（少し鉄が入って色がついている）からなるスカルン。

このようにしてできた岩石は、石灰岩では**再結晶石灰岩**（いわゆる大理石）、チャート、砂岩、泥岩では**ホルンフェルス**という名前で呼ばれます。

ホウ素を多量に含んだ熱水が再結晶石灰岩やスカルンに作用して、カルシウムを主成分とする多様なホウ酸塩鉱物が形成された岡山県布賀鉱山の例があります。ここだけで、12種類のホウ酸塩新鉱物が発見され、世界的に稀産のホウ酸塩鉱物も数多く産出しています。

3-3　緑色岩化作用

海底火山活動で生じた苦鉄質岩（玄武岩、玄武岩質枕状熔岩、玄武岩質凝灰岩、斑（はん）れい岩など）が変成を受け、全体が緑色っぽくなることから、この名前がつけられました。主な構成鉱物のうち、苦土オリーブ石は蛇紋石鉱物に、輝石は緑閃石や緑泥石に、灰長石は曹長石に変化します。

そのほか緑簾石、パンペリー石、ぶどう石、沸石などもできています。高圧の変成を受けたものでは、オンファス輝石や翡翠輝石なども見られます。一般には塊状の岩石ですが、わずかな片理が見られることもあります。

▲海底火山活動

▲枕状熔岩、群馬県下仁田町茂垣

海底に噴出した玄武岩が枕状構造をとっている。それが緑色岩化し、オンファス輝石、タラマ閃石、パンペリー石などができている。

■ 4 酸化・風化作用（大気などとの反応）

いったん形成されたある種の鉱物が、地表近くで、大気、雨水、海水、地下水、有機物などと反応することで化学分解し、別の鉱物に変化することがあります。このようにしてできた鉱物を**二次鉱物**と呼びます。

特に硫化鉱物はこの傾向が強いので、鉱床の露頭やその近くでは多様な二次鉱物が形成されます（**酸化帯**と呼ばれる）（図Ⅳ.15）。

▲和歌山県串本町の海岸で見られる酸化帯（アタカマ石などができている）（図Ⅳ.15）

一般に、バナジウム、クロム、マンガン、鉄、コバルト、ニッケル、銅が主成分の二次鉱物は目立った色をし、亜鉛や鉛が主成分で上記の元素を含まない二次鉱物は白色です。

また、よく二次鉱物の主成分となる炭素、リン、硫黄、ヒ素は基本的に着色の原因とはなりません。

いくつかの二次鉱物とその色を表Ⅳ.2に示しました。

赤(ピンク含む)〜橙(濃褐色含む)	紅鉛鉱 $[Pb(Cr^{6+}O_4)]$ 赤鉄鉱 $[Fe^{3+}_2O_3]$	洋紅石 $[PbFe^{3+}_2(AsO_4)_2(OH)_2]$ デクロワゾー石 $[PbZn(V^{5+}O_4)_2(OH)]$	コバルト華 $[Co^{2+}_3(AsO_4)_2 \cdot 8H_2O]$	赤銅鉱 $[Cu^{1+}_2O]$
橙(濃褐色含む)〜黄(淡褐色含む)	褐鉛鉱 $[Pb_5(V^{5+}O_4)_3Cl]$ ミメット鉱 $[Pb_5(AsO_4)_3Cl]$	モットラム石 $[PbCu^{2+}(V^{5+}O_4)(OH)]$ 水鉛鉛鉱 $[Pb(Mo^{6+}O_4)]$	鉄明礬石 $[KFe^{3+}_2(SO_4)_2(OH)_6]$ 燐灰ウラン石 $[Ca(U^{6+}O_2)_2(PO_4)_2 \cdot 10\text{-}12H_2O]$	針鉄鉱 $[Fe^{3+}O(OH)]$
黄(淡褐色含む)〜緑(淡灰緑色含む)	スコロド石 $[Fe^{3+}(AsO_4) \cdot 2H_2O]$ 擬孔雀石 $[Cu^{2+}_5(PO_4)_2(OH)_4]$	ニッケル華 $[Ni^{2+}_3(AsO_4)_2 \cdot 8H_2O]$ ブロシャン銅鉱 $[Cu^{2+}_4(SO_4)(OH)_6]$	アタカマ石 $[Cu^{2+}_2(OH)_3Cl]$ オリーブ銅鉱 $[Cu^{2+}_2(AsO_4)(OH)]$	孔雀石 $[Cu^{2+}_2(CO_3)(OH)_2]$ 緑鉛鉱 $[Pb_5(PO_4)_3Cl]$
青〜藍	藍鉄鉱* 斜開銅鉱 $[Cu^{2+}_3(AsO_4)(OH)_3]$	青鉛鉱 $[PbCu^{2+}(SO_4)(OH)_2]$ 藍銅鉱 $[Cu^{2+}_3(CO_3)_2(OH)_2]$	青針銅鉱 $[Cu^{2+}_4Al_2(SO_4)(OH)_{12} \cdot 2H_2O]$ 胆礬 $[Cu^{2+}(SO_4) \cdot 5H_2O]$	
紫	紫石 $[Mn^{3+}(PO_4)]$			
白(無色)	藍鉄鉱 $[Fe_3(PO_4)_2 \cdot 8H_2O]$* 白鉛鉱 $[Pb(CO_3)]$ 方砒素華 $[As_2O_3]$	異極鉱 $[Zn_4Si_2O_7(OH)_2 \cdot H_2O]$ アンチモン華 $[Sb_3O_6(OH)]$	水亜鉛土 $[Zn_5(CO_3)_2(OH)_6]$ バレンチン石 $[Sb_2O_3]$	硫酸鉛鉱 $[Pb(SO_4)]$ 泡蒼鉛土 $[(BiO)_2(CO_3)]$
黒〜暗褐色	黒銅鉱 $[Cu^{2+}O]$ ヘテロゲン鉱 $[Co^{3+}O(OH)]$	軟マンガン鉱 $[Mn^{4+}O_2]$	横須賀石 $[Mn^{2+}_xMn^{4+}_{1-x}O_{2-2x}(OH)_{2x}]$	

着色原因となる元素は価数を表記。

ミメット鉱や緑鉛鉱の着色要因は、微量成分によるものなのか、格子欠陥によるものなのか、よくわからない。

藍鉄鉱は、新鮮時は無色だが、空気中で次第に青くなる。$(Fe^{2+},Fe^{3+})_3(PO_4)_2(OH,H_2O)_x \cdot 8\text{-}xH_2O$のように鉄の一部が酸化するため。

▲二次鉱物とその色(表Ⅳ.2)

2. 鉱物の共生・共存とは何か

通常、オリーブ石が出てくるような岩石中には石英は存在しません。もし、このような岩石とケイ酸塩分に富むマグマが遭遇したらどうなるでしょう。

オリーブ石の化学組成は$(Mg,Fe)_2SiO_4$で、石英はSiO_2ですから、これが高温で接すると反応を起こします。$(Mg,Fe)_2SiO_4+SiO_2 \rightarrow (Mg,Fe)_2Si_2O_6$という化学反応でできるのが**輝石**（きせき）（直方晶系の頑火輝石）です。同じ量のオリーブ石と石英があれば、すべて輝石になってしまうことになります。どちらかが多ければ、輝石＋オリーブ石か、輝石＋石英になり、決してオリーブ石＋石英の集合体にはなりません。ただし、反応が十分に行われないような低エネルギー（低温、あるいは高温でも接する時間が非常に短い）の場合には、オリーブ石＋石英あるいはオリーブ石＋輝石＋石英の集合体も生じます。

岩石鉱物学の分野では、2種類以上の鉱物が同時に安定に生じた場合、それらが共生しているといい、その集合体を**鉱物組合せ**と呼びます。特に変成岩の構成鉱物集合体に特徴的です。

共生以外の鉱物集合を**共存**と呼びます。マグマが冷却してできた岩石の構成鉱物は段階的にできているので、それらは共生ではなく、「共存」です。

マグマと石灰岩の接触でできたスカルン鉱物は基本的に共生ですが、変成末期の物質（化学成分を含んだ熱水など）の注入により、部分的にスカルン鉱物が変質することがあり、それと変質しなかったスカルン鉱物とは共存関係となります。

このように、共生・共存している状態を観察することにより、どのようにできたか（産状ともいえる）が推定でき、鉱物の肉眼鑑定にも役立つのです。

本章の第1節（産状にはどのようなものがあるか）の冒頭で石榴石を例に出しましたが、赤褐色の石榴石だけがあれば、それがどのような石榴石か簡単にはわかりません。しかし、周囲に方解石がついていたら、スカルンの可能性が高いので、灰鉄石榴石だろうと推定できます。

また、長石や白雲母などがついていたら、ペグマタイトの可能性が高いので、鉄礬石榴石だろうと推定できます。

表Ⅳ.3は、基本的に石英と共生しない、あるいは、ここに載っている鉱物が生成される地質環境下では石英は出現しない、といった主な鉱物をまとめました。

それらの鉱物と石英が接しているように見えても、その境界には微細的に（偏光顕微鏡や電子顕微鏡下の観察で）別の鉱物が観察できることがあります。あるいは、互いが反応するに十分なエネルギーが足りなかった場合も考えられます。これは非常に稀な例です。

鉱物名	化学組成	性質
自然鉄	Fe	
緑マンガン鉱	$MnO+SiO_2=MnSiO_3$	蔷薇輝石のような準輝石が安定
コランダム	$Al_2O_3+SiO_2=Al_2SiO_5$	紅柱石のようなケイ酸塩鉱物が安定
苦土スピネル	$MgAl_2O_4$	
鉄スピネル	$FeAl_2O_4$	
マンガンスピネル	$MnAl_2O_4$	
磁苦土鉄鉱	$MgFe_2O_4$	
ヤコブス鉱	$MnFe_2O_4$	
クロム苦土鉱	$MgCr_2O_4$	
クロム鉄鉱	$FeCr_2O_4$	
ハウスマン鉱	$MnMn_2O_4$	
ペロブスキー石	$CaTiO_3$	
水滑石	$Mg(OH)_2$	
菱苦土鉱	$MgCO_3$	
水苦土石	$Mg_5(CO_3)_4(OH)_2 \cdot 4H_2O$	
ハイドロタルク石	$Mg_6Al_2(CO_3)(OH)_{16} \cdot 4H_2O$	
小藤石	$Mg_3B_2O_6$	
神保石	$Mn_3B_2O_6$	
ルドイヒ石	$(Mg,Fe)_2FeO_2(BO_3)$	
サセックス石	$MnBO_2(OH)$	
ウィゼル石	$(Mg,Fe)_{14}B_8(Si,Mg)O_{22}(OH)_{10}Cl$	
苦土オリーブ石	$Mg_2SiO_4+SiO_2=2MgSiO_3$	頑火輝石のような輝石が安定
テフロ石	$Mn_2SiO_4+SiO_2=2MnSiO_3$	蔷薇輝石のような準輝石が安定
斜ヒューム石	$Mg_9(SiO_4)_4(F,OH)_2$	
コンドロ石	$Mg_5(SiO_4)_2(F,OH)_2$	
アレガニー石	$Mn_5(SiO_4)_2(OH,F)_2$	
園石	$Mn_9(SiO_4)_4(OH)_2$	
ベスブ石	$Ca_{19}(Al,Mg,Fe)_{13}Si_{18}O_{68}(O,OH,F)_{10}$	

鉱物名	化学組成	性質
ゲーレン石	$Ca_2Al(AlSi)O_7$	
備中石	$Ca_2Al_2SiO_6(OH)_2$	
翡翠輝石 ペクトライト	$NaAlSi_2O_6+SiO_2=NaAlSi_3O_8$ $NaCa_2Si_3O_8(OH)$	高圧では左辺が安定、低圧では右辺の曹長石が安定
真珠雲母	$CaAl_2(Al_2Si_2)O_{10}(OH)_2$	
クリントン雲母	$CaMg_2Al(Al_3Si)O_{10}(OH)_2$	
木下雲母	$(Ba,K)(Mg,Mn,Al)_3(Al_2Si_2)O_{10}(OH,F)_2$	
蛇紋石鉱物	$Mg_3Si_2O_5(OH)_4$	
灰長石	$CaAl_2Si_2O_8$	
霞石	$(Na,K)AlSiO_4+2SiO_2=(Na,K)AlSi_3O_8$	アルカリ長石が安定
白榴石	$KAlSi_2O_6+SiO_2=KAlSi_3O_8$	カリ長石が安定
方ソーダ石	$Na_4(Al_3Si_3O_{12})Cl$	
ラズライト	$Na_3Ca(Al_3Si_3O_{12})S$	
ソーダ沸石	$Na_2Al_2Si_3O_{10}\cdot 2H_2O$	
トムソン沸石	$NaCa_2Al_5Si_3O_{20}\cdot 6H_2O$	
スコレス沸石	$CaAl_2Si_3O_{10}\cdot 3H_2O$	

▲石英と共存しない鉱物（表Ⅳ.3）

第 V 章

やさしい結晶学

1. 結晶の形と対称

結晶の外形

鉱物は、自由な空間（気体あるいは液体という軟らかい空間）で成長すると、その鉱物独自の外形を持つことができます。原子が規則正しく配列したものが結晶なのですが、このような独自の**外形**（**自形**とも呼ぶ）を持つ状態のものを特に**結晶**と呼ぶ習慣があります。

外形をつくっている面（ほぼ平面だが、細かく見るとさまざまな要因による凹凸がある）を**結晶面**と呼びます。ある結晶面と隣り合う結晶面との角を**面角**（めんかく）と呼び、面のなす稜線の外角をとります。大きな結晶面であれば、分度器に直線定規をつけた接触測角器（図V.1）で面角が測れますが、小さなものは、光の反射を利用した単円あるいは複円反射測角器を用います。

同じ結晶面で構成されている同一種の鉱物でも、成長環境の影響で、結晶面の大きさが異なっていて、歪んだように見えることがあります（晶癖のこと：『図説 鉱物の博物学』295ページ参照）。しかし、面角を測ると、均等に成長した結晶の面角とまったく同じになります。これが、1669年にニコラス・ステノが発見した**面角一定の法則**と呼ばれるものです。

結晶は複数の結晶面に囲まれて存在する3次元的な物質ですから、4つ以上の結晶面が必要です。実際には、同じ種類あるいは別の種類の鉱物と接触しているので、一部の結晶面しか見えないこともよくあります。見えない結晶面も、結晶の持つ規則性によって推定することができます。

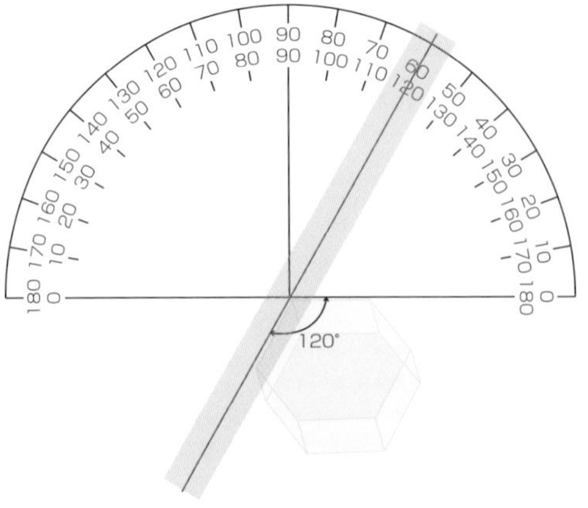

▲接触測角器（図V.1）

対称の要素

結晶の外形の持つ規則性は、対称の要素によって説明することができます。

例えば、結晶面にある操作をすることで、前とまったく同じ状態になるとき、**対称関係**にあるといいます。この操作には、回転、反射、反転の3種類があります。**回転**は、結晶の中心を通る軸を考え、その軸（回転軸）を中心に360度回転させたときに、何回同じ状態になるかです。

これには、2回（180度で同じ）、3回（120度で同じ）、4回（90度で同じ）、6回（60度で同じ）の4種類しかありません（図V.2）。

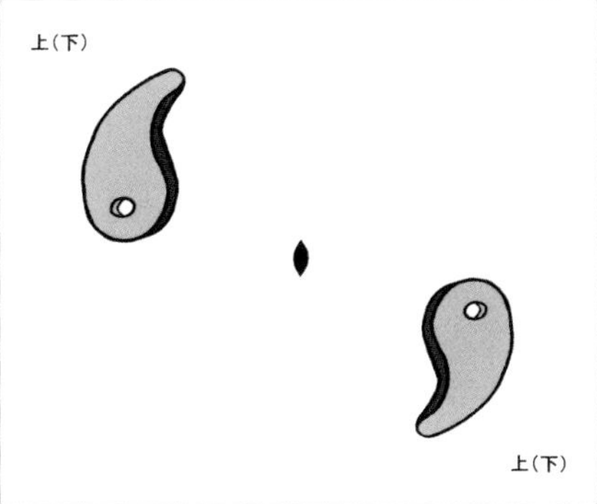

▲2回回転軸

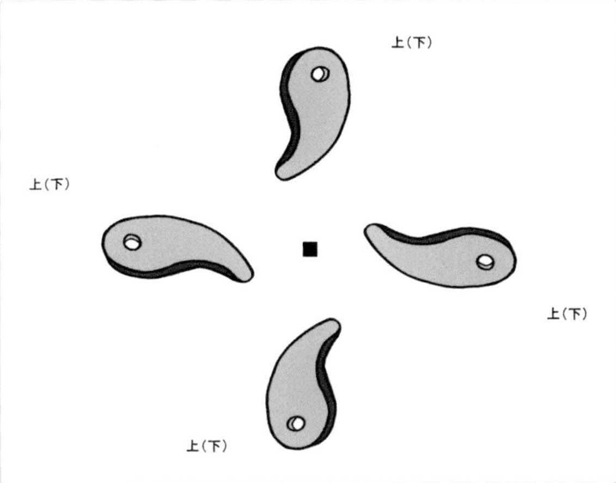

▲4回回転軸

2回回転軸は、レンズのようなマークの中心を通り紙面に垂直な方向にある。絵柄は同一平面上にある（球で表すと、北半球〈上〉か南半球〈下〉のどちらかにある）。180°回転すると同じ図柄になる。4回回転軸は■マークの中心を通る軸であり、この場合は90°回転するたびに同じ図柄になる。

▲回転軸の例（図V.2）

対称の要素の記号は、それぞれ2、3、4、6です。

反射は、互いが鏡に映った状態になることなので、**鏡面**（記号はm）という表現を用います（図Ⅴ.3）。

反転は、理想的な結晶の中心に対して、ある結晶面とある結晶面が中心対称の関係にあることを意味するため、**対称心**（記号はiまたは$\bar{1}$）と呼びます（図Ⅴ.4）。

さらに、回転と反転の操作を同時に行ったと考えられる対称の要素を**回反軸**と呼び、他の操作で説明できるものを除くと、唯一、4回回反軸（記号は$\bar{4}$）だけが独立した要素です（図Ⅴ.5）。

回転と反射の操作を同時に行ったと考えられる対称の要素を**回映軸**と呼びますが、すべて他の操作で説明できるので、今では使われません。

回転軸、鏡面、対称心、回反軸、回映軸の関係を表Ⅴ.1にまとめました。

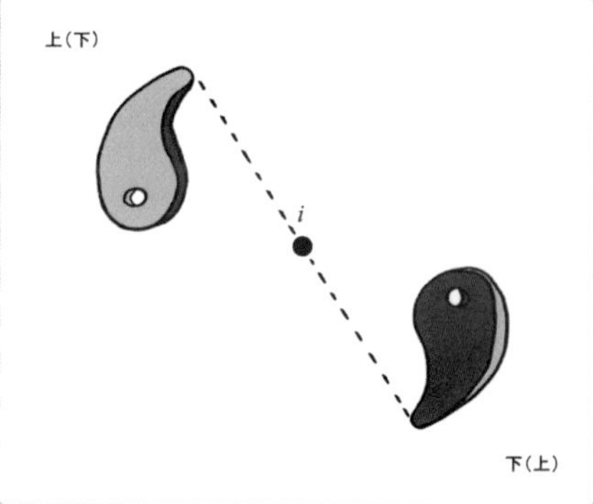

図柄は同一平面上にない（北半球と南半球にある）。図柄のある点と対称心を結ぶ線を延長すると、同じ距離に反対側の図柄の中の同じ点がある。

▲対称心（図Ⅴ.4）

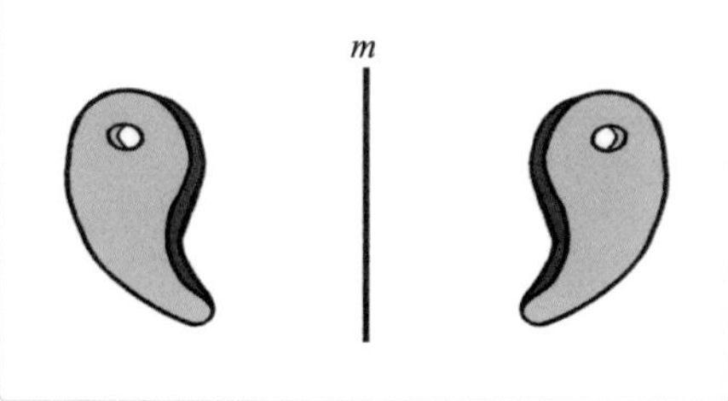

鏡面は紙面に垂直にあるので、平面上では直線になる。左右が鏡に映したようになる。

▲鏡面（図Ⅴ.3）

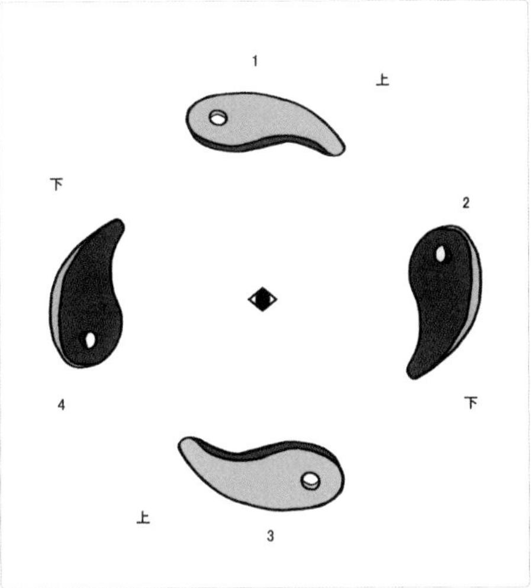

1 の図柄を右回りに 90°回転（2 の位置）し、対称心の操作をすると 4 の図柄になる。4 の図柄を右回りに 90°回転（1 の位置）し、対称心の操作をすると 3 の図柄になる。3 の図柄を右回りに 90°回転（4 の位置）し、対称心の操作をすると 2 の図柄になる。これで一巡したわけで、例えば、1 を北半球に置けば、2 と 4 は南半球、3 は北半球に位置する。このような関係をつくる、紙面に垂直な軸を **4 回回反軸**と呼ぶ。

▲4 回回反軸（図Ⅴ.5）

回転操作	1	2	3	4	6
回転軸		2 回回転軸	3 回回転軸	4 回回転軸	6 回回転軸
鏡面					
対称心					
回反軸	1 回回反軸 = 対称心	2 回回反軸 = 鏡面	3 回回転軸と対称心	4 回回反軸	3 回回転軸とそれに垂直な鏡面
回映軸	1 回回映軸 = 鏡面	2 回回映軸 = 対称心	3 回回転軸とそれに垂直な鏡面	=4 回回反軸	3 回回転軸と対称心

緑字は独立した対称の要素。

青字はそれぞれ 3 回回反軸、6 回回反軸として使われることがあるもの。

▲対称の要素の関係（表Ⅴ.1）

結晶軸

第Ⅱ章第3節の結晶面のところでも説明しましたが、結晶を表現するときに、結晶軸という架空の3次元座標軸を考えます。

理想的な結晶の中心に原点を置き、そこで交差する3つの軸をa、b、c軸とします。基本的にa軸は前後方向、b軸は左右方向、c軸は上下方向にとり、a軸は前方向を+、b軸は右方向を+、c軸は上方向を+にします。また、b軸とc軸のなす角度をα、c軸とa軸のなす角度をβ、a軸とb軸のなす角度をγとします(図Ⅱ.21a)。

このとき、a、b、c軸の目盛りの単位の長さをA、B、Cとすると、7つの晶系と結晶軸との関係は、以下のようになります。

A=B=C、$\alpha=\beta=\gamma=90°$ ➡ 立方(等軸)晶系

A=B≠C、$\alpha=\beta=\gamma=90°$ ➡ 正方晶系

A=B≠C、$\alpha=\beta=90°$、$\gamma=120°$ ➡ 六方晶系、三方晶系

A=B=C、$\alpha=\beta=\gamma\neq90°$ ➡ 三方晶系(菱面体晶系)

A≠B≠C、$\alpha=\beta=\gamma=90°$ ➡ 直方(斜方)晶系

A≠B≠C、$\alpha=\gamma=90°$、$\beta\neq90°$ ➡ 単斜晶系

A≠B≠C、$\alpha\neq\beta\neq\gamma$ ➡ 三斜晶系

三方晶系は、六方晶系と同じ軸のとり方と菱面体的な軸のとり方があります。

なお、六方晶系と三方晶系は、同じ平面上にそれぞれ120°で交差する同じ長さの3軸と、その交差点を3軸と垂直に交わる1軸を考え、4軸として表現する場合もあります(図Ⅱ.21b)。

各晶系に特有な対称の要素は表Ⅴ.2のようになります。

立方晶系	a, b, c軸以外のところに3回回転軸がある。
正方晶系	c軸が4回回転軸あるいは4回回反軸に相当する。
六方晶系	c軸が6回回転軸あるいは6回回反軸に相当する。
三方晶系	c軸が3回回転軸あるいは3回回反軸に相当する。
直方晶系	各軸あるいはc軸が2回回転軸で、回転軸あるいは鏡面が互いに直交。
単斜晶系	b軸が2回回転軸あるいは鏡面しか持たない。
三斜晶系	対称心だけ、あるいは対称の要素がまったくない。

▲晶系と対称の要素(表Ⅴ.2)

晶系と対称の要素の組合せ

黄鉄鉱はよく理想的な結晶図を立方体に描かれています。立方体であれば、a、b、c軸は4回回転軸あるいは4回回反軸になるはずですが、条線を見ればそうでないことを、第Ⅱ章第3節の黄鉄鉱の条線のところで説明しました。しかし、立方体の同じ面上にない頂点を結ぶ直線（体対角線）の方向（[111]方向）は3回回転軸（対称心があるので、3回回反軸として表記される）に相当します。

すなわち、立方晶系だからといって必ずしも4回回転軸あるいは4回回反軸があるとは限りませんが、必ず3回回転軸あるいは3回回反軸はなければなりません。このように、各晶系は共通（必須）な対称の要素があるほか、他の対称の要素の組合せによって、いくつかに区別することができます。

立方晶系は5つ、正方晶系は7つ、六方晶系は7つ、三方晶系は5つ、直方晶系は3つ、単斜晶系は3つ、三斜晶系は2つ、計32種類になります。

この32種類を**晶族**（しょうぞく）あるいは**点群**（てんぐん）と呼びます。表Ⅴ.3に32種類の対称の要素と該当する主な鉱物を示しました。

▲黄鉄鉱

▲黄鉄鉱

		点群記号			代表的な結晶形	
立方晶系	完面像	m (4/m)	$\bar{3}$	m (2/m)	六八面体	自然金、方鉛鉱、蛍石、磁鉄鉱、石榴石
	異極半面像	$\bar{4}$	3	m	六四面体	閃亜鉛鉱、四面銅鉱
	偏形半面像	m (2/m)	$\bar{3}$		偏方二十四面体	黄鉄鉱、輝コバルト鉱
	対掌半面像	4	3	2	五角三八面体	ペッツ鉱、磁赤鉄鉱
	四半面像	2	3		偏五角十二面体	ゲルスドルフ鉱
正方晶系	完面像	4/m	m (2/m)	m (2/m)	複正方両錐体	錫石、ゼノタイム、ジルコン、ベスブ石
	異極半面像	4	m	m	複正方錐体	マケドニア石
	偏形半面像	4/m			正方両錐体	灰重石、柱石
	対掌半面像	4	2	2	偏八面体	クリストバル石
	四半面像	4			正方錐体	水鉛鉛鉱
	第二半面像	$\bar{4}$	2	m	正方偏三角面体	黄錫鉱、ゲーレン石
	第二四半面像	$\bar{4}$			両楔（せつ）面体	亜鉛黄錫鉱
六方晶系	完面像	6/m	m (2/m)	m (2/m)	複六方両錐体	石墨、輝水鉛鉱、緑柱石
	異極半面像	6	m	m	複六方錐体	ウルツ鉱、硫カドミウム鉱
	偏形半面像	6/m			六方両錐体	燐灰石
	対掌半面像	6	2	2	偏四角面体	ラブドフェン
	四半面像	6			六方錐体	霞石、灰霞石
	三方完面像	$\bar{6}$	m	2	複三方両錐体	バストネス石、ベニト石
	三方偏形半面像	$\bar{6}$			三方両錐体	ペンフィールド石
三方晶系（菱面体晶系）	異極半面像	3	m		複三方錐体	濃紅銀鉱、明礬石、電気石
	対掌半面像	3	2		偏六面体	辰砂、石英
	四半面像	3			三方錐体	レントゲン石、一水方解石
	第二半面像	$\bar{3}$	m (2/m)		複三方偏三角面体	コランダム、方解石、チリ硝石
	第二四半面像	$\bar{3}$			菱面体	チタン鉄鉱、苦灰石
直方晶系	完面像完面像	m (2/m)	m (2/m)	m (2/m)	両錐体	輝安鉱、重晶石、霰石、頑火輝石
	異極半面像	2	m	m	錐体	異極鉱
	半面像	2	2	2	両楔面体	ゴスラー石
単斜晶系	完面像	2/m			柱体	藍銅鉱、石膏、普通輝石、正長石
	異極半面像	2			楔面体	鉄明礬
	半面像	m			庇面体	わたつみ石、チャップマン石
三斜晶系	完面像	$\bar{1}$			卓面体	胆礬、斧石、斜長石
	半面像	1			単面体	アラマヨ鉱

▲32晶族（表V.3）

結晶面

結晶面は3つの結晶軸との交差点で表現できます。各軸の目盛りの単位の比（軸率）$a:b:c$を考え、簡単な分数$m:n:p$を用いると、結晶面は$ma:nb:pc$の比で軸と交わることになります。

軸率は無理数ですが、この比は有理数となります。これを**有理指数の法則**と呼び、アユイ（René-Just Haüy）が発見した法則です。

なお、$m:n:p$の逆数をとって通分した整数、$h:k:l$が、よく用いられる面指数（ミラー指数）の(hkl)となります。

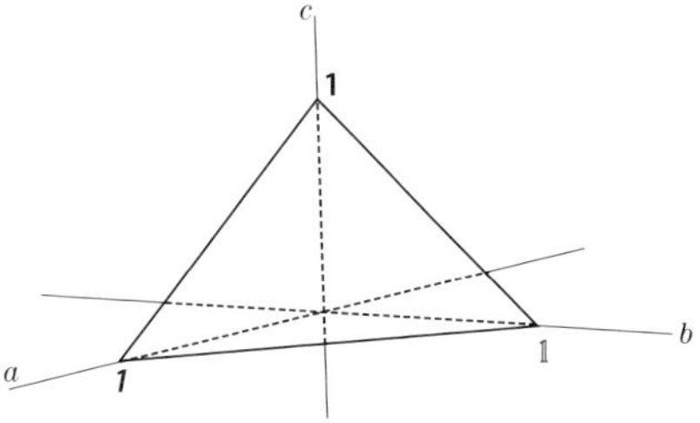

各軸の 1 は比を表しているだけで、同じ長さである必要はないので、文字を変えてある。

▲（111）（図V.6）

軸率が$a:b:c$のとき、それぞれの軸率の比で交差する結晶面を(111)と表現します（図V.6）。

もし、ある結晶面が$\frac{1}{2}a:\frac{1}{2}b:1c$で交差していれば、それは(221)と表されます（図V.7）。

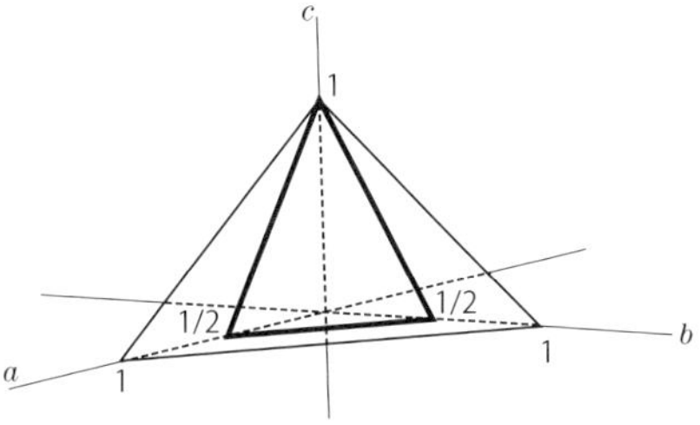

太線部分が(221)で、a軸とb軸の$\frac{1}{2}$のところで交差する。(111)とは傾斜の角度が違ってくる。

▲（221）（図V.7）

また、a軸に$\frac{1}{2}$、c軸に1の比で交差し、b軸と交わらない（b軸と平行、数学的に無限大遠方で交差すると考える）場合は、$\frac{1}{2}a:\infty b:1c$の比となり、面指数は(201)と表します（∞の逆数が0だから）（図V.8）。

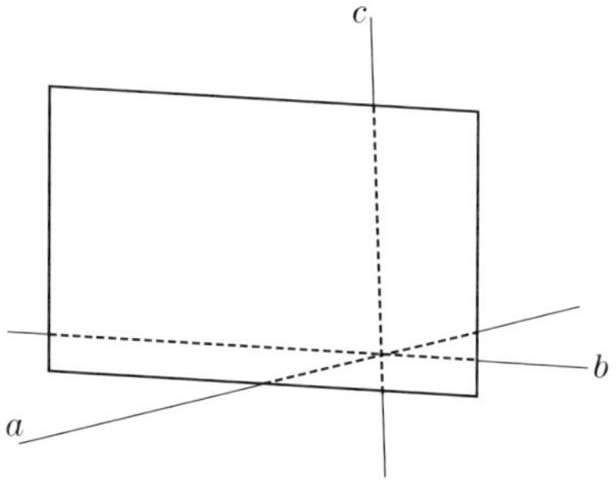

b軸とは交差しない面で、a軸の$\frac{1}{2}$のところを交差するので(201)となる。

▲（201）（図V.8）

さらに、c軸にも交わらない（a軸だけに交わる）場合は、(100)となります（図Ⅴ.9）。面指数では、(200)のような表現をしません。必ず最大公約数で割った数字にします。

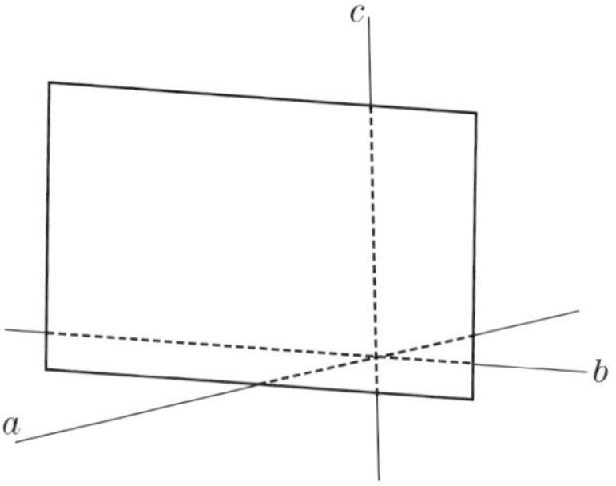

1つの軸、この場合はa軸のみと交差し、a軸のどこを交差しようともすべて平行な面となるので、(100)と表現する。

▲(100)（図Ⅴ.9）

例えば、(222)は(111)に、(422)は(211)のように表します。

なぜなら、結晶面は傾きだけが意味を持ち、それと平行な面も同一と見なすためです。数学的には、$\frac{1}{2}a : \frac{1}{2}b : \frac{1}{2}c$の比で交差する面、(222)は存在しますが、(111)と平行な面のため、面指数としての意味がないのです（図Ⅴ.10）。

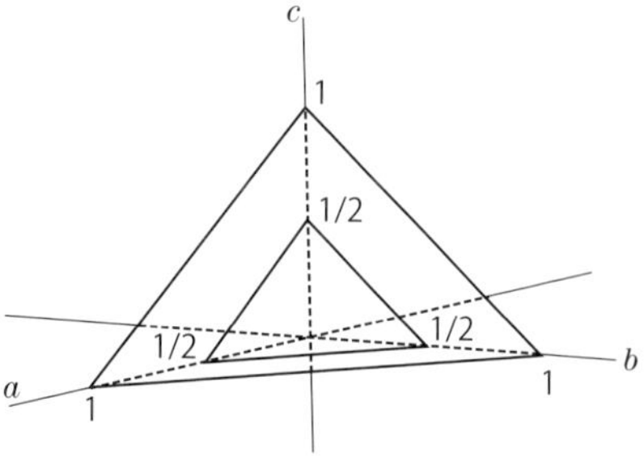

各軸の$\frac{1}{2}$のところで交差するので、(222)なのだが、(111)と平行になるため、(111)とする（最大公約数で割る）。

▲(111)と(222)（図Ⅴ.10）

六方と三方晶系では、主軸（c軸）と側軸（a_1、a_2、a_3軸）で表すことがあるので、面指数は($hkil$)のように表します。

このとき、$h+k+i=0$の関係になります。例えば、石英（水晶）の柱面（c軸に平行）の面指数は、$(10\bar{1}0)$と表されます（1の上の「-」はマイナスの意味）。

面指数(111)の場合は、面が3軸のプラス側と交差する場合ですが、もしb軸だけがマイナス側と交差するときは、$(1\bar{1}1)$となります。ところが、回転、鏡面、対称心の操作で(111)と同価になるときは、$(1\bar{1}1)$とは表記しません。

例えば、方鉛鉱の八面体結晶の面、(111)、$(1\bar{1}1)$、$(11\bar{1})$、$(\bar{1}11)$、$(1\bar{1}\bar{1})$、$(\bar{1}1\bar{1})$、$(\bar{1}\bar{1}1)$、$(\bar{1}\bar{1}\bar{1})$はすべて同価ですから、(111)で代表させ、{111}という記号で表現します（図Ⅴ.11）。

ところが、対称の要素の少ない単斜晶系や三斜晶系の結晶面では、同価の面が少なくなります。

例えば、三斜晶系の微斜長石（対称心だけ持つ）では、$(1\bar{1}0)$と$(\bar{1}10)$は同価ですが、(110)とは同価ではありません（図V.12）。

結晶図は、理想的な結晶面で囲まれたと仮定して描かれた図です。各結晶面に面指数を書き込むと煩わしくなるので、主にアルファベットの記号として書き込まれていることがあります。晶系あるいは鉱物種によって多少異なりますが、単純な面指数には、ほぼ同じ面記号が用いられています。

柱面には、a、b、m、hが、底面にはcが主に使用されますが、錐面はさまざまです。立方晶系の場合は、o{111}、d{110}、n{211}、e{210}がよく出てきます。

表V.4には主な面記号と面指数、それが使われている鉱物例を示しました。

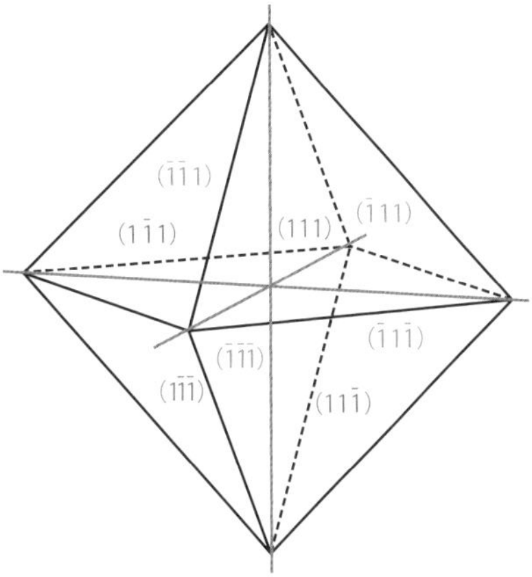

黒線は正八面体の結晶図。ピンク線は結晶軸。青字は手前に見える結晶面の面指数。緑字は奥にあって見えない結晶面の面指数。これらの結晶面はすべて同価なので、{111}として表記できる。

▲(111)と{111}（図V.11）

微斜長石は三斜晶系なので、$(1\bar{1}0)$と(110)は同価ではないが、対称心を持つため(110)の裏側で(010)の隣にある見えない面$(\bar{1}10)$とは同価であるので、$\{1\bar{1}0\}$と表現する。

▲微斜長石（宮崎県延岡市上祝子）の結晶（図V.12）

面記号	面指数	鉱物例
a	(100)	黄鉄鉱・方鉛鉱・赤銅鉱（立方晶系六面体面）、ほか柱面
	(11$\bar{2}$0)	コランダム・緑柱石・電気石・菫青石（三方・六方晶系柱面）
b	(010)	黄鉄鉱・方鉛鉱・赤銅鉱（立方晶系六面体面）、ほか柱面
c	(001)	黄鉄鉱・方鉛鉱・赤銅鉱（立方晶系六面体面）、ほか底面
	(0001)	磁硫鉄鉱・輝水鉛鉱・赤鉄鉱・方解石・燐灰石・緑柱石（三方・六方晶系底面）
d	(110)	磁鉄鉱・石榴石（十二面体菱形面）
	(101)	重晶石・硫酸鉛鉱（錐面）
e	(210)	黄鉄鉱（五角十二面体面）
	(101)	硫砒鉄鉱・ルチル（錐面）
	(112)	灰重石・ジルコン・ベスブ石（錐面）
	(01$\bar{1}$2)	方解石（鋲頭状錐面）
f	(011)	トパズ（錐面）
k	(021)	オリーブ石（錐面）
h	(210)	ルチル・錫石（柱面）
	(123)	灰重石（錐面）
i	(031)	異極鉱（錐面）
m	(110)	ルチル・錫石・トパズ・紅柱石・ソーダ沸石(柱面)
	(210)	重晶石（柱面）
	(10$\bar{1}$0)	赤鉄鉱・石英・燐灰石・緑柱石（柱面）
n	(211)	石榴石・方沸石（二十四面体面）、四面銅鉱（錐面）
	(021)	正長石（錐面）
o	(111)	四面銅鉱（三角面）、閃亜鉛鉱・方鉛鉱・磁鉄鉱・ソーダ沸石（錐面）
	(22$\bar{1}$)	透輝石（錐面）
	(02$\bar{2}$1)	電気石（錐面）
p	(101)	鋭錐石・灰重石・ジルコン・ベスブ石・魚眼石（錐面）
	(112)	黄銅鉱（三角面）
	(10$\bar{1}$2)	緑柱石（錐面）
r	(011)	普通角閃石（錐面）
	(10$\bar{1}$1)	辰砂・方解石・石英・菱沸石（菱面体面）、電気石（錐面）
s	(111)	ルチル・錫石（錐面）
	(11$\bar{2}$1)	燐灰石（錐面）・石英（柱面と錐面の間に現れる肩面）
t	(301)	異極鉱（錐面）
u	(111)	透輝石（錐面）
v	(12$\bar{1}$)	異極鉱（錐面）
	(21$\bar{3}$1)	方解石（犬牙状錐面）
w	(20$\bar{1}$)	藍鉄鉱（錐面）
x	(211)	ジルコン（錐面）
	(10$\bar{1}$1)	緑鉛鉱（錐面）
y	(021)	トパズ（錐面）
	(111)	硫酸鉛鉱（錐面）
	(20$\bar{1}$)	正長石（錐面）
z	(021)	透輝石（錐面）
	(01$\bar{1}$1)	石英（錐面）

▲面記号、面指数、鉱物例（表V.4）

2. 原子配列と対称

原子配列

鉱物の原子配列が実際にわかるようになったのは20世紀に入ってからです。1895年のX線発見（レントゲン、W. C. Röntgen）後、1912年にラウエ（M. T. F. von Laue）が結晶にX線を照射することで回折現象が起こることを見いだし、1913年以降、ブラッグ親子（W. H. BraggとW. L. Bragg）らによって実際の原子配列が次々と決定され、近代的な鉱物学の幕開けとなりました。

1914年にラウエがノーベル賞を受賞し、その100周年を記念して2014年に世界結晶年が設定され、さまざまなイベントも行われました。

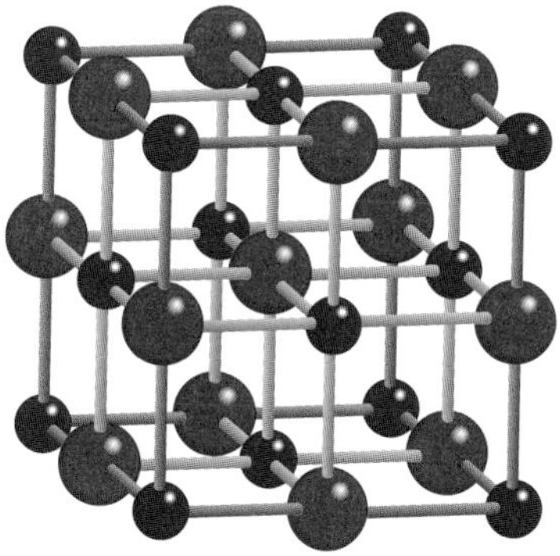

外側の青線が単位格子。単位格子の1辺の長さは5.640Å（0.5640 nm）。

▲岩塩の結晶構造（図V.13）

ブラッグ（W. L. Bragg）が最初の解析で決定した原子配列が岩塩（NaCl）です。原子を球として表し、球の小さな方がNa（ナトリウム）、大きな方がCl（塩素）です（図V.13）。

外側の四角の枠は単位格子を示しています。この場合、単位格子は立方体（岩塩は立方晶系になる）となっています。図では、立方体の各頂点にNa、さらに6つある各面の中心にもNaがあります。それぞれのNaの中間にはClが配置されています。

なお、この図を見てもわかるように、NaとClの位置を入れ替えてもまったく同じことになります。この単位格子が3次元的に結びついて大きな結晶をつくっているのです。

この単位格子にはいくつのNaとClが含まれているのでしょうか。Naは8つの頂点にありますが、この位置は8つの格子が共有する場所なので、1個と数えず$1/8$個となります。したがって頂点のNaは、$8\times 1/8=1$ということで1個になります。面の中心にあるNaは、2つの格子が共有する位置なので$1/2$個となり、それが6つあるので$6\times 1/2=3$個と数えます。以上から、合計4個のNaとなります。

NaClという化学組成なので、当然ながらClはNaと同数の4個ですが、ためしに図から数えてみましょう。格子の中心にあるClはほかとは共有していないので、1個になります。各辺の中心にあるClは、4つの格子と共有する位置なので¼個となります。これが12個あるので12×¼=3個となり、合計4個となりました。つまり、4個のNaCl分子が単位格子を構成していることになり（単位格子中の分子数が4）、これをZ=4と表します。

次にもう少し構成元素の多い方解石（$CaCO_3$）の原子配列を見てみましょう。この解析もブラッグ（W. L. Bragg）が初期の頃に行い、図V.14のような配置をしていることを明らかにしました。

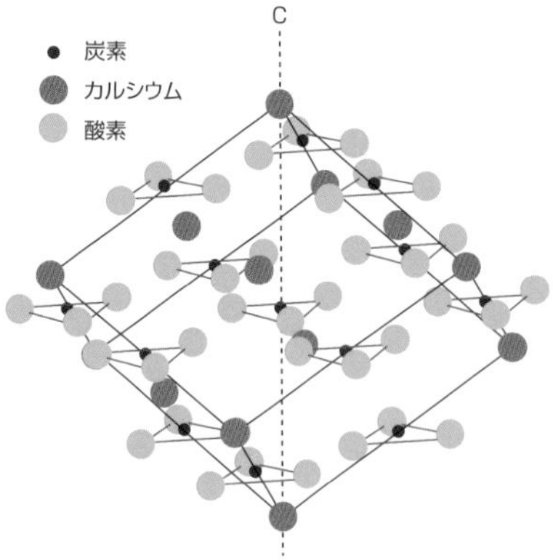

方解石のCa球が菱面体格子の面心位置にあり、(CO_3)の三角形は中心部と各稜の中間にある。図V.13の岩塩と比較するとNa（黒丸）＝Ca、Cl（赤丸）＝(CO_3)の関係にあり、格子の形が異なるだけ。

▲方解石の結晶構造（図V.14）

方解石は三方晶系ですから、菱面体格子や六方格子をとることができます。図では、菱面体格子のZ数が4になるタイプを示しています。先ほどの岩塩の配列に似ていると思いませんか。NaのところをCa（カルシウム）が、Clのところを[CO_3]が置き換え、立方体から少し歪んだ形になっています。[CO_3]は、三角形の頂点に3つのO（酸素）があり、その中心部にC（炭素）が位置する炭酸イオン原子団です。

以上のような格子の形は、方解石の劈開片の形と同じになり（図V.15）、理解しやすいのですが、実際の方解石の単位格子はもっとZ数を小さく（2）とれる細長い菱面体格子です。また、六方格子にとると、Z数は6になります。

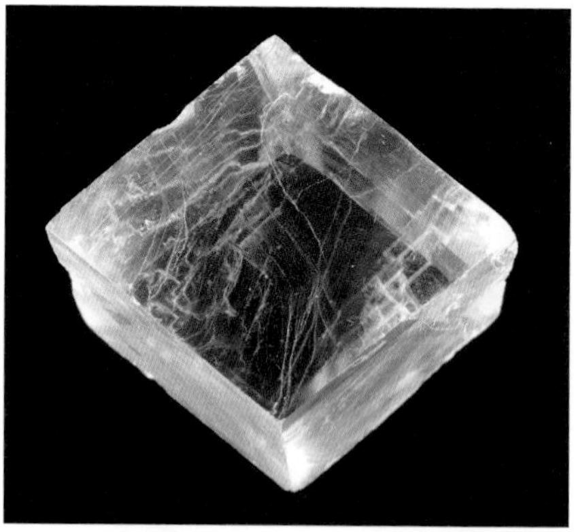

▲方解石の劈開片（産地：メキシコ）（図V.15）

このように、すべての結晶はそれぞれに特有な単位格子（そのタイプと大きさ）およびZ数を持っています。格子のタイプの基本は、本章の第1節（結晶の形と対称）の「結晶軸」の項での説明でされているものと同じですが、単位格子には実の長さ（単位がつく）が存在します。

例えば、岩塩の結晶形態上の結晶軸は、$a = b = c$となるだけですが、結晶構造上の単位格子には、$a = b = c =$ 5.640Å（0.5640 nm）という実際の大きさが示されます。

このような実長を示したのが**格子定数**で、立方晶系はaのみ、正方晶系はaとc、六方と三方晶系もaとc（三方のうち菱面体晶系にとれるものでは、aとαのことも）、直方晶系はa、b、c、単斜晶系はa、b、cとβ、三斜晶系はa、b、cとα、β、γが数値で示されます。

単位格子の8頂点にだけ格子点（原子あるいは分子などと考えてもよい）が存在するものを**単純格子**と呼びます。3次元的な並進操作（平行移動）から、7つの晶系の対称性と対応する独立した14個の格子（空間格子）がブラベ（A. Bravais）によって導かれました。これが**ブラベ格子**と呼ばれているものです。

格子の種類には、**単純格子**（記号P、菱面体格子のときはR）のほかに、相対する2面の中心にも同価の格子点（以下同価点）のある**底心格子**（記号AまたはBまたはC）、すべての面の中心にも同価点のある**面心格子**（記号F）、格子の中心にも同価点がある**体心格子**（記号I）があります（図V.16）。

各晶系にどのような格子が存在できるのかを表V.5に示します。岩塩の原子配列を眺めると、Naの配置は面心タイプとなっているのがわかります。どちらの軸方向にでもよいので、格子の原点（例えば、図の左下手前）を½平行移動すればClも同じ面心の配置になっているのが確認できます。

	P	F	I	C	R
立方	◎	◎	◎		
正方	◎		◎		
六方・三方	◎				◎
直方	◎	◎	◎	◎	
単斜	◎			◎	
三斜	◎				

▲ブラベ格子と晶系の関係（表V.5）

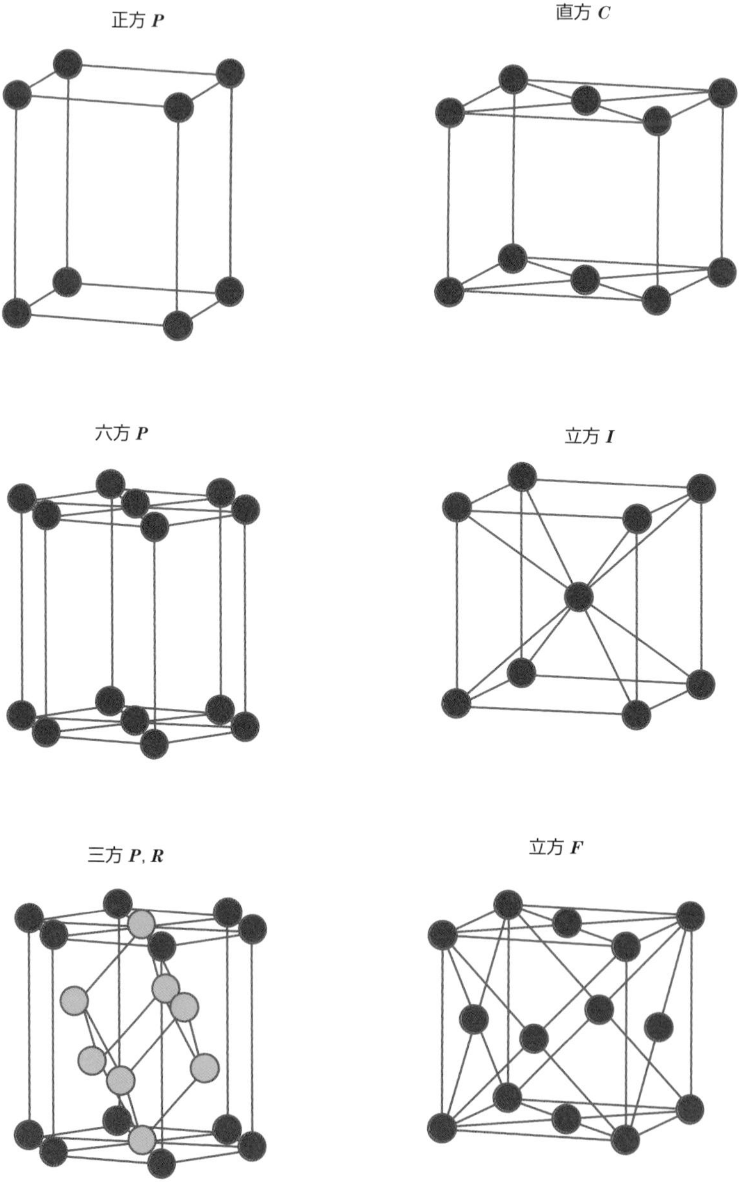

ブラベ格子の例を図示した。三方晶系は２つのとり方があるのがわかる。

▲ブラベ格子の例（図Ｖ.16）

原子配列に特有な対称性

結晶形のときに見られた対称性だけでなく、実際の原子配列では、並進を伴うある操作をすることで、同価な点が繰り返される周期的なパターンが見られます。

例えば、原子を180度回転し、単位格子の長さ（単位長）の½だけ並進すると同価な原子があるとします。その原子をさらに180度回転し、同じ方向に単位長の½並進といった操作を繰り返していくと、図V.17のような原子の配列が現れます。

このような回転軸を**螺旋軸**（らせんじく）と呼び、この場合は**2回螺旋軸**（記号2_1）と呼ばれます。そのほか、120度回転しながら単位長の⅓並進する**3回螺旋軸**（記号3_1、3_2、図V.18）や、**4回螺旋軸**（記号4_1、4_2、4_3）、**6回螺旋軸**（記号6_1、6_2、6_3、6_4、6_5）があります。3回、4回、6回螺旋軸には、右回り（3_1、4_1、6_1、6_2、）と左回り（3_2、4_3、6_4、6_5）があります。

4_1と4_3は90度回転¼並進ですが、4_2はペアになったものが90度回転½並進となります。6_1と6_5は60度回転⅙並進ですが、6_2と6_4は、ペアになったものが60度回転⅓並進、6_3はトリプルになったものが60度回転½並進の関係になっています。

もう1つの対称要素は、鏡面で映して並進する映進です。これにも操作の仕方で、映進面（記号aはa軸方向に½、記号bはb軸方向に½、記号cはc軸方向に½の並進、図V.19)、対角映進面（記号nで、例えばa軸方向に½並進し、さらにb軸方向に½の並進)、ダイヤモンド映進面（記号dで、例えば、a軸方向に¼並進し、さらにb軸方向に¼の並進）があります。

点群、ブラベ格子、螺旋軸、映進面の組合せによって、最終的には230種類のパターンが生まれ、これを**空間群**と呼びます。

空間群を表す記号は、シェーンフリースの書き方とヘルマン・モーガンの書き方があります。近年は主にヘルマン・モーガンの記号が使われています。

記号には、最初に格子の種類（P、R、A、B、C、F、I）を書き、そのあとに点群の記号や螺旋軸、映進面の記号がつきます。岩塩の場合は、面心格子でしたからFを頭にし、属する点群の記号$m3m$をつけ、$Fm3m$（あるいは、対称心があるので、$Fm\bar{3}m$とも書けます）となります。

最初のmは、主軸に4回回転軸、それと垂直な鏡面があること、次の3あるいは$\bar{3}$は主軸以外の方向で3回回転軸あるいは3回回反軸があること（これが立方晶系の条件）、次のmは主軸以外の方向で2回回転軸とそれに垂直な鏡面があることを示します。点群では**立方晶系完面像**（最も対称要素が多い）と呼ばれるものです。螺旋軸や映進面の記号を持つ例として、重晶石を見てみましょう（図V.20)。

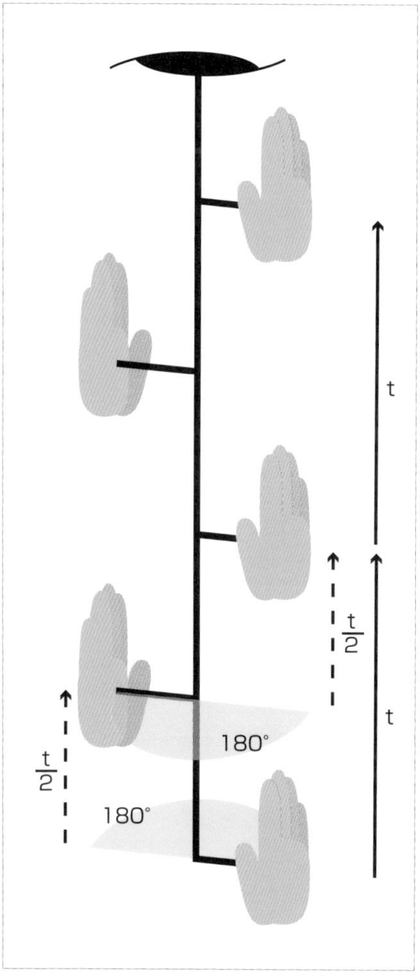

180°回転し、単位長の½まで進んだところに同じ図柄が現れる。これを繰り返していく操作をする軸を**2回螺旋軸**（記号 2_1）という。

▲螺旋軸の例：2回螺旋軸（図V.17）

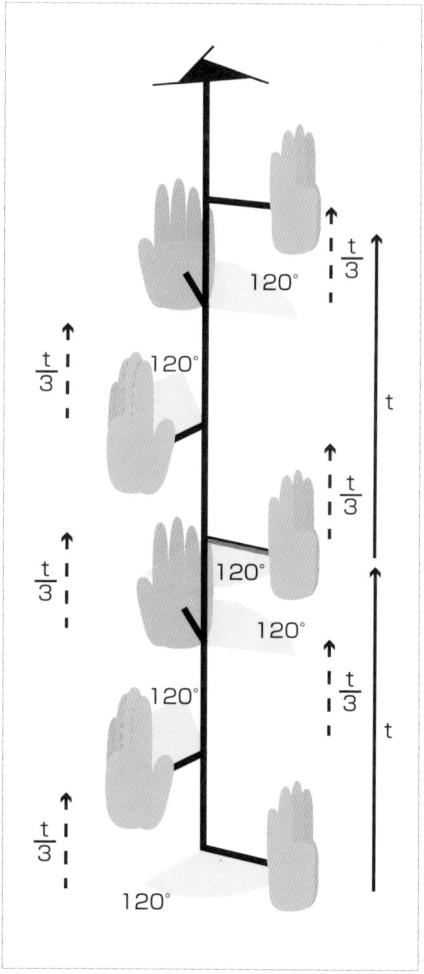

120°回転し、単位長の⅓まで進んだところに同じ図柄が現れる。さらに120°回転し、単位長の⅓まで進んだところに同じ図柄が現れ、もう一度同じ操作をして一巡する。これを繰り返していく操作をする軸を**3回螺旋軸**というが、右回りと左回りがあり、記号を 3_1 と 3_2 で区別する。この図は 3_2 である。

▲螺旋軸の例：3回螺旋軸（図V.18）

※図V.17～18はDyarほか（2008）を参考に作成。

この結晶は直方晶系で点群はmmmの完面像、空間群$Pnma$が結晶形態（結晶図）（図V.21）で見慣れたとり方です。

しかし、直方晶系の推奨される結晶軸のとり方（一番長いものをb、次にa、一番短いものをcにする）をすると、空間群は$Pbnm$になります。

前者のa, b, cを後者のb, c, aに変えただけで、空間群記号が変わっても実質は同じです。$Pbnm$のPは単純格子を、次のbはa軸方向に2回回反軸とそれに垂直なb映進面、次のnはb軸方向に2回回反軸とそれに垂直なn映進面、最後のmはc軸方向に2回回反軸とそれに垂直な鏡面があることを示します。

点群の場合に$2/m2/m2/m$を省略してmmmとしたように、空間群でも$2_1/b2_1/n2_1/m$を省略してbnmとします。

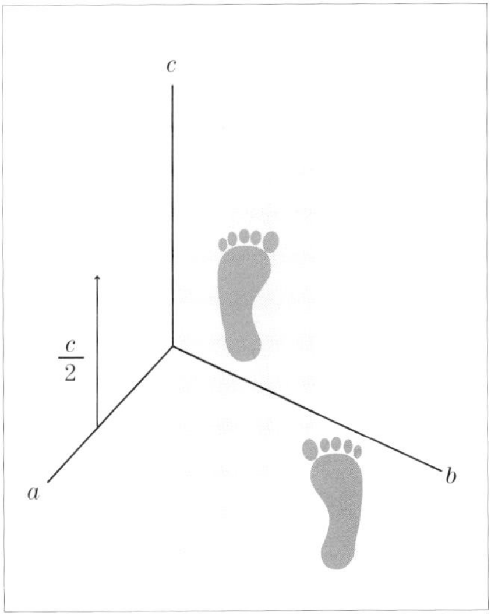

半歩進んで鏡に映す、という操作が映進で、多くの種類がある。この図はb軸と垂直な鏡面があり、右足がc軸方向に半歩進んだ鏡面の裏側には左足として現れる。このような鏡面を映進面（この図では**c 映進面**）と呼ぶ。

▲映進面の例：c映進面（図V.19）

立方体に近い重晶石の結晶群で、変質した火山岩の空隙に産する。福島県猪苗代町沼尻産。

▲重晶石（図V.20）

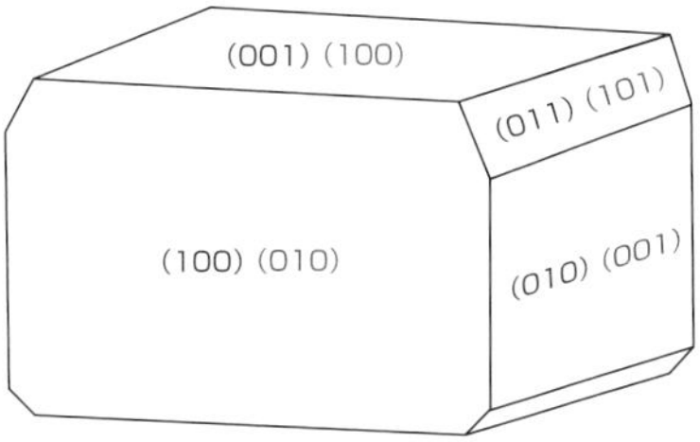

沼尻産重晶石は、立方体に近い面だけでなく、一部に角を斜めに切る面も見られる。それを少し強調して描いた結晶図。黒字は従来の結晶軸のとり方での面指数で、赤字は直方晶系の推奨される結晶軸のとり方をしたときの面指数。

▲重晶石の結晶図（図V.21）

MEMO

第Ⅵ章

やさしい鉱物の化学

1. 原子と元素

原子は、原子核とその周囲に広がる電子（−の電荷を持つ）からできた電子雲によって構成された非常に微細な粒子で、およそ1000万分の1mmオーダーの半径にすぎません。**原子核**はさらに小さく、その半径は原子半径の1万分の1ほどです。

原子核は、主に**陽子**（＋の電荷を持つ）と**中性子**（電気的に中性）で構成されています。電子雲中の電子の数と陽子の数は同じになっていて、原子全体は電気的に中性となっています（図Ⅵ.1）。

中性子の数は必ずしも陽子の数と同じではありません。原子番号とは陽子の数であり、それに中性子の数を足したものが**質量数**となります。

例えば、原子番号6の炭素には、中性子の数が6、7、8個のものがあります。質量数を元素記号の左上に書くと、^{12}C、^{13}C、^{14}Cとなります。このように陽子数は同じで中性子数が異なるものを互いに**同位体**と呼びます。同位体には、原子核崩壊をしない安定同位体（炭素なら^{12}C、^{13}C）と、原子核崩壊をして放射線を出す放射性同位体（放射性核種とも）（炭素なら^{14}C）があります。

原子はこのように物質であり、1個ずつ数えられる具体物ですが、元素は種類を示す抽象的なもので、それを元素記号で表しています。鉱物にたとえれば鉱物名の石英は元素のような扱いで、標本箱に入っている具体的な石英は原子といった感じでしょうか（図Ⅵ.2）。

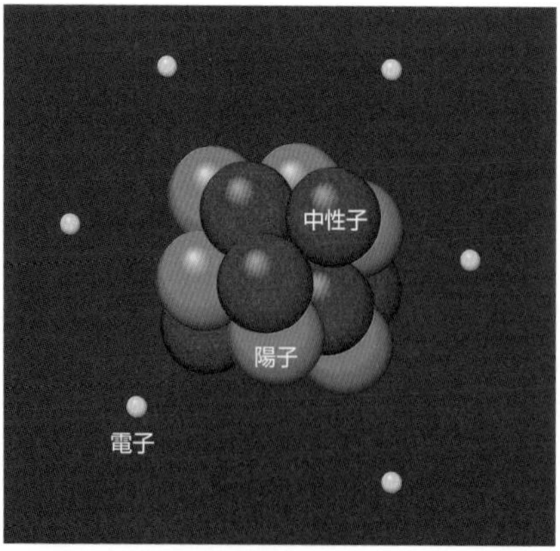

▲原子の模式的構成（図Ⅵ.1）

石英（煙水晶）の標本は実際の物質で、ラベル上の石英（煙水晶）は概念的なもの。

▲石英とラベル（図Ⅵ.2）

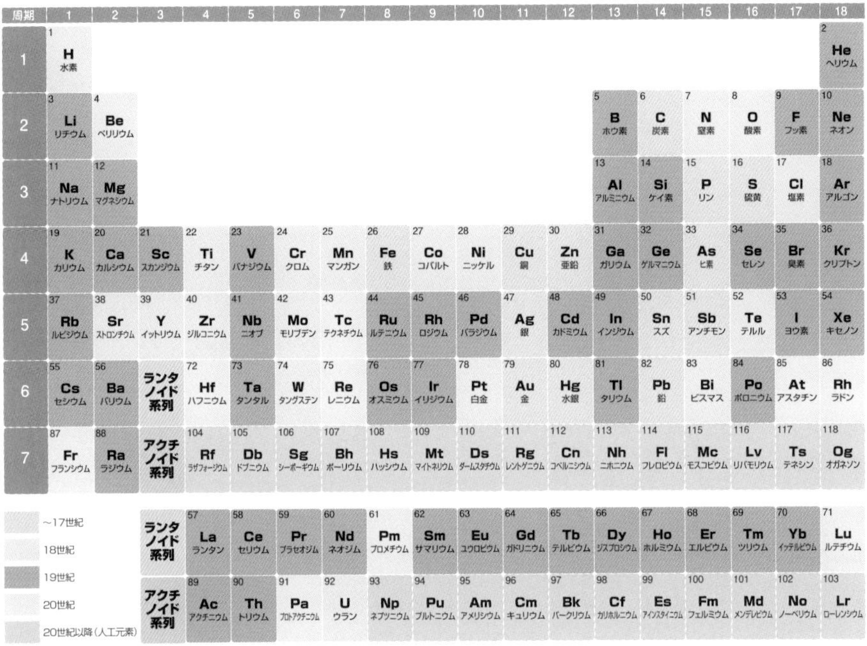
周期 1 2 3 4 5 6 7 8 9 10 11 12 13 14 15 16 17 18
1 | 1 H 水素 | 2 He ヘリウム
2 | 3 Li リチウム | 4 Be ベリリウム | 5 B ホウ素 | 6 C 炭素 | 7 N 窒素 | 8 O 酸素 | 9 F フッ素 | 10 Ne ネオン
3 | 11 Na ナトリウム | 12 Mg マグネシウム | 13 Al アルミニウム | 14 Si ケイ素 | 15 P リン | 16 S 硫黄 | 17 Cl 塩素 | 18 Ar アルゴン
4 | 19 K カリウム | 20 Ca カルシウム | 21 Sc スカンジウム | 22 Ti チタン | 23 V バナジウム | 24 Cr クロム | 25 Mn マンガン | 26 Fe 鉄 | 27 Co コバルト | 28 Ni ニッケル | 29 Cu 銅 | 30 Zn 亜鉛 | 31 Ga ガリウム | 32 Ge ゲルマニウム | 33 As ヒ素 | 34 Se セレン | 35 Br 臭素 | 36 Kr クリプトン
5 | 37 Rb ルビジウム | 38 Sr ストロンチウム | 39 Y イットリウム | 40 Zr ジルコニウム | 41 Nb ニオブ | 42 Mo モリブデン | 43 Tc テクネチウム | 44 Ru ルテニウム | 45 Rh ロジウム | 46 Pd パラジウム | 47 Ag 銀 | 48 Cd カドミウム | 49 In インジウム | 50 Sn スズ | 51 Sb アンチモン | 52 Te テルル | 53 I ヨウ素 | 54 Xe キセノン
6 | 55 Cs セシウム | 56 Ba バリウム | ランタノイド系列 | 72 Hf ハフニウム | 73 Ta タンタル | 74 W タングステン | 75 Re レニウム | 76 Os オスミウム | 77 Ir イリジウム | 78 Pt 白金 | 79 Au 金 | 80 Hg 水銀 | 81 Tl タリウム | 82 Pb 鉛 | 83 Bi ビスマス | 84 Po ポロニウム | 85 At アスタチン | 86 Rh ラドン
7 | 87 Fr フランシウム | 88 Ra ラジウム | アクチノイド系列 | 104 Rf ラザフォージウム | 105 Db ドブニウム | 106 Sg シーボーギウム | 107 Bh ボーリウム | 108 Hs ハッシウム | 109 Mt マイトネリウム | 110 Ds ダームスタチウム | 111 Rg レントゲニウム | 112 Cn コペルニシウム | 113 Nh ニホニウム | 114 Fl フレロビウム | 115 Mc モスコビウム | 116 Lv リバモリウム | 117 Ts テネシン | 118 Og オガネソン
ランタノイド系列 | 57 La ランタン | 58 Ce セリウム | 59 Pr プラセオジム | 60 Nd ネオジム | 61 Pm プロメチウム | 62 Sm サマリウム | 63 Eu ユウロピウム | 64 Gd ガドリニウム | 65 Tb テルビウム | 66 Dy ジスプロシウム | 67 Ho ホルミウム | 68 Er エルビウム | 69 Tm ツリウム | 70 Yb イッテルビウム | 71 Lu ルテチウム
アクチノイド系列 | 89 Ac アクチニウム | 90 Th トリウム | 91 Pa プロトアクチニウム | 92 U ウラン | 93 Np ネプツニウム | 94 Pu プルトニウム | 95 Am アメリシウム | 96 Cm キュリウム | 97 Bk バークリウム | 98 Cf カリホルニウム | 99 Es アインスタイニウム | 100 Fm フェルミウム | 101 Md メンデレビウム | 102 No ノーベリウム | 103 Lr ローレンシウム
~17世紀
18世紀
19世紀
20世紀
20世紀以降（人工元素）

▲元素の発見の歴史（図Ⅵ.3）

ここから周期表について簡単に説明することにします。図Ⅵ.3の周期表には元素の発見の歴史を示しています。

天然で存在する元素の多くは鉱物から発見されてきました。元素名には発見地などに由来するものも少なくありません。

例えば、ストロンチウム（Sr）は、スコットランドのStrontianという村から産出した鉱物から発見され、元素名はストロンチウム、元となった鉱物はストロンチアン石（strontianite、$SrCO_3$）と名づけられました（図Ⅵ.4／図Ⅵ.5）。

ここに示した**周期表**（**周期律表**とも呼ばれる）は、現在、最もよく見られる形式（**18族長周期型周期表**、単に**長周期表**とも呼ぶ）です。もともと**周期律**はメンデレーエフが発見し、「元素の性質は原子量の順序とともに周期的に変わること」となっていましたが、モーズリーの特性X線の研究やボーアの原子構造理論により、元素を順序づけるのが原子番号であることが確定され、周期律は「元素の性質は原子番号の順序とともに周期的に変わること」に改められました。

なお、2016年は画期的な年で、日本で発見された113番元素を「**ニホニウム**」(**Nh**)という元素名にすることが正式認定されました。1908年には、小川正孝さんが43番元素（今のテクネチウム）を発見したと考え、これに「ニッポニウム」という元素名を与えたのですが、間違いであったことがのちにわかって抹消されてしまいました。

長周期表では、縦方向に族（表の一番上の番号、1から18まで）、横方向に周期（左横の番号、1から7まで）が配列されています。原則は、1つの交差点に1元素ですが、第6周期3族の交差点には、ランタン（La）からルテチウム（Lu）までの15元素（これらをランタノイドという）、第7周期3族の交差点には、アクチニウム（Ac）からローレンシウム（Lr）までの15元素（これらをアクチノイドという）が入ります。

それぞれの周期（n）に入る元素の数は、$2n^2$個です。これはそれぞれの電子殻（K、L、M、N、O、P、Q）に入りうる電子の数と同じ数で、nは**量子数**（主量子数）と呼ばれます。電子殻については、次節「電子の役割」で説明します。

鉱物の色の説明に出てくる遷移元素には、3族から11族（12族を加えることもある）の元素が含まれます。すべて金属元素なので、**遷移金属**とも呼ばれます。実際の鉱物の色に関係深いのは、主に第4周期のチタン（Ti）、バナジウム（V）、クロム（Cr）、マンガン（Mn）、鉄（Fe）、コバルト（Co）、ニッケル（Ni）、銅（Cu）です。3族のスカンジウム（Sc）、イットリウム（Y）にランタノイドを加えた計17種類を**希土類金属**と呼びます。

典型元素は、遷移元素以外で、12族も入れたり入れなかったりします。典型元素のうち、1族はアルカリ金属（水素を除く）、2族はアルカリ土類金属、15族はニクトゲン、16族はカルコゲン、17族はハロゲン、18族は**貴ガス**と呼ばれます。**最外殻電子**の数によって何価のイオンになるかが決まるので、最外殻電子を**価電子**とも呼び、最外殻電子が価電子になるものを**典型元素**、それ以外が**遷移元素**と呼ばれます。

遷移元素についてのもう少し詳しい説明は次節で紹介します。

▲ストロンチアン石の露頭
スコットランド、ストロンチアン村（図VI.4）

▲露頭から採取したストロンチアン石（淡黄緑色）の標本（図VI.5）

2. 電子の役割

原子の質量は、陽子が1,672×10^{-27}kg、中性子が1,674×10^{-27}kg、電子が9,109×10^{-31}kgとされています。原子の質量の99.9%以上が原子核にあるのですが、原子全体の容量は**電子雲**からできている（原子核はほぼ電子雲で囲まれている）ので、原子の性質や反応性を左右するのは電子です。

特に、一番外側の電子の状態が鉱物の性質に大きく関わってくるのです。これまでも何度か出てきた「イオン」についてもう少し詳しく説明します。

原子から電子が取り去られると**陽イオン**、付け足されると**陰イオン**になります。陽イオンの状態は、電子が少なくなったぶん少し大きさが縮小し、陰イオンは少し膨張します。このような状態のイオンの大きさを**イオン半径**で表します。

例えば、ケイ素は4つの電子を失いSi^{4+}になり、周囲を4つの酸素で囲まれた状態（ケイ酸塩鉱物に見られるような四面体の頂点に酸素、中心にケイ素）だと、ケイ素のイオン半径はおよそ1億分の4mmとなります。

岩塩では、ナトリウムは1個の電子を失いNa^{1+}の状態で、周囲に6つの塩素に囲まれ、そのイオン半径はおよそ1億分の11mm、塩素イオンは電子を1個獲得しCl^{1-}の状態で、その半径はおよそ1億分の18mmとなっています。

当たり前のことですが、より多くの電子を失った原子（＋価数が増える）は、イオン半径が小さくなります。

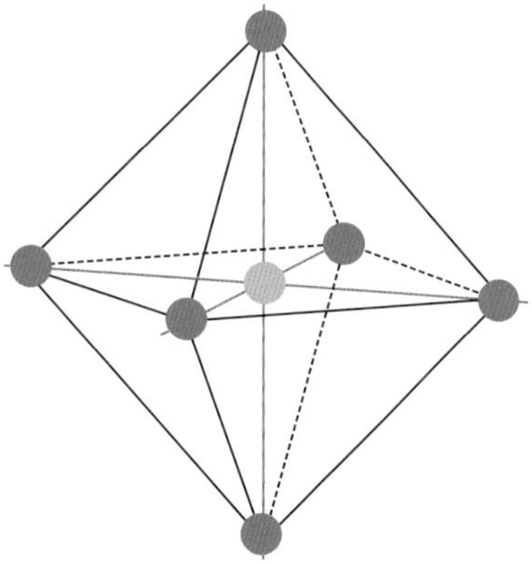

中心の原子が複数の他の原子に取り囲まれている。この図は6個の他原子に取り囲まれ、その形を正八面体に描いたもの。鉱物の場合、中心の原子はMg、Al、Ti、V、Cr、Mn、Feなど多種類あり、周囲はO、F、OHなど負電荷を持ちやすいものが一般的。

▲配位（図Ⅵ.6）

例えば、鉄の場合、周囲の陰イオンの数や形状が同じであれば、Fe^{2+}よりFe^{3+}の方が半径は小さくなります。

Fe-60（6個の酸素がつくる八面体とその中心に鉄があり、これを**6配位の鉄**と呼ぶ）（図Ⅵ.6）を例にとると、Fe^{2+}-60よりFe^{3+}-60の方が12%ほど小さくなります。鉱物でよく見られる同じような6配位をとる主な元素のイオン半径を大きい順に並べると、$K^{1+}>Na^{1+}>Ca^{2+}>Mn^{2+}>Fe^{2+}>Zn^{2+}>Li^{1+}>Cu^{2+}>Mg^{2+}>Mn^{3+} \geqq Fe^{3+}>Ti^{4+}>Al^{3+}$となります。イオン半径は原子配列を考えるうえで大きな要素となります。

電子雲の中の電子はばらばらに存在しているのではなく、電子の存在する場所が決まっています。この場所を**電子殻**と呼び、原子核に一番近いところからK殻、L殻、M殻、N殻…と、Kから始まるアルファベット順に名前がつけられています。

さらに、それぞれの電子殻には入りうる電子の数（定員）が決まっています。この数は前に触れた$2n^2$の式で表され、nには1（K殻）、2（L殻）、3（M殻）…という正の整数が入ります。

電子殻はいくつもの軌道に分かれていて、電子はそれらの軌道に入ります。軌道という部屋を積み重ねた高層アパートのようなものを想像してみましょう（図Ⅵ.7）。

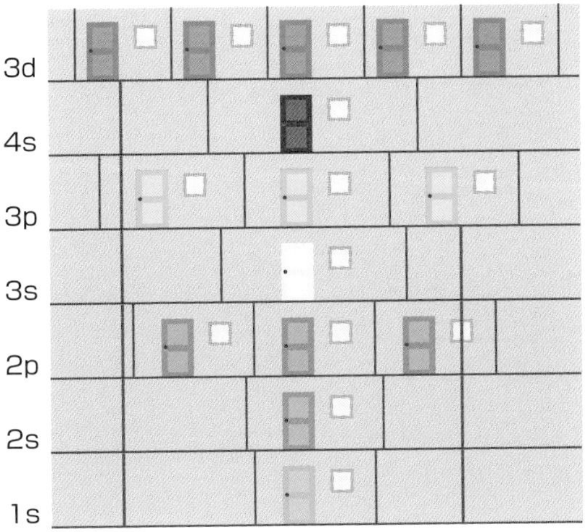

電子の軌道を高層アパートに見立てて描いた図。部屋にはベッドが２つ用意されているが、１人でも入居可能。下の階から順につめていく。

▲電子殻の軌道（図Ⅵ.7）

それぞれの部屋はすべて電子が2個しか入れないダブル（シングルでも可）ルームです。この電子アパートの1階（K殻）は1部屋しかなく、1階の定員は2人までとなっています。この部屋を**1s軌道**と呼びます。L殻は2階と3階を占め、2階にはs軌道の1部屋、3階にはp軌道の3部屋があり、それぞれ**2s**、**2p**と呼びます。

M殻になると少し複雑になります。4、5階には、それぞれ3s軌道の1部屋、3p軌道の3部屋がありますが、M殻の持つ3d軌道の5部屋は次の6階ではなく、7階に上げられてしまいます。6階にはN殻の4s軌道の1部屋が降りてきます。

電子は原子核に近いエネルギーの低い（安定な）軌道から順に入る規則があり、3d軌道の方が4s軌道よりエネルギーが高いために、このような逆転現象が起きます。

したがって、N殻の4s軌道に2個の電子が入室したのちに、次の電子が内側のM殻の3d軌道に入ることになります。

このように、あとから加わった電子が内側の電子殻に入るものを**遷移元素**（せんいげんそ）と呼びます（イオンになるときは、内側の殻の電子が価電子として放出される）。内側のd軌道に入るものは**dブロック遷移元素**と呼び、ランタノイドとアクチノイドを除く3族から11族まで（スカンジウムから金までの26種類）の元素で、鉱物の色に関係する元素が多く含まれます。

以上の説明で気づかれたように、電子の高層アパートは入りやすい（エネルギーが少なくてすむ）下の階から埋まっていくというつくりになっています。

このd軌道は、周囲に他の原子のある状態（結晶場）に置かれると、周囲に何もない状態のときに縮重していたエネルギー準位が分裂し、可視光線の波長のエネルギーを吸収して基底状態の電子が励起状態の軌道に移る（励起される）ことになります（図Ⅵ.8a／Ⅵ.8b）。

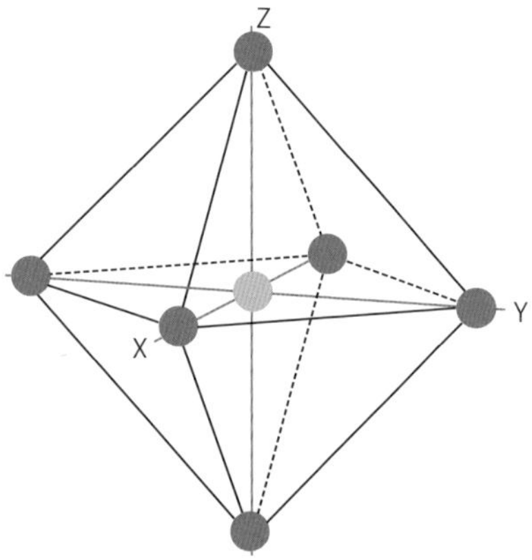

中心にd電子を持つ原子が八面体の形で他の原子に取り囲まれた状態。鉱物では非常によく見られる。

▲八面体結晶場（図Ⅵ.8a）

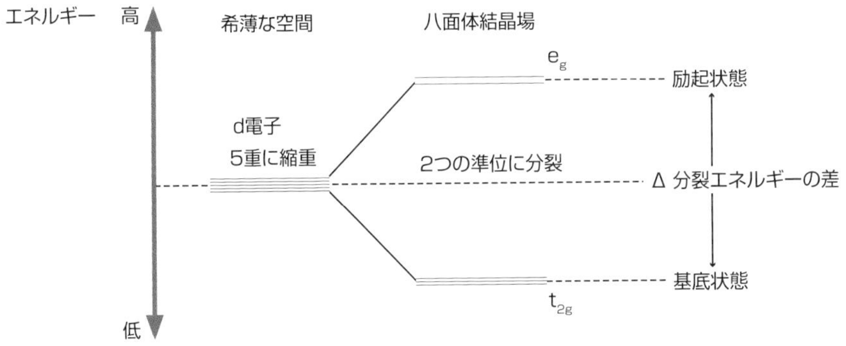

d 電子のエネルギー状態を模式的に描いたもの。希薄な空間では 1 つの準位に縮重していた（図ではわかりやすいよう、間隔の狭い 5 本線で表示）電子が、八面体形の場に置かれると、2 つの準位——基底状態に 3 個（t_{2g}）、励起状態に 2 個（e_g）——に分裂する。Δはその差を表す。他の形の場では、Δの値や基底状態と励起状態の電子軌道の種類が変わる。

▲結晶場の例（d-d遷移）（図Ⅵ.8b）

したがって、吸収されなかった波長が色として見えるのです。このようなd軌道間の遷移を**d-d遷移**と呼びます。

エネルギー準位の差などは、周囲の原子の数（配位数）、価数、遷移金属までの距離、配位の形態と対称性などによって変化します。このため、同じ元素が入っていても違った色が見えることになります。

例えば微量のクロム（Cr）は、コランダム中では赤く発色させ、緑柱石では緑色に発色させますが、これはクロムの入る結晶場が異なるためです。こうして電子は、鉱物の構造や色などが決まるうえで大きな役割を果たしているのです。

3. 鉱物をつくる主な元素

ところで、周期表のウラン（U）より1つ原子番号の大きい93番ネプツニウム（Np）から118番オガネソン（Og）までは人工的につくられた元素で、**超ウラン元素**とも呼ばれています。これらは鉱物中には当然ありません。しかし、天然で存在する元素の中にも、鉱物を構成する主要な元素にならないものがあります（図Ⅵ.9）。

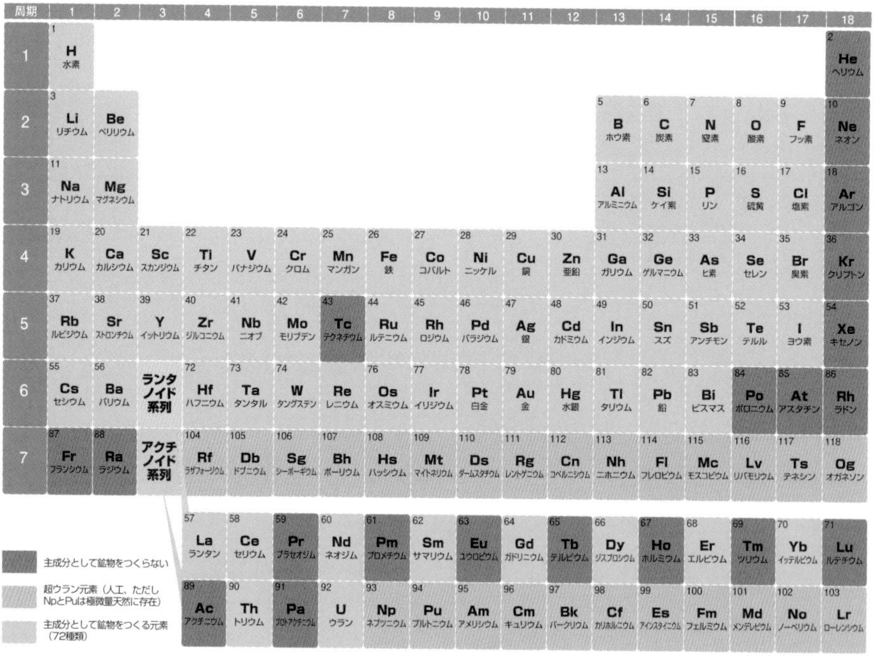

▲周期表（主成分として鉱物をつくる元素とつくらない元素）（図Ⅵ.9）

43番のテクネチウム（Tc）は、最初の人工元素で、天然では極めて存在量が少なく、すべての同位体が放射性元素です。同様に、61番のプロメチウム（Pm）も同位体がすべて放射性で、しかも半減期が非常に短いため、天然ではほとんど存在しません。さらにすべての同位体が放射性で、半減期が非常に短かったり天然での存在量が少ないのが、84番のポロニウム（Po）、85番のアスタチン（At）、87番のフランシウム（Fr）、89番のアクチニウム（Ac）、91番のプロトアクチニウム（Pa）です。18族の貴ガスは天然では化合物をつくりません（そのため、かつては**不活性ガス**とも呼ばれたが、人工的にはできるので現在ではその呼び名は使われない)。以上の元素を除いた79種類が鉱物を構成する元素ですが、微量なため鉱物の化学組成式に表されることのない元素を除くと、下のリストに示す72種類が、鉱物を構成する主な元素です。

さらにかなり稀な(つくる鉱物種が10以下のもの)、ガリウム、ルテニウム、ルビジウム、サマリウム、ガドリニウム、ジスプロシウム、エルビウム、ハフニウム、イッテルビウム、レニウム、オスミウムを除けば、61種類に減ります。

地殻を構成する主な元素は、重量で表すと第1章で示した図Ⅰ.1「地殻の元素存在量(重量%)」のようになり、酸素とケイ素だけでほぼ¾を占めます。

つまり、石英(SiO_2)と、残りのアルミニウム、鉄、カルシウム、ナトリウム、カリウム、マグネシウム、そして重量は少ないものの容量の多い水素とでつくるケイ酸塩鉱物(長石、準長石、雲母、角閃石、輝石、オリーブ石など)が、地殻の大部分を構成しているといえるのです。

わずか1.5%の「その他」の中にホウ素、炭素、リン、硫黄などが含まれますが、鉱物種としては非常に多く存在します。ケイ素を主成分とする鉱物のおよそ1,620種に対し、ホウ素鉱物(主にホウ酸塩)が300種、炭素鉱物(主に炭酸塩)が440種、リン鉱物(主にリン酸塩)が670種、硫黄鉱物(主に硫化物と硫酸塩)が1,200種知られています(2021年1月現在)。

ただし上記の種数は、例えばリンと硫黄など複数元素を含むものもそれぞれに数えられているので、重複があります。

水素(H)、リチウム(Li)、ベリリウム(Be)、ホウ素(B)、炭素(C)、窒素(N)、酸素(O)、フッ素(F)、ナトリウム(Na)、マグネシウム(Mg)、アルミニウム(Al)、ケイ素(Si)、リン(P)、硫黄(S)、塩素(Cl)、カリウム(K)、カルシウム(Ca)、スカンジウム(Sc)、チタン(Ti)、バナジウム(V)、クロム(Cr)、マンガン(Mn)、鉄(Fe)、コバルト(Co)、ニッケル(Ni)、銅(Cu)、亜鉛(Zn)、ガリウム(Ga)、ゲルマニウム(Ge)、ヒ素(As)、セレン(Se)、臭素(Br)、ルビジウム(Rb)、ストロンチウム(Sr)、イットリウム(Y)、ジルコニウム(Zr)、ニオブ(Nb)、モリブデン(Mo)、ルテニウム(Ru)、ロジウム(Rh)、パラジウム(Pd)、銀(Ag)、カドミウム(Cd)、インジウム(In)、スズ(Sn)、アンチモン(Sb)、テルル(Te)、ヨウ素(I)、セシウム(Cs)、バリウム(Ba)、ランタン(La)、セリウム(Ce)、ネオジム(Nd)、サマリウム(Sm)、ガドリニウム(Gd)、ジスプロシウム(Dy)、エルビウム(Er)、イッテルビウム(Yb)、ハフニウム(Hf)、タンタル(Ta)、タングステン(W)、レニウム(Re)、オスミウム(Os)、イリジウム(Ir)、白金(Pt)、金(Au)、水銀(Hg)、タリウム(Tl)、鉛(Pb)、ビスマス(Bi)、トリウム(Th)、ウラン(U)

4. 化学結合

鉱物は多くの原子が結合してできていて、その結合の仕方は主に以下の5通りです。

共有結合

互いに電子を出し合って安定な電子配置をつくる結合（図Ⅵ.10）です。電気陰性度（原子が電子を引きつける能力）が高くて、同じものどうしは共有結合をとりやすいのです。ダイヤモンド（Cの電気陰性度は2.55）や自然硫黄（Sの電気陰性度は2.58）が代表的です。

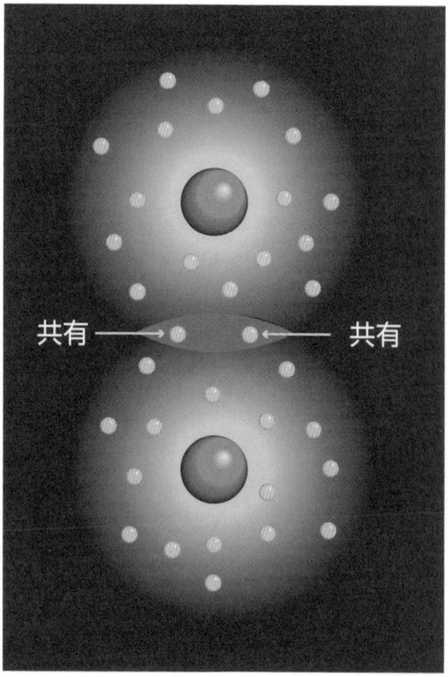

互いに電子を共有することで、安定な状態になっている。

▲共有結合（図Ⅵ.10）

金属結合

電子が自由に動き回れるような結合（図Ⅵ.11）で、電気をよく通す良導体です。電気陰性度が低くて同じものどうしは金属結合をとりやすく、自然鉄（Feの電気陰性度は1.83）や自然銅（Cuの電気陰性度は1.11）が代表的ですが、鉱物の種類としては多くありません。

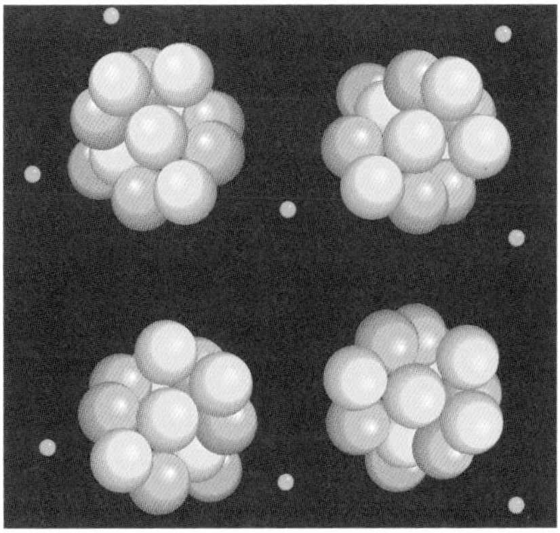

▲金属結合（図Ⅵ.11）

自由に電子が動き回れるようになっている。

イオン結合

例えば、1族のアルカリ金属が電子を1つ放出して+1の電荷を持ち、かたや17族のハロゲンが1つ電子をもらって安定化し-1の電荷を持ちます。

両者は電気的な力（静電引力）で結合します（図Ⅵ.12）。電気陰性度の差が極端に異なる（>2）原子間の結合は、イオン結合になる可能性が高いのです。

岩塩（NaとClの電気陰性度は、それぞれ0.93と3.16）は、典型的なイオン結合の鉱物です。

電子を渡す／受け取ることで安定になる異なる原子どうしが静電引力で結びつく。

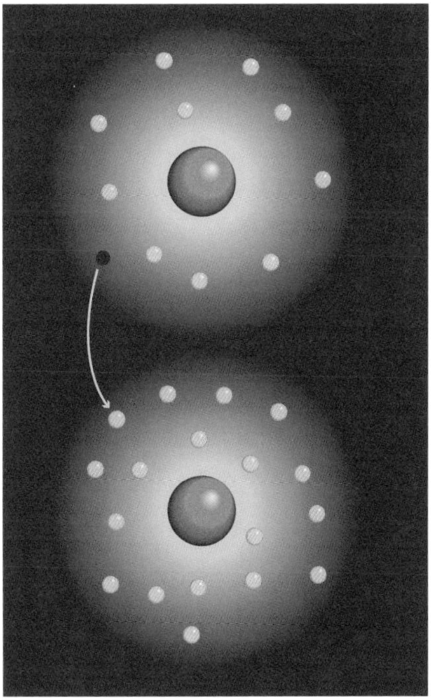

イオン結合（図Ⅵ.12）▶

水素結合

水分子の酸素と隣の水分子の水素が弱い静電引力で結合しています（図Ⅵ.13）。酸素の電気陰性度は3.44で水素は2.1であるため、電子が酸素側に引き寄せられ、ややマイナスに荷電します。水素は逆にややプラスに荷電するため、その間に静電引力が働くのです。

$(OH)^{1-}$を含む層状ケイ酸塩や、水分子を含む沸石などに見られます。

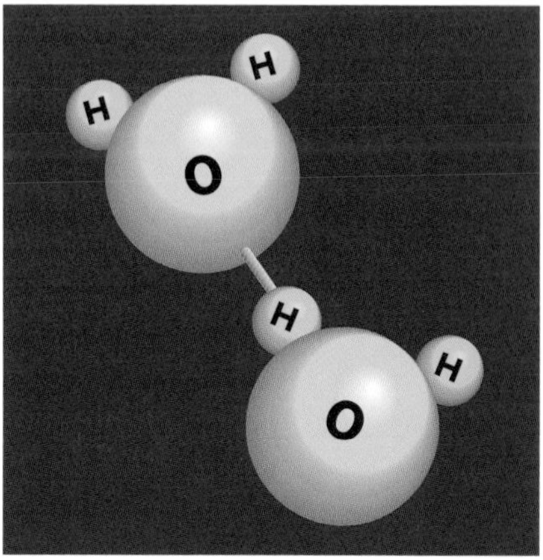

水分子の酸素と隣の水分子の水素は弱い静電引力で結びつく。

▲水素結合（図Ⅵ.13）

ファンデルワールス結合

電気的に中性な（静電引力が働かない）分子間に働く非常に弱い引力が**ファンデルワールス力**です。この力による結合は、主に分子性結晶で見られます。

鉱物では、石墨（図Ⅵ.14）や層状ケイ酸塩鉱物など劈開の著しい鉱物の層間にも、ファンデルワールス結合が関わっています。

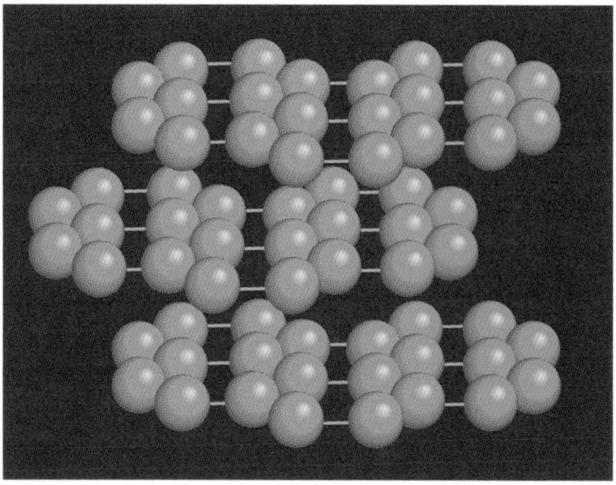

石墨の層方向は共有結合で強固だが、層と層の結合はファンデルワールス力で弱く結びついているにすぎない。

▲ファンデルワールス結合（図Ⅵ.14）

※図Ⅵ.7、図Ⅵ.10～Ⅵ.14はDyarほか（2008）を参考に作成。

硫黄の結晶は、S_8分子が集まってできています。S_8分子はリング状に閉じた形をしていて、S原子どうしは共有結合をしていますが、分子と分子はファンデルワールス結合で弱く結びついていると考えられています。

以上の結合は、単独にあるだけでなく、複合的に鉱物の構造に関わってきます。電気陰性度の点から見ると、異なる原子間の電気陰性度の差が中間的であれば、共有結合とイオン結合の中間的な結合となります。

例えば、硫化鉱物に見られるFe-S結合は共有結合の割合がおよそ85%、ケイ酸塩鉱物に見られるSi-O結合は共有結合の割合がおよそ50%と考えられています。

さらに、Mg-O結合はイオン結合の性格が強くなり、共有結合の割合が30%ほどに減少します。

このように、多くの鉱物は共有結合とイオン結合の中間的な性格を持っているのです。

結合の仕方は、物性にも大きく関わってきます。例えば、硬度に関していえば、一般的に共有結合の割合が大きいものは硬くなり、典型的なイオン結合のもの、水素結合やファンデルワールス結合を伴うものは軟らかくなります。

単位体積（第Ⅱ章の「硬度」の項を参照）がほぼ8.8の石墨は、単純に図Ⅱ.38「硬度-単位体積」に合わせると、モース硬度がおよそ8のところにプロットされてもいいのですが、ファンデルワールス結合の影響が大きいため、1～$1\frac{1}{2}$にまで下がってしまいます。滑石（かっせき）の単位体積は蛍石より小さいのですが、硬度は1に下がります。これは水素結合やファンデルワールス結合が影響しているものと思われます。

逆に石英やカリ長石は、単位体積から見積もるとそれぞれ$5\frac{1}{2}$～6になるのですが、水素結合やファンデルワールス結合がなく、共有結合の割合が高いので、実際の硬度がやや上がっていると考えられます。

MEMO

第 VII 章

日本で発見された新種の鉱物

1. 新鉱物とは

新種の鉱物を「新鉱物」と呼ぶ習慣があります。英語では「new mineral」と呼ばれます。第Ⅱ章の「1. 鉱物の種類と名前のつけ方」で少し触れていましたが、ここでもう少し詳しく説明します。

1959年に発足した「国際鉱物学連合」の中に設けられた「新鉱物・鉱物名委員会」で承認された新種の鉱物が「新鉱物」となります。この委員会は2006年に「新鉱物・命名・分類委員会」と名称を変更し、現在も活動しています。「新鉱物」となるためには、求められたデータを委員会に提出し、各国委員の2/3以上の賛同を得る必要があります。委員会発足以前から知られていて、委員会の規定から見ても「有効種」(valid species)(独立種という言い方もある)と認定されているものは約1,130種類あります。2021年3月現在の有効種の数は5,703種類ですから、62年ほどの間におよそ4,570種が委員会で「新鉱物」として承認を得たことになります。

日本では、委員会の発足以前にはけっこういろいろな新種名をつけられていた鉱物がありますが、現在「有効種」として生き残っているのは8種類(表Ⅶ.1)だけです。1959年から1960年代前半に発表された(論文として投稿されたのが審査制度以前である、あるいは審査にかける習慣が広まっていなかったため無審査で発表された)“新種”には、委員会が後付けで「新鉱物」として承認している例があります。日本では生野鉱、人形石、吉村石、園石などがあります。

▼日本で発見された新鉱物（発表年順）（表Ⅶ.1）

発表年		和名	学名	化学式	原産地
1	1922	石川石	Ishikawaite	$(Fe,U,Y)NbO_4$	福島県石川町
2	1934	轟石	Todorokite	$(Na,Ca)_{1-x}(Mn,Mg)_6O_{12}\cdot 3H_2O$	北海道轟鉱山
3	1936	手稲石	Teineite	$CuTeO_3\cdot 2H_2O$	北海道手稲鉱山
4	1938	イットリウムブリソ石（阿武隈石）	Britholite-(Y)	$(Y,Ca)_5(SiO_4,PO_4)_3(OH,F)$	福島県川俣町水晶山
5	1950	河辺石	Kobeite-(Y)	$Y(Zr,Nb)(Ti,Fe)_2O_7$	京都府京丹後市河辺
6	1952	湯河原沸石	Yugawaralite	$Ca_2(Al_4Si_{12}O_{32})\cdot 8H_2O$	神奈川県湯河原町
7	1954	亜砒藍鉄鉱	Parasymplesite	$Fe_3(AsO_4)_2\cdot 8H_2O$	大分県木浦鉱山
8	1956	大隅石	Osumilite	$(K,Na)(Fe,Mg)_2(Al,Fe)_3(Si,Al)_{12}O_{30}$	鹿児島県垂水市咲花平
9	1959	生野鉱	Ikunolite	$Bi_4(S,Se)_3$	兵庫県生野鉱山
10	1959	人形石	Ningyoite	$(U,Ca)_2(PO_4)_2\cdot 1\text{-}2H_2O$	岡山県人形峠鉱山
11	1961	尾去沢石	Osarizawaite	$PbCuAl_2(SO_4)_2(OH)_6$	秋田県尾去沢鉱山
12	1961	吉村石	Yoshimuraite	$(Ba,Sr)_4Mn_4Ti_2(Si_2O_7)_2[(P,S,Si)O_4]O_2(OH)_2$	岩手県野田玉川鉱山
13	1962	芋子石	Imogolite	$Al_2SiO_3(OH)_4$	熊本県人吉市
14	1963	園石	Sonolite	$Mn_9(SiO_4)_4(OH,F)_2$	京都府園鉱山
15	1964	神保石	Jimboite	$Mn_3(BO_3)_2$	栃木県加蘇鉱山
16	1965	櫻井鉱	Sakuraiite	$(Cu,Fe,Zn)_3(In,Sn)S_4$	兵庫県生野鉱山
17	1967	万次郎鉱	Manjiroite	$(Na,K)(Mn^{4+}{}_7Mn^{3+})O_{16}$	岩手県小晴鉱山
18	1967	灰エリオン沸石	Erionite-Ca	$Ca_4K_2(Al_{10}Si_{26}O_{72})\cdot 30H_2O$	新潟県新潟市間瀬
19	1968	赤金鉱	Akaganeite	$(Fe^{3+},Ni^{2+})_8(OH,O)_{16}Cl_{1.25}\cdot nH_2O$	岩手県赤金鉱山
20	1969	福地鉱	Fukuchilite	$(Cu,Fe)S_2$	秋田県花輪鉱山
21	1969	褐錫鉱	Stannoidite	$Cu_8(Fe,Zn)_3Sn_2S_{12}$	岡山県金生鉱山
22	1969	阿仁鉱	Anilite	Cu_7S_4	秋田県阿仁鉱山
23	1969	マンガノフェリエカーマン閃石（神津閃石）	Mangano-ferri-eckermannite	$NaNa_2Mn^{2+}{}_4(Fe^{3+},Al)Si_8O_{22}(OH,F)_2$	岩手県田野畑鉱山
24	1970	河津鉱	Kawazulite	Bi_2Te_2Se	静岡県河津鉱山
25	1970	若林鉱	Wakabayashilite	$[(As,Sb)_6S_9][As_4S_5]$	群馬県西ノ牧鉱山
26	1970	飯盛石	Iimoriite-(Y)	$Y_2(SiO_4)(CO_3)$	福島県川俣町房又・水晶山
27	1971	高根鉱	Takanelite	$(Mn^{2+},Ca)Mn^{4+}{}_4O_9\cdot 3H_2O$	愛媛県野村鉱山
28	1972	南部石	Nambulite	$(Li,Na)Mn^{2+}{}_4Si_5O_{14}(OH)$	岩手県舟子沢鉱山
29	1972	ソーダレビ沸石	Lévyne-Na	$Na_6(Al_{12}Si_6O_{36})\cdot 18H_2O$	長崎県壱岐市長者原
30	1973	備中石	Bicchulite	$Ca_8(Al_8Si_4O_{24})(OH)_8$	岡山県高梁市（備中町）布賀
31	1973	青海石	Ohmilite	$Sr_3(Ti,Fe^{3+})(Si_2O_6)_2(O,OH)\cdot 2\text{-}3H_2O$	新潟県糸魚川市青海町
32	1974	自然ルテニウム	Ruthenium	Ru	北海道幌加内町雨竜川
33	1974	ストロンチウム直方ホアキン石（奴奈川石）	Strontio-orthojoaquinite	$Sr_2Ba_2(Na,Fe^{2+})_2Ti_2Si_8O_{24}(O,OH)_2\cdot H_2O$	新潟県糸魚川市青海町
34	1975	益富雲母	Masutomilite	$KLiAl(Mn^{2+},Fe^{2+})(Si_3Al)O_{10}(F,OH)_2$	滋賀県大津市田ノ上
35	1976	中宇利石	Nakauriite	$Cu^{2+}\text{-}CO_3\text{-}H_2O\ [Cu^{2+}{}_8(SO_4)_4(CO_3)(OH)_6\cdot 48H_2O]$	愛知県中宇利鉱山
36	1976	杉石	Sugilite	$KNa_2(Fe^{3+},Mn^{3+},Al)_2Li_3Si_{12}O_{30}$	愛媛県上島町岩城島
37	1977	布賀石	Fukalite	$Ca_4Si_2O_6(CO_3)(OH,F)_2$	岡山県高梁市布賀
38	1977	加納輝石	Kanoite	$(Mn^{2+},Mg)_2Si_2O_6$	北海道熊石町館平
39	1977	灰単斜プチロル沸石	Clinoptilolite-Ca	$(Ca,Na,K)_3(Al_6Si_{30}O_{72})\cdot 20H_2O$	福島県西会津町車峠
40	1978	上国石	Jokokuite	$Mn^{2+}SO_4\cdot 5H_2O$	北海道上国鉱山
41	1978	都茂鉱	Tsumoite	$BiTe$	島根県都茂鉱山
42	1980	三原鉱	Miharaite	$Cu^{1+}{}_4Fe^{3+}PbBiS_6$	岡山県三原鉱山

発表年		和名	学名	化学式	原産地
43	1980	長島石	Nagashimalite	$Ba_4(V^{3+},Ti)_4Si_8B_2O_{27}Cl(O,OH)_2$	群馬県茂倉沢鉱山
44	1980	大江石	Oyelite	$Ca_5BSi_4O_{14}(OH)\cdot 6H_2O$	岡山県高梁市布賀
45	1981	古遠部鉱	Furutobeite	$(Cu^{1+},Ag^{1+})_6PbS_4$	秋田県古遠部鉱山
46	1981	釜石石	Kamaishilite	$Ca_8(Al_8Si_4O_{24})(OH)^8$	岩手県釜石鉱山
47	1981	欽一石	Kinichilite	$Mg_{0.5}[(Mn^{2+},Zn)Fe^{3+}(TeO_3)_3]\cdot 4.5H_2O$	静岡県河津鉱山
48	1981	木下雲母	Kinoshitalite	$(Ba,K)(Mg,Mn^{2+},Al)_3(Si_2Al_2)O_{10}(OH,F)_2$	岩手県野田玉川鉱山
49	1981	ソーダフッ素魚眼石	Fluorapophyllite-(Na)	$NaCa_4Si_8O_{20}F\cdot 8H_2O$	岡山県山宝鉱山
50	1981	種山石	Taneyamalite	$(Na,Ca)(Mn^{2+},Mg,Fe,Al)_{12}(Si_6O_{17})_2(O,OH)_{10}$	熊本県種山鉱山・埼玉県岩井沢鉱山
51	1981	マンガンパンペリー石	Pumpellyite-(Mn2+)	$Ca_2(Mn^{2+},Mg)(Al,Mn^{3+})_2(SiO_4)(Si_2O_7)(O,OH)_2\cdot H_2O$	山梨県落合鉱山
52	1982	原田石	Haradaite	$Sr_2V^{4+}{}_2O_2Si_4O_{12}$	鹿児島県大和鉱山・岩手県野田玉川鉱山
53	1982	鈴木石	Suzukiite	$Ba_2V^{4+}{}_2O_2Si_4O_{12}$	群馬県茂倉沢鉱山
54	1982	砥部雲母	Tobelite	$(NH_4,K)Al_2(Si_3Al)O_{10}(OH)_2$	愛媛県砥部町扇谷陶石鉱山
55	1983	片山石	Katayamalite	$KLi_3Ca_7(Ti,Zr)_2(SiO_3)_{12}(OH)_2$	愛媛県上島町岩城島
56	1984	カリフェロ定永閃石（定永閃石）	Potassic-ferro-sadanagaite	$KCa_2(Fe^{2+},Mg)_3(Al,Fe^{3+})_2(Si_5Al_3)O_{22}(OH)_2$	愛媛県上島町弓削島
57	1984	カリ定永閃石（苦土定永閃石）	Potassic-sadanagaite	$KCa_2(Mg,Fe^{2+})_3(Al,Fe^{3+})_2(Si_5Al_3)O_{22}(OH)_2$	愛媛県今治市明神島
58	1985	神岡鉱	Kamiokite	$Fe^{2+}{}_2Mo^{4+}{}_3O_8$	岐阜県神岡鉱山
59	1985	ソーダ南部石	Natronambulite	$(Na,Li)Mn^{2+}{}_4Si_5O_{14}(OH)$	岩手県田野畑鉱山
60	1985	滋賀石	Shigaite	$Mn^{2+}{}_6Al_3(OH)_{18}[Na(H_2O)_6](SO_4)_2\cdot 6H_2O$	滋賀県五百井鉱山
61	1986	アンモニウム白榴石	Ammonioleucite	$(NH_4,K)AlSi_2O_6$	群馬県藤岡市下日野
62	1986	逸見石	Henmilite	$Ca_2Cu^{2+}[B(OH)_4]_2(OH)_4$	岡山県高梁市布賀鉱山
63	1986	木村石	Kimuraite-(Y)	$CaY_2(CO_3)_4\cdot 6H_2O$	佐賀県唐津市肥前町切子
64	1987	オホーツク石	Okhotskite	$Ca_2(Mn^{2+},Mg)(Mn^{3+},Al,Fe^{3+})_2(SiO_4)(Si_2O_7)O(OH)_2$	北海道国力鉱山
65	1987	ストロナルシ石	Stronalsite	$SrNa_2Al_4Si_4O_{16}$	高知県高知市蓮台
66	1989	ペトラック鉱	Petrukite	$(Cu,Fe,Zn)_3(Sn,In)S_4$	兵庫県生野鉱山*
67	1989	単斜トバモリー石	Clinotobermorite	$Ca_5Si_6O_{17}\cdot 5H_2O$	岡山県高梁市布賀
68	1991	豊羽鉱	Toyohaite	$Ag^{1+}(Fe^{2+}{}_{0.5}Sn_{1.5})S_4$	北海道豊羽鉱山
69	1991	自然ルテノイリドスミン	Rutheniridosmine	(Ir,Os,Ru)	北海道幌加内*
70	1993	和田石	Wadalite	$Ca_6Al_5Si_2O_{16}Cl$	福島県郡山市多田野
71	1993	渡辺鉱	Watanabeite	$Cu_4(As,Sb)_2S_5$	北海道手稲鉱山
72	1994	三笠石	Mikasaite	$(Fe^{3+},Al)_2(SO_4)_3$	北海道三笠市奔別川
73	1995	草地鉱	Kusachiite	$CuBi_2O_4$	岡山県高梁市布賀鉱山
74	1995	森本柘榴石	Morimotoite	$Ca_3TiFe^{2+}(SiO_4)_3$	岡山県高梁市布賀鉱山
75	1995	武田石	Takedaite	$Ca_3B_2O_6$	岡山県高梁市布賀鉱山
76	1998	岡山石	Okayamalite	$Ca_2B_2SiO_7$	岡山県高梁市布賀鉱山
77	1998	パラシベリア石	Parasibirskite	$CaHBO_3$	岡山県高梁市布賀鉱山
78	1998	津軽鉱	Tsugaruite	$Pb_{28}As_{15}S_{50}Cl$	青森県湯ノ沢鉱山
79	1998	プロト鉄直閃石	Proto-ferro-anthophyllite	$(Fe^{2+},Mn^{2+})_2Fe^{2+}{}_5Si_8O_{22}(OH)_2$	岐阜県中津川市蛭川*
80	1998	プロト鉄末野閃石	Proto-ferro-suenoite	$(Mn^{2+},Fe^{2+})_2Fe^{2+}{}_5Si_8O_{22}(OH)_2$	栃木県鹿沼市横根山・福島県水晶山

	発表年	和名	学名	化学式	原産地
81	1999	糸魚川石	Itoigawaite	$SrAl_2Si_2O_7(OH)_2 \cdot H_2O$	新潟県糸魚川市青海町
82	1999	苦土フォイト電気石	Magnesio-foitite	$Mg_2AlAl_6(BO_3)_3(Si_6O_{18})(OH)_3(OH)$	山梨県山梨市京ノ沢
83	2000	ネオジム弘三石	Kozoite-(Nd)	$Nd(CO_3)(OH)$	佐賀県唐津市新木場
84	2000	多摩石	Tamaite	$(Ca,K,Ba,Na)_{3\text{-}4}Mn^{2+}{}_{24}(Si,Al)_{40}(O,OH)_{112} \cdot 21H_2O$	東京都奥多摩町白丸鉱山
85	2001	蓮華石	Rengeite	$Sr_4ZrTi_4(Si_2O_7)_2O_8$	新潟県糸魚川市青海町
86	2002	パラ輝砒鉱	Pararsenolamprite	As	大分県向野鉱山
87	2002	大峰石	Ominelite	$Fe^{2+}Al_3O_2(BO_3)(SiO_4)$	奈良県天川村弥山川
88	2002	松原石	Matsubaraite	$Sr_4TiTi_4(Si_2O_7)_2O_8$	新潟県糸魚川市青海町
89	2002	カリフェリリーキ閃石	Potassic-ferri-leakeite	$(K,Na)Na_2Mg_2Fe^{3+}{}_2LiSi_8O_{22}(OH)_2$	岩手県田野畑鉱山
90	2003	わたつみ石	Watatsumiite	$KNa_2LiMn^{2+}{}_2V^{4+}{}_2Si_8O_{24}$	岩手県田野畑鉱山
91	2003	新潟石	Niigataite	$CaSrAlAl_2(SiO_4)(Si_2O_7)O(OH)$	新潟県糸魚川市青梅町
92	2003	プロト直閃石	Proto-anthophyllite	$Mg_2Mg_5Si_8O_{22}(OH)_2$	岡山県高瀬鉱山
93	2003	ランタン弘三石	Kozoite-(La)	$La(CO_3)(OH)$	佐賀県唐津市満越
94	2004	白水雲母	Shirozulite	$KMn^{2+}{}_3(Si_3Al)O_{10}(OH)_2$	愛知県田口鉱山
95	2004	定永閃石	Sadanagaite	$NaCa_2(Mg,Fe^{2+})_3(Al,Fe^{3+})_2(Si_5Al_3)O_{22}(OH)_2$	岐阜県揖斐川町河合
96	2004	東京石	Tokyoite	$Ba_2Mn^{3+}(V^{5+}O_4)_2(OH)$	東京都奥多摩町白丸鉱山
97	2005	硫レニウム鉱	Rhenite	ReS_2	北海道択捉島
98	2005	ソーダ金雲母	Aspidolite	$NaMg_3(Si_3Al)O_{10}(OH)_2$	岐阜県揖斐川町春日鉱山
99	2006	岩代石	Iwashiroite-(Y)	$YTaO_4$	福島県川俣町水晶山
100	2007	セリウムヒンガン石	Hingganite-(Ce)	$(Ce,Y)_2Be_2Si_2O_8(OH)_2$	岐阜県中津川市田原
101	2007	沼野石	Numanoite	$Ca_4CuB_4O_6(OH)_6(CO_3)_2$	岡山県高梁市布賀鉱山
102	2007	大阪石	Osakaite	$Zn_4SO_4(OH)_6 \cdot 5H_2O$	大阪府箕面市平尾鉱山
103	2008	苣木鉱	Sugakiite	$Cu(Fe,Ni)_8S_8$	北海道様似町幌満
104	2008	上田石	Uedaite-(Ce)	$Mn^{2+}CeAl_2Fe^{2+}(SiO_4)(Si_2O_7)O(OH)$	香川県土庄町灘山
105	2008	ストロンチウム緑簾石	Epidote-(Sr)	$CaSrAl_2Fe^{3+}(SiO_4)(Si_2O_7)O(OH)$	高知県穴内鉱山
106	2008	宗像石	Munakataite	$Pb_2Cu_2(SeO_3)(SO_4)(OH)_4$	福岡県宗像市河東鉱山
107	2009	カリ鉄パーガス閃石	Potassic-ferro-pargasite	$KCa_2(Fe^{2+},Mg)_5(Si_6Al_2)O_{22}(OH)_2$	三重県亀山市加太市場
108	2010	ネオジムウエークフィールド石	Wakefieldite-(Nd)	$NdVO_4$	高知県有瀬鉱山
109	2010	桃井石榴石	Momoiite	$(Mn,Ca)_3(V^{3+},Al)_2(SiO_4)_3$	愛媛県鞍瀬鉱山
110	2011	幌満鉱	Horomanite	$Fe_6Ni_3S_8$	北海道様似町幌満
111	2011	様似鉱	Samaniite	$Cu_2Fe_5Ni_2S_8$	北海道様似町幌満
112	2011	千葉石	Chibaite	$(SiO_2) \cdot n(CH_4,C_2H_6,C_3H_8,C_4H_{10})$ $n<3/17$	千葉県南房総市荒川
113	2011	亜鉛ビーバー石	Beaverite-(Zn)	$PbZnFe^{3+}{}_2(SO_4)_2(OH)_6$	新潟県三川鉱山
114	2012	クロミオパーガス閃石（愛媛閃石）	Chromio-pargasite	$NaCa_2Mg_4Cr(Si_6Al_2)O_{22}(OH)_2$	愛媛県赤石鉱山
115	2012	田野畑石	Tanohataite	$LiMn^{2+}{}_2Si_3O_8(OH)$	岩手県田野畑鉱山
116	2012	イットリウムラブドフェン	Rhabdophane-(Y)	$YPO_4 \cdot H_2O$	佐賀県玄海町日の出松
117	2012	宮久石	Miyahisaite	$(Sr,Ca)_2Ba_3(PO_4)_3F$	大分県佐伯市下払鉱山
118	2013	島崎石	Shimazakiite	$Ca_2B_2O_5$	岡山県高梁市布賀鉱山
119	2013	肥前石	Hizenite-(Y)	$Ca_2Y_6(CO_3)_{11} \cdot 14H_2O$	佐賀県唐津市満越
120	2013	高縄石	Takanawaite-(Y)	$Y(Ta,Nb)O_4$	愛媛県松山市高縄山
121	2013	伊勢鉱	Iseite	$Mn^{2+}{}_2Mo^{4+}{}_3O_8$	三重県伊勢市菖蒲

発表年		和名	学名	化学式	原産地
122	2013	箕面石	Minohlite	$(Cu,Zn)_7(SO_4)_2(OH)_{10}\cdot 8H_2O$	大阪府箕面市平尾鉱山
123	2013	ランタンバナジン褐簾石	Vanadoallanite-(La)	$CaLaV^{3+}AlFe^{2+}(SiO_4)(Si_2O_7)O(OH)$	三重県伊勢市菖蒲
124	2014	苦土ローランド石	Magnesiorowlandite-(Y)	$Y_4(Mg,Fe^{2+})Si_4O_{14}F$	三重県菰野町宗利谷
125	2014	足立電気石	Adachiite	$CaFe^{2+}_3Al_6(BO_3)_3(Si_5AlO_{18})(OH)_3(OH)$	大分県木浦鉱山
126	2014	岩手石	Iwateite	$Na_2BaMn^{2+}(PO_4)_2$	岩手県田野畑鉱山
127	2015	ランタンフェリ赤坂石	Ferriakasakaite-(La)	$CaLaFe^{3+}AlMn^{2+}(SiO_4)(Si_2O_7)O(OH)$	三重県伊勢市菖蒲
128	2015	ランタンフェリアンドロス石	Ferriandrosite-(La)	$Mn^{2+}LaFe^{3+}AlMn^{2+}(SiO_4)(Si_2O_7)O(OH)$	三重県伊勢市菖蒲
129	2015	今吉石	Imayoshiite	$Ca_3Al(CO_3)[B(OH)_4](OH)_6\cdot 12H_2O$	三重県伊勢市施餓鬼谷
130	2015	三重石	Mieite-(Y)	$Y_4Ti(SiO_4)_2O(F,OH)_6$	三重県菰野町宗利谷
131	2016	豊石	Bunnoite	$Mn^{2+}_6AlSi_6O_{18}(OH)_3$	高知県いの町加茂山
132	2017	伊予石	Iyoite	$Mn^{2+}Cu^{2+}Cl(OH)_3$	愛媛県伊方町大久
133	2017	三崎石	Misakiite	$Cu^{2+}_3Mn^{2+}Cl_2(OH)_6$	愛媛県伊方町大久
134	2017	阿武石	Abuite	$CaAl_2(PO_4)_2F_2$	山口県阿武町日の丸奈古鉱山
135	2017	村上石	Murakamiite	$Ca_2LiSi_3O_8(OH)$	愛媛県上島町岩城島
136	2018	神南石	Kannanite	$Ca_4Al_4(Mg,Al)(V^{5+}O_4)(SiO_4)_2(Si_3O_{10})(OH)_6$	愛媛県大洲市神南山
137	2018	金水銀鉱	Aurihydrargyrumite	Au_6Hg_5	愛媛県内子町五百木
138	2018	日立鉱	Hitachiite	$Pb_5Bi_2Te_2S_6$	茨城県日立鉱山
139	2019	皆川鉱	Minakawaite	RhSb	熊本県美里町払川
140	2020	ランタンピータース石	Petersite-(La)	$(La,Ca)Cu^{2+}_6(PO_4)_3(OH)_6\cdot 3H_2O$	三重県熊野市紀和町大栗須
141	2020	千代子石	Chiyokoite	$Ca_3Si(CO_3)\{[B(OH)_4]_{0.5}(AsO_3)_{0.5}\}(OH)_6\cdot 12H_2O$	岡山県布賀鉱山
142	2020	房総石	Bosoite	$SiO_2\cdot nC_xH_{2x+2}$	千葉県南房総市荒川
143	2021	留萌鉱	Rumoiite	$AuSn_2$	北海道初山別村初山別川
144	2021	初山別鉱	Shosanbetsuite	Ag_3Sn	北海道初山別村初山別川
145	–	三千年鉱	Michitoshiite-(Cu)	$Rh(Cu_{1-x}Sb_x)$ $0<x<0.5$	熊本県美里町払川
146	–	苫前鉱	Tomamaeite	Cu_3Pt	北海道苫前町苫前海岸
147	2021	鉄葡萄石	Ferriprehnite	$Ca_2Fe^{3+}(AlSi_3)O_{10}(OH)_2$	島根県松江市古浦ヶ鼻

発表年は論文などで公表された年で、承認を受けた年ではない。

＊：原産地の1つ（他は外国）。

鉱物名は現在認められているもので、承認されたときの名称から変更されているものがある。

2. 日本の新鉱物の特徴

日本は多様な地質体で構成されていますので、国土の面積の割には多種類の鉱物が産出しています。2021年5月現在で、およそ1,390種類が確認されていますが、「新鉱物」は委員会発足以前の「有効種」を含め147種類あります（表Ⅶ.1）。なお、新鉱物としていったん承認されたものの、後日の定義変更により有効種でなくなった鉱物があります。日本では、南石と磐城鉱で、それぞれソーダ明礬石-*2c*、ヤコブス鉱-*Q*という呼び方になります。水酸エレスタド石は埼玉県秩父鉱山が原産地となっていたのですが、承認以前にアメリカ・カリフォルニア州からの産出が報告されていたことがわかり、燐灰石超族の定義を機に、原産地の扱いが抹消されてしまいました（日本の新鉱物ではなくなった）。逆に、新鉱物という認識がなかったのに、沸石族の新たな定義によって、日本の"新鉱物"になったのが、灰エリオン沸石、ソーダレビ沸石、灰単斜プチロル沸石です。

これら「新鉱物」を地質環境ごとに振り分けると（表Ⅶ.2）、特徴が見えてきます。地質環境をどのように区分するかは意見が分かれるところですが、あまり大雑把でも細かくしすぎても特徴がつかめないと思います。ここでは、第Ⅳ章の表Ⅳ.1の産状区分をもとにして少し変更しています。

変成・交代・変質作用のところが多く、そのうち「マンガン鉱床」を別枠にした方がよいほど、ここに多種類の新鉱物が発見されています。この「マンガン鉱床」は主に深海底に沈殿したマンガンノジュールが起原ですが、一部は鉄にも富んでいて、「鉄マンガン鉱床」という範疇（はんちゅう）に入るものもあります。また、多くは層状になっているため、「変成層状マンガン鉱床」とも呼ばれます。これらは主にジュラ紀付加体中に発達しています。

「スカルン」からは25種類発見されていますが、そのうち13種類は岡山県布賀地域からです。火成岩との接触による高温変成作用のみならず、ホウ素を多量に含む熱水による交代作用もあったために、多種の鉱物が生成されたのです。

広域変成岩や蛇紋岩に伴って見られる「翡翠輝石岩」と「曹長岩」からは、ストロンチウムやバリウムを主成分とする特異なケイ酸塩鉱物が7種類発見されています。そのうち6種類は新潟県糸魚川地域からです。

▼日本の新鉱物の産状（表Ⅶ.2）

地質環境		新鉱物				
火成作用	火成岩類	湯河原沸石	大隅石	灰エリオン沸石	ソーダレビ沸石	杉石
		灰単斜プチロル沸石	片山石	木村石	ネオジム弘三石	大峯石
		ランタン弘三石	苣木鉱	上田石	幌満鉱	様似鉱
		イットリウムラブドフェン	肥前石	村上石		
	ペグマタイト	石川石	イットリウムブリソ石	河辺石	飯盛石	益富雲母
		プロト鉄直閃石	プロト鉄末野閃石*	岩代石	セリウムヒンガン石	高縄石
		苦土ローランド石	三重石			
	熱水性金属鉱脈黒鉱	生野鉱	櫻井鉱	福地鉱	褐錫鉱	阿仁鉱
		河津鉱	若林鉱	古遠部鉱	ペトラック鉱	豊羽鉱
		渡辺鉱	津軽鉱	パラ輝砒鉱		
	火山噴気	三笠石	硫レニウム鉱			
堆積作用	堆積岩	人形石	芋子石			
	堆積物（砂鉱）	自然ルテニウム	自然ルテノイリドスミン	金水銀鉱	皆川鉱	三千年鉱
		留萌鉱	初山別鉱	苫前鉱		
変成・交代・変質作用	マンガン鉱床	吉村石	園石	神保石	マンガノフェリエカーマン閃石	南部石
		加納輝石	長島石	木下雲母	種山石	マンガンパンペリー石
		原田石	鈴木石	ソーダ南部石	オホーツク石	プロト鉄末野閃石*
		多摩石	カリフェリリーキ閃石	わたつみ石	白水雲母	東京石
		ストロンチウム緑簾石	ネオジムウェークフィールド石	桃井石榴石	田野畑石	宮久石
		伊勢鉱	ランタンバナジン褐簾石	岩手石	ランタンフェリ赤坂石	ランタンフェリアンドロス石
		豊石	神南石			
	スカルン鉱床	備中石	布賀石	都茂鉱	三原鉱	大江石
		釜石石	ソーダフッ素魚眼石	カリフェロ定永閃石	カリ定永閃石	神岡鉱
		逸見石	単斜トバモリー石	和田石	草地鉱	森本柘榴石
		武田石	岡山石	パラシベリア石	定永閃石	ソーダ金雲母
		沼野石	カリ鉄パーガス閃石	島崎石	足立電気石	千代子石
	広域変成岩（鉱床）	アンモニウム白榴石	クロミオパーガス閃石	日立鉱		
	変超苦鉄～珪長質岩	青海石	ストロンチウム直方ホアキン石	砥部雲母	ストロナルシ石	糸魚川石
		苦土フォイト電気石	蓮華石	松原石	新潟石	プロト直閃石
		千葉石	今吉石	阿武石	房総石	鉄ぶどう石
酸化・風化作用	二次鉱物	轟石	手稲石	亜砒藍鉄鉱	尾去沢石	万次郎鉱
		赤金鉱	高根鉱	中宇利石	上国石	欽一石
		滋賀石	大阪石	宗像石	亜鉛ビーバー石	箕面石
		伊予石	三崎石	ランタンピータース石		

＊:2つの産状がある。

3. 5種類の日本産新鉱物

ここでは日本産新鉱物を5種類取り上げて、少し詳しく解説してみます。

木村石(きむらせき) *Kimuraite-(Y)*

■化学式：$CaY_2(CO_3)_4 \cdot 6H_2O$
■晶　系：直方晶系
■比　重：3.0

鑑定要素

劈開	一方向	磁性	なし
光沢	真珠（劈開面）～絹糸（劈開面と直交する方向）	結晶面	板状結晶であるが、明瞭な結晶面は観察できない
硬度	2½（脆い）	条線	なし
色	白～淡ピンク（ネオジムを少し含んだもので、太陽光下で顕著）		
条痕色	白		

アルカリ玄武岩中の空隙に見られる。原産地は佐賀県肥前町（現唐津市）切木(きりご)だが、同様の岩石が広く分布する東松浦半島の各地でよく見られる。特に、唐津市新木場(にいこば)、同満越、玄海町日ノ出松では大きな結晶集合体が産する。
集合体は球状をしていて、直径4cm以上のものも知られる。母岩は普通のアルカリ玄武岩なのに、空隙にのみ希土類元素を主成分とする鉱物が見られる。
ネオジム弘三石、ランタン弘三石、イットリウムラブドフェン、肥前石もこの地域からの新鉱物である。「木村」は無機化学分析の大家であった木村健二郎先生に由来する。発見当初は沸石の仲間（この地域のアルカリ玄武岩の空隙には沸石の産出もよく知られていた）でなないかと思われたが、希塩酸で発泡して溶けることから炭酸塩鉱物の特異なものということがわかった。なお、他の希土類元素をイットリウムよりも多く含有する木村石はまだ発見されていないので、和名はわざわざイットリウム木村石としなくてもよい。

■木村石

左右長：約50mm
産地：佐賀県唐津市切木

左上部の球状集合体と皮殻状の断面が見えているのが木村石。右下のピンク色板状結晶群はネオジムランタン石。

■木村石

左右長：約45mm
産地：佐賀県玄海町
日ノ出松

淡いピンク色をした葉片状集合体が木村石。上部の白色球状に見えるのは霰石。

鈴木石（すずきせき） *Suzukiite*

■化学式：$Ba_2V^{4+}{}_2O_2Si_4O_{12}$
■晶　系：直方晶系
■比　重：4.0

鑑定要素

劈開	一方向
光沢	ガラス
硬度	4~4½
色	鮮緑
条痕色	淡緑
磁性	なし
結晶面	板柱状結晶だが、結晶面の形態は明瞭でない
条線	あり

変成・交代作用を受けたマンガン鉱床に産し、鮮やかな緑色でわかりやすい。薔薇輝石、石英、菱マンガン鉱に伴っている。ハウスマン鉱やテフロ石には伴わない。岩手県田野畑鉱山と群馬県茂倉沢鉱山が原産地で、ほかにも産地が3か所知られている。バリウムをストロンチウムで置換したものが原田石で、産状も外観は同じなので肉眼での区別はできない。色の原因は4価のバナジウムによる。ただし、同じ産地で両方が出たという報告は聞いたことがない。

「鈴木」は岩石・鉱床学の大家であった鈴木醇先生に由来する。原田石の原田準平先生と北海道大学で同じ時期に教授として活躍されていた。バリウムはストロンチウムよりイオン半径が大きく、結晶格子が大きくなる。つまり鈴木石の方が原田石より体格が大きいということになる。原田先生は普通体であったが、鈴木先生は巨漢の柔道家でもあったので、絶妙の命名と言えるだろう。

■鈴木石

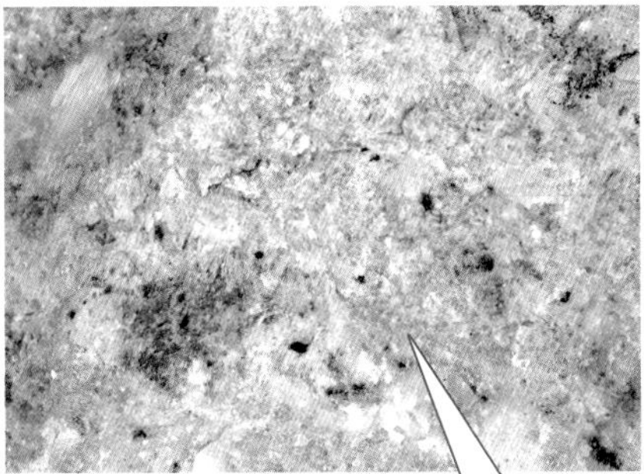

左右長：約40mm
産地：群馬県桐生市
　　　茂倉沢鉱山

ピンク色の部分は主に薔薇輝石。白っぽい部分は菱マンガン鉱。

■鈴木石

左右長：約20mm
産地：岩手県田野畑村
　　　田野畑鉱山

鮮やかな緑色をした葉片状結晶。

プロト鉄末野閃石（てつすえのせんせき） *Proto-ferro-suenoite*

- 化学式：$(Mn^{2+},Fe^{2+})_2Fe^{2+}_5Si_8O_{22}(OH)_2$
- 晶　系：直方晶系
- 比　重：3.4

鑑定要素

劈開	二方向
光沢	絹糸
硬度	5~6
色	淡黄褐～淡黄緑
条痕色	白～帯淡黄緑
磁性	不明
結晶面	柱状～繊維状結晶だが、結晶面の形態は明瞭でない
条線	あり（*c*軸方向に平行）

変成・交代作用を受けたマンガン鉱床（栃木県日瓢（にっぴょう）鉱山）とペグマタイト（福島県水晶山）から発見された角閃石の仲間。柱状～針状結晶の集合体として産する。角閃石の多くは単斜晶系であり、その単位格子の*b-c*面を双晶面として交互に双晶させていくと、大局的に見て*a*軸方向を2倍にした直方格子として扱うことができる。これが、従来知られていた直方晶系の角閃石である。しかし、理論的にはもっと簡単な直方晶系の角閃石ができることがわかっていて、これがプロト型の角閃石と呼ばれていた。

鉱物として初めてプロト型角閃石を確認したのが、筑波大学の末野重穂先生であった。結晶構造の論文が国際誌に発表されたが、記載論文が出る前に先生は急逝されてしまった。のちに先生の教えを受けていた黒澤正紀さんが記載論文を完成させたのであるが、そのときの鉱物名は、プロトマンガノ鉄直閃石であった。のちの角閃石超族の再定義で、先生の業績をたたえて従来型の直方晶系の$Mn^{2+}{}_2Mg_5Si_8O_{22}(OH)_2$に新名称としてsuenoiteというルートネームが与えられることになった。そのため、この新鉱物名はプロト鉄末野閃石になった。自分が発表した新鉱物に自分の名前はつけられないが、このような事情があったのである。なお、日本の変成・交代マンガン鉱床からよく産出する単斜晶系の$Mn^{2+}{}_2Mg_5Si_8O_{22}(OH)_2$はマンガノカミントン閃石と呼ばれていたが、これは必然的に単斜末野閃石となる。また、マグネシウムより鉄の多い$Mn^{2+}{}_2Fe^{2+}{}_5Si_8O_{22}(OH)_2$はマンガノグリュネル閃石と呼ばれていたが、これも単斜鉄末野閃石となる。しかし、肉眼ではこれら末野閃石の仲間を区別することはできない。

日瓢鉱山のプロト鉄末野閃石は主にパイロクスマンガン石と、水晶山のものは鉄オリーブ石と密接に共存している。

■ プロト鉄末野閃石

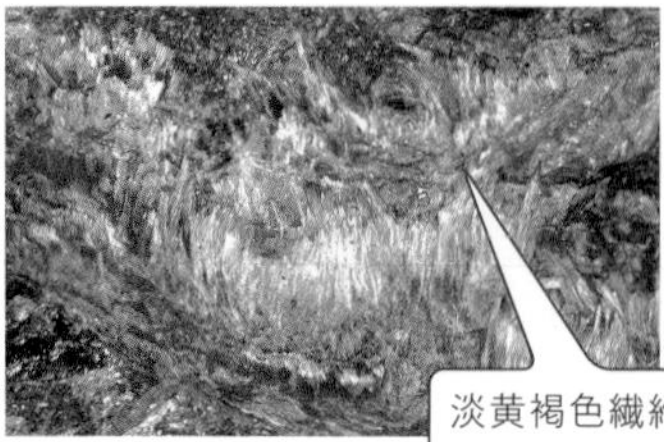

淡黄褐色繊維状結晶の集合体。ピンク色の部分はパイロクスマンガン石。

左右長：約20mm
産地：栃木県鹿沼市日瓢鉱山

■ プロト鉄末野閃石

板柱状結晶の集合体。マトリックスの黒色部分は主に鉄オリーブ石。

左右長：約10mm
産地：福島県川俣町水晶山

亜砒藍鉄鉱（あひらんてっこう） *Parasymplesite*

■化学式：$Fe^{2+}_3(As^{5+}O_4)_2 \cdot 8H_2O$
■晶　系：単斜晶系
■比　重：3.0

鑑定要素

劈開	一方向	磁性	なし
光沢	ガラス，真珠（劈開面）	結晶面	菱形、長方形、台形など
硬度	2½	条線	あり（c軸方向に平行）
色	無～淡緑～暗青		
条痕色	白～帯青		

硫砒鉄鉱や砒鉄鉱を含む鉱石の分解によって生じる二次鉱物で、大分県木浦鉱山が原産地だが、国内でも産地は多い。三斜晶系のものが先に知られていて、Symplesite（砒藍鉄鉱）という種名がついていたため、それにParaをつけたもの。ヒ素が燐に置換されたものが藍鉄鉱（第Ⅲ章に紹介）で、それと同様に鉄の酸化によって淡緑～暗青色に変化する。ただし、藍鉄鉱よりは変色のスピードは遅いようである。濃い色になった亜砒藍鉄鉱の結晶学的なデータを調べると、砒藍鉄鉱型のものが現れてくる。しかし、化学組成が変化しているので（主成分の2価鉄の多くが3価鉄に酸化されている）、正確には砒藍鉄鉱と同じとはいえない。あるいは、もともと砒藍鉄鉱の化学組成が間違っているのかもしれない。藍鉄鉱が酸化して三斜晶系になったものは、メタ藍鉄鉱とよばれ、$Fe^{2+}(Fe^{3+},Fe^{2+})_2(PO_4)_2(OH,H_2O) \cdot 6H_2O$の化学式で表される。以上のような事実からすると、正しい砒藍鉄鉱の化学式は$Fe^{2+}(Fe^{3+},Fe^{2+})_2(AsO_4)_2(OH,H_2O) \cdot 6H_2O$ではないだろうか（亜砒藍鉄鉱と砒藍鉄鉱は多形の関係ではなくなる！）。

■ 亜砒藍鉄鉱

左右長：約15mm
産地：大分県佐伯市
木浦鉱山

酸化が進んでいない透明感のある結晶。基盤の粒状結晶群はスコロド石。

■ 亜砒藍鉄鉱

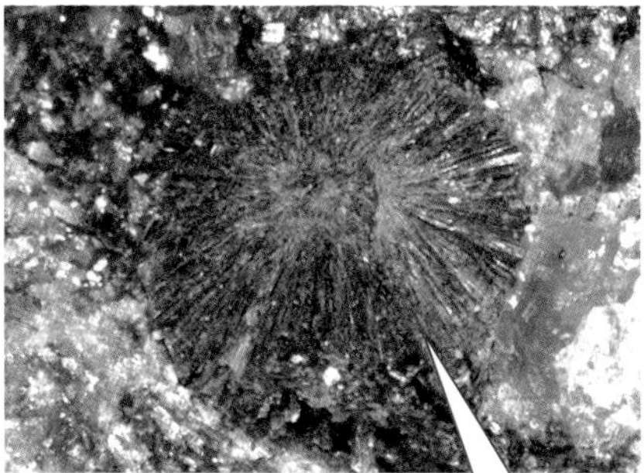

左右長：約10mm
産地：岐阜県中津川市
恵比寿鉱山

酸化が進んで暗青色に変質しつつある放射状集合体。

<ruby>宗像石<rt>むなかたせき</rt></ruby> *Munakataite*

■化学式：$Pb_2Cu_2(Se^{4+}O_3)(SO_4)(OH)_4$
■晶　系：単斜晶系
■比　重：5.5

鑑定要素

劈開	一方向
光沢	ガラス、真珠（劈開面）
硬度	2
色	明青
条痕色	帯青白
磁性	なし
結晶面	針状結晶のため観察できない
条線	不明

方鉛鉱（少量のセレンを含む）と黄銅鉱の酸化分解によって生じた亜セレン酸塩の二次鉱物で、原産地は福岡県宗像市にある河東鉱山。静岡県河津鉱山や秋田県亀山盛鉱山でも確認された。結晶構造が近い青鉛鉱（第Ⅲ章に紹介）は非常にポピュラーな二次鉱物で、いろいろな形態で現れる。そのうち、針状のものは宗像石とよく似ていて肉眼では区別しがたい。

一般に方鉛鉱中のセレン（硫黄を置換する）は微量で、分解しても亜セレン酸塩やセレン酸塩を作るほどではない。たまたまある程度のセレンを含んだ方鉛鉱があったおかげで、宗像石ができたのである。もっとセレンが多いと、シュミーデル石（$Pb_2Cu_2(Se^{4+}O_3)(Se^{6+}O_4)(OH)_4$）ができていたかもしれない。

■宗像石

左右長：約5mm
産地：福岡県宗像市
　　河東鉱山

板針状微細結晶の集合体。緑色部分は孔雀石。

■宗像石

左右長：約10mm
産地：秋田県大仙市
　　亀山盛鉱山

微細結晶が集合した球が孔雀石の上にできている。

謝　辞

本書を出版するにあたり、撮影用の貴重な標本の提供、産地への案内、分析データの提供など多くの方々にお世話になりました。以下、ここ10年ほど、特に多くの面でご協力いただいた方々を記して感謝いたします（50音順、敬称・所属略）。

石橋隆、伊藤剛、今井裕之、岩野庄市朗、小原祥裕、加藤昭、川崎雅之、興野喜宣、小菅康寛、国立科学博物館（櫻井鉱物標本ほか）、斉藤俊一、坂本憲仁、重岡昌子、鈴木保光、高橋秀介、但馬秀政、橘有三、谷健一郎、徳本明子、西久保勝己、西田勝一、橋本悦雄、橋本成弘、林政彦、原田明、原田誠治、松山文彦、宮島宏、宮脇律郎、毛利孝明、門馬綱一、山田隆。

以下に、参考にした主な文献などを掲げます。

『図説 鉱物の博物学』松原聰・宮脇律郎・門馬綱一著　秀和システム（2016年刊）

『大分県尾平鉱山産水晶にみられる櫻構造について』
　岡田敏朗ほか　日本鉱物科学会2016年年会講演要旨集（2016年刊）

『日本産鉱物種 第7版』松原聰著　鉱物情報（2018年刊）

『世界の鉱物50』松原聰・宮脇律郎著　SBクリエイティブ（2013年刊）

『鉱物結晶図鑑』松原聰監修／野呂輝雄著　東海大学出版会（2013年刊）

『鉱物と宝石の魅力』松原聰・宮脇律郎著　SBクリエイティブ（2007年刊）

『周期表に強くなる！』斎藤勝裕著　SBクリエイティブ（2012年刊）

『日本産鉱物の結晶形態』高田雅介著　『ペグマタイト』誌100号記念出版（2010年刊）

『入門 結晶化学』庄野安彦・床次正安著　内田老鶴圃（2002年刊）

『鉱物の観察』加藤昭／加藤昭先生退官記念会著　明倫館書店（1997年刊）

『新版 地学事典』新版地学事典編集委員会編　平凡社（1996年刊）

『化学辞典』大木道則ほか編集　東京化学同人（1994年刊）

『Mineralogy and Optical Mineralogy』
　Dyarほか著　Mineralogical Society of America（2007年刊）

『Strunz Mineralogical Tables』
　Strunz & Nickel著　E. Schweizerbart'sche Verlagsbuchhandlung（2001年刊）

『Dana's New Mineralogy』 Gainesほか著　John Wiley & Sons, Inc.（1997年刊）

2021年8月　著者

索引

index

五十音順

◆あ行

◆か行

◆さ行

◆た行

◆な行

◆は行

◆ま行

◆や行

◆ら行

※注　独立種と元素記号は先頭が大文字となります。

◆G~N

◆O~S

◆T～Z

数字

※注　独立種と元素記号は先頭が大文字となります。

【著者略歴】
松原　聰（まつばら　さとし）
1946年生まれ。京都大学大学院理学研究科修士課程修了。理学博士。元国立科学博物館研究調整役・元地学研究部長。元日本鉱物科学会会長。
主な著書：『新鉱物発見物語』岩波書店、『ダイヤモンドの科学』講談社、『鉱物ウォーキングガイド 全国版・関東甲信越版』丸善出版、『鉱物図鑑』KKベストセラーズ、『図説 鉱物の博物学』秀和システムなど。

編集協力：（株）エディトリアルハウス

図説 鉱物肉眼鑑定事典［第2版］

発行日　2021年 9月 6日　第1版第1刷
　　　　2022年 6月20日　第1版第2刷

著　者　松原　聰

発行者　斉藤　和邦
発行所　株式会社　秀和システム
〒135-0016
東京都江東区東陽2-4-2　新宮ビル2F
Tel 03-6264-3105（販売）Fax 03-6264-3094
印刷所　三松堂印刷株式会社　Printed in Japan

ISBN978-4-7980-6598-4 C3044

定価はカバーに表示してあります。
乱丁本・落丁本はお取りかえいたします。
本書に関するご質問については、ご質問の内容と住所、氏名、電話番号を明記のうえ、当社編集部宛FAXまたは書面にてお送りください。お電話によるご質問は受け付けておりませんのであらかじめご了承ください。